SolidWorks 產品與模具設計

(附範例光碟)

陳添鎮・孫之遨・郭宏賓　編著

全華圖書股份有限公司

授 權 同 意 書

根據中華民國著作權法之規定，作者［郭宏賓/江俊顯/陳添鎮/施浚龍］所著之 "《SolidWorks產品與模具設計》，一書，經由SolidWorks在台灣總代理商實威國際股份有限公司之同意授權，得以使用與引述SolidWorks軟體程式之指令畫面、操作方法、範例圖形與專有名詞等並准予編目註冊發行。

此致
    作者：郭宏賓　先生
         陳添鎮　先生
         孫之遨　先生

授權人：SolidWorks 台灣區總代理
    實威國際股份有限公司
    SolidWizard Technology Co.,LTD

中 華 民 國 九十九 年 九 月 二十九 日

　　「模具」被稱為機械工業之母，為大量生產與標準化的產品工具，具有快速生產、品質精良與生產價格低廉之特性。模具的設計及製作等開發過程均可採用電腦化技術，藉由 CAD/CAE/CAM 與模具製作製程之整合，以期能避免錯誤，提高模具的精確度及品質，縮短製作時間等。

　　SolidWorks 2010 提供給電腦繪圖師、模具設計師強大的模具設計工具，透過模具設計工具使模具零件設計自動化，自動產生分模線及分模面，自動封閉成形品有孔洞部分，透過模具分割功能，自動將公、母模分離，並提供過切偵測，在生產模具前自動檢測成形品嵌角及倒勾的問題。

　　本書主要以 SolidWorks 3D CAD 軟體，介紹模具公、母模及滑塊製作方式，內容共分為七個單元：

第 1 章　模具概論
第 2 章　模具設計簡介
第 3 章　模具設計工具
第 4 章　射出成形模具
第 5 章　其他拆模方式
第 6 章　倒勾的處理
第 7 章　模板與模仁的處理

　　本書在編寫過程中皆使用大量圖片解釋建模及拆模流程，避免冗長的文字敘述，主要目的是希望能達到「易讀易懂」的目的，幫助讀者了解 SolidWorks 模具設計功能，透過模具設計工具自動且快速地完成模具公、母模分離及滑塊製作，以減少繁雜之分模面繪製及靠破孔填補之動作。

　　最後感謝 SolidWorks 總代理-實威國際之授權及全華圖書之支持，在此深表感謝。

作者：陳添鎮、孫之遨、郭宏賓

內容簡介

第 1 章　模具概論

第 2 章　模具設計簡介

第 3 章　模具設計工具

第 4 章　射出成形模具

第 5 章　其他拆模方式

第 6 章　倒勾的處理

第 7 章　模板與模仁的處理

第 1 章及第 2 章主要針對無模具背景的工程師或學生，介紹模具的結構及特性，幫助了解成形品與模具設計間之關係，在產品設計階段既將產品製作模具之問題納入考量，以避免日後不必要之修改。

第 3 章詳細介紹模具設計工具之功能，學習使用模具設計工具來設定分模線，產生分模面，封閉成品中有孔洞部分，公、母模分離、側滑塊，拔模分析及過切偵測等。

第 4 章介紹射出成形模具，針對不同分模線類型(水平線、弧形線)來產生分模面，及公、母模分離方式。

第 5 章介紹其他拆模方法，因爲在 SolidWorks 中拆模是採自動化方式，使用者只要設定相關選項及參數既可，但有時模具較爲複雜，有些設定無法使用或產生之結果並不滿意，此時使用者可採其他拆模方式，以產生符合需要之結果。

第 6 章介紹滑塊機構，針對成品中內側或外側不同位置有嵌角或倒勾部份時，如何設定分模線及製作滑塊機構，以避開嵌角或倒勾之問題。

第 7 章介紹如何將拆模後產生之公模模仁，放置於公模模板凹槽內之鑲嵌結構製作方式。

編輯部序

　　「系統編輯」是我們的編輯方針，我們所提供給您的，絕不只是一本書，而是關於這門學問的所有知識，它們由淺入深，循序漸進。

　　模具的設計及製作等開發過程均可採用電腦化技術，藉由 CAD/CAE/CAM 與模具製作製程之整合，以期能避免錯誤，提高模具的精確度及品質，縮短製作時間等。

　　SolidWorks 2010 提供給電腦繪圖師、模具設計師強大的模具設計工具，透過模具設計工具使模具零件設計自動化，自動產生分模線及分模面，自動封閉成形品有孔洞部分，透過模具分割功能，自動將公、母模分離，並提供過切偵測，在生產模具前自動檢測成形品嵌角及倒勾的問題。

　　同時，為了使您能有系統且循序漸進研習相關方面的叢書，我們列出各有關圖書的閱讀順序，已減少您研習此門學問的摸索時間，並能對這門學問有完整的知識。若您在這方面有任何問題，歡迎來函聯繫，我們將竭誠為您服務。

相關叢書介紹

書號：06220007
書名：深入淺出零件設計 SolidWorks
　　　2012(附動態影音教學光碟)
編著：郭宏賓.江俊顯.康有評.向韋愷
16K/608 頁/730 元

書號：06225007
書名：高手系列－學 SOLIDWORKS
　　　2016 翻轉 3D 列印
　　　(附動態影音教學光碟)
編著：詹世良.張桂瑛
16K/392 頁/600 元

書號：10425007
書名：SolidWorks 2014 原廠教育訓
　　　練手冊(附動畫影音範例光碟)
編著：實威國際股份有限公司
16K/808 頁/850 元

書號：06359007
書名：電腦輔助繪圖 AutoCAD
　　　2018(附範例光碟)
編著：王雪娥.陳進煌
16K/528 頁/550 元

書號：06333007
書名：Autodesk Inventor 2016
　　　特訓教材基礎篇
　　　(附範例及動態影音教學光碟)
編著：黃穎豐.陳明鈺
16K/600 頁/580 元

書號：06336007
書名：Autodesk Inventor 2016
　　　特訓教材進階篇
　　　(附範例及動態影音教學光碟)
編著：黃穎豐.陳明鈺
16K/488 頁/550 元

書號：05481017
書名：ANSYS 電腦輔助工程實務分析
　　　(附範例光碟)
編著：陳精一
16K/824 頁/650 元

書號：06294017
書名：SOLIDWORKS 2016
　　　基礎範例應用(第二版)
　　　(附多媒體光碟)
編著：許中原
16K/592 頁/580 元

◎上列書價若有變動，請以
　最新定價為準。

流程圖

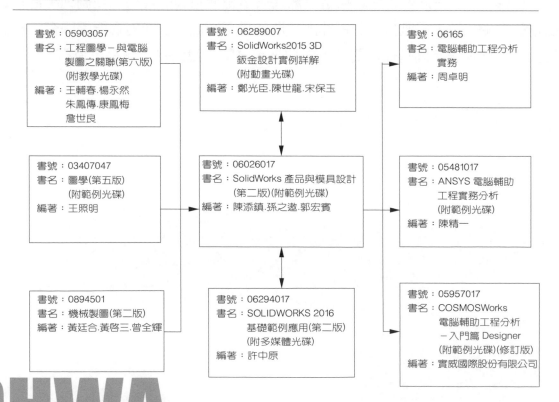

書號：05903057
書名：工程圖學－與電腦
　　　製圖之關聯(第六版)
　　　(附教學光碟)
編著：王輔春.楊永然
　　　朱鳳傳.康鳳梅
　　　詹世良

書號：03407047
書名：圖學(第五版)
　　　(附範例光碟)
編著：王照明

書號：0894501
書名：機械製圖(第二版)
編著：黃廷合.黃啓三.曾全輝

書號：06289007
書名：SolidWorks2015 3D
　　　鈑金設計實例詳解
　　　(附動畫光碟)
編著：鄭光臣.陳世龍.宋保玉

書號：06026017
書名：SolidWorks 產品與模具設計
　　　(第二版)(附範例光碟)
編著：陳添鎮.孫之遨.郭宏賓

書號：06294017
書名：SOLIDWORKS 2016
　　　基礎範例應用(第二版)
　　　(附多媒體光碟)
編著：許中原

書號：06165
書名：電腦輔助工程分析
　　　實務
編著：周卓明

書號：05481017
書名：ANSYS 電腦輔助
　　　工程實務分析
　　　(附範例光碟)
編著：陳精一

書號：05957017
書名：COSMOSWorks
　　　電腦輔助工程分析
　　　－入門篇 Designer
　　　(附範例光碟)(修訂版)
編著：實威國際股份有限公司

目錄　CONTENTS

第 **1** 章

模具概論

1-1　何謂模具 1-2

1-2　電腦輔助設計與製造 1-3

1-3　射出成形模具的基本構造 1-4

1-4　澆道系統 1-7

1-5　模穴配置 1-10

第 **2** 章

模具設計簡介

2-1　分模面與分模線 2-2

2-2　孔洞 2-4

2-3　脫模角度 2-6

2-4　鑲嵌結構 2-6

2-5　倒勾 2-7

2-6　成形品收縮率 2-9

2-7　螺栓柱 2-9

第 **3** 章

模具設計工具

3-1　模具工具列 3-2

　3-1-1　縮放： 3-3

　3-1-2　分模線： 3-4

　3-1-3　封閉曲面： 3-8

　3-1-4　分模曲面： 3-9

　3-1-5　模具分割： 3-12

　3-1-6　側滑塊： 3-14

　3-1-7　模塑： 3-16

　3-1-8　拔模： 3-18

3-1-9　分割線： 3-21

3-1-10　規則曲面： 3-24

3-1-11　偏移曲面： 3-27

3-1-12　放射曲面： 3-28

3-1-13　平坦曲面： 3-29

3-1-14　縫織曲面： 3-30

3-1-15　移動面： 3-31

3-1-16　拔模分析： 3-33

3-1-17　底切偵測： 3-36

3-1-18　插入模具資料夾： 3-39

3-2　模具拆模流程 3-42

3-3　綜合演練 3-44

3-3-1　例題：外罩 3-44

3-3-2　例題：緊急照明燈罩 3-62

3-4　側滑塊功能 其他應用 3-87

3-5　練習題 3-102

3-5-1　照相機 3-102

3-5-2　照明燈罩 3-103

4-1　分模線為水平線 4-3

4-2　分模線為弧形線 4-71

4-3　練習題 4-102

4-3-1　煙灰缸 4-102

4-3-2　肥皂盒 4-103

4-3-3　手機面板 4-104

第 4 章

射出成形模具

第 5 章

其他拆模方式

5-1　手動設定選項及參數 5-2

　5-1-1　分模線處理 5-2

　5-1-2　分模曲面處理 5-3

5-2　多本體操作 5-20

　5-2-1　結合： 5-20

5-3　組合件操作 5-43

　5-3-1　模塑： 5-44

5-4　練習題 5-84

　5-4-1　杯子 5-84

　5-4-2　聽筒上蓋 5-87

第 6 章

倒勾的處理

6-1　成形品外側有倒勾部分 6-2

　6-1-1　模穴分割方式 6-2

　6-1-2　倒勾部分分割方式 6-69

6-2　成形品內側有倒勾部分 6-126

6-3　練習題 6-152

　6-3-1　馬克杯 6-152

　6-3-2　支架 6-153

第 7 章

模版與模仁的處理

7-1　鑲嵌結構 7-2

7-2　綜合演練 7-3

　7-2-1　分模線為水平線(一模二穴) 7-3

　7-2-2　分模線為弧形線(一模二穴) 7-7

7-3　練習題：一模二穴 7-13

模具概論

1-1　何謂模具

1-2　電腦輔助設計與製造

1-3　射出成形模具的基本構造

1-4　澆道系統

1-5　模穴配置

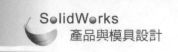

1-1 何謂模具

　　「模具」被稱為機械工業之母，為大量生產與標準化的產品工具，具有快速生產、品質精良與生產價格低廉之特性。想要將產品以塑膠或金屬材料進行製品化時，首先要做的事就是製作模具，透過模具來模塑產品的外觀形狀。

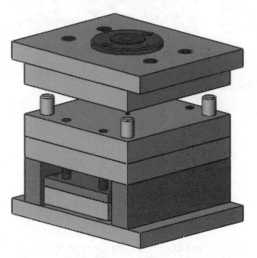

　　模具應用的範圍很廣，舉凡塑膠、橡膠、金屬、玻璃或礦物等材料經過高溫、高壓之過程而形成一定形狀之物件，皆需有模具來完成製作，一般日常用品、3C 產品、汽車零件等，皆可使用模具來生產製作，是現今產業界不可或缺的工具。

　　目前業界所製造之模具主要可分為：

1. 塑膠模具：

　　塑膠模具一般用於塑膠件成形，其原理利用粒狀的塑膠材料在射出成形機的加熱缸中加熱，形成熔融狀態，再利用射出機構將熔融材料由噴嘴射入模具中，待塑膠成品冷卻固化後再開模，最後由頂出機構將成品頂出，此為射出成形一個生產週期。

2. 沖壓模具：

　　沖壓模具利用上下模高速沖壓製程，將金屬薄片沖製成所需形狀，其造形依上下模模具而定，除較簡單的形狀可利用一付模具來完成加工，較複雜造形則需多付模具和多重沖程來完成。

3. 壓鑄模具：

　　壓鑄模具用於熔融之輕金屬，如鋁、鋅、鎂與銅等合金之壓鑄成形，其原理利將熔融之輕金屬材料，由壓出機構加壓再壓入閉合之壓鑄模具內，以充滿此一模具之模穴而成形，待冷卻凝固後再開模，由頂出機構將成品頂出脫模。經由壓鑄而鑄成的壓鑄件之尺寸公差甚小，表面精度甚高，惟模具生產壽命較塑膠模具短。

4.　鍛造模具：

使用工具或模具，將金屬材料經由敲打或擠壓方式，使金屬塑性變形，而達到要求之形狀、尺寸及機械性質，此過程我們稱之為鍛造。

5.　其他模具：

如擠型模、玻璃模、抽線模、金屬粉末成形模等。

模具屬精密製造工業，要求之精確度較其他工業產品高，其製造過程不僅包括傳統機械加工之銑、磨、搪等加工程序外，尚需與放電加工、線切割、咬花等非傳統加工技術結合，並且為加強模具強度與耐用性，加工後之模具還需經熱處理、電鍍等程序等。

1-2　電腦輔助設計與製造

由於電腦輔助設計與製造(CAD/CAM)的技術日新月異，設計資料逐漸數位化，電腦輔助設計與製造是近代工業相當重當重要的設計輔助工具，讓產品的建模、設計、性能測試、模具設計等開發過程均可採用電腦化技術，達到減少或避免採用實物模型，可大幅降低產品開發的成本與時間的浪費。

電腦輔助設計與製造(CAD/CAM)導入了設計流程，因為電腦以高速且精密的特性，取代了傳統流程中較為繁複但必要的工作，也提升了造形工作以及製造上的效率與產能。

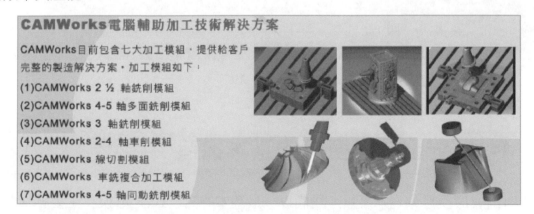

以電腦輔助設計(CAD)將成形品之形狀尺寸繪製成 3D 立體形狀，透過電腦 3D 立體圖，讓設計者能將其設計理念以 3D 形式呈現於使用者眼前，如此不但能立即

得知模具的整體組裝情形，亦可較具真實感，透過 3D 的呈現方式，幫助使用者於設計模具時能更有概念，也更清楚瞭解相關零件的位置。

透過電腦輔助製造(CAM)軟體，將 3D 立體圖轉換為模具製作用之 NC 數值控制工具機的程式資料，透過 CNC 工具機加工製作，提高模具的精確度及品質。

本書所用之 CAD 軟體為 **SolidWorks**，版本為 2010 版，其操作介面如圖 1-1 所示。

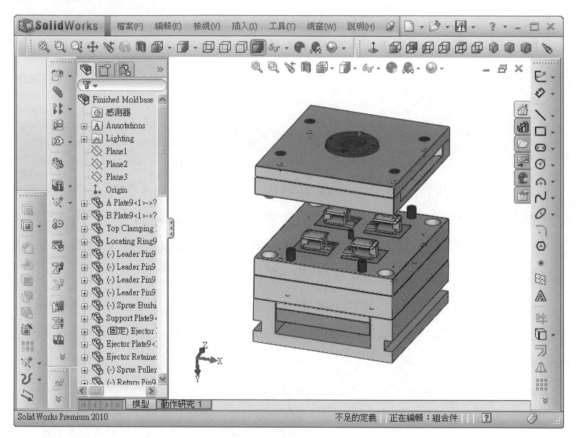

⏻ 圖 1-1

 ## 1-3　射出成形模具的基本構造

射出成形模具分為好幾類，我們以一最基本的二板式模具(模具主要結構分為固定側及可動側兩大部分，故稱為二板式模具)，來介紹其基本結構(如圖 1-2 所示)，其零件主要包括安裝板、模板，導向零件、頂出零件及其他附屬零件等。

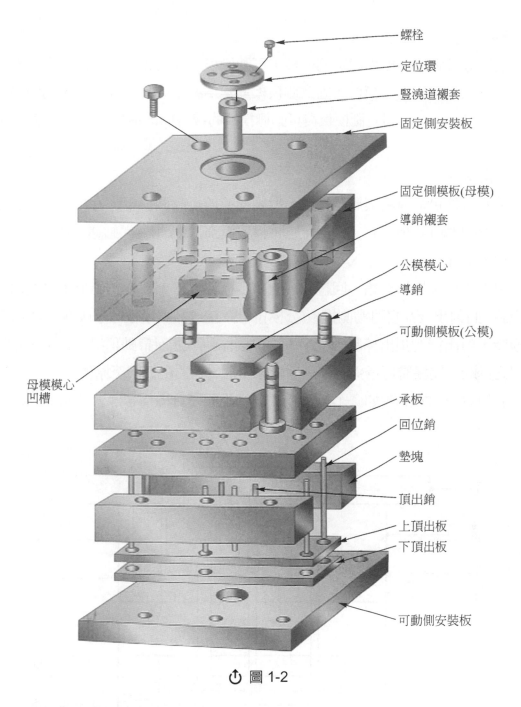

螺栓

定位環

豎澆道襯套

固定側安裝板

固定側模板(母模)

導銷襯套

公模模心

導銷

可動側模板(公模)

母模模心
凹槽

承板

回位銷

墊塊

頂出銷

上頂出板
下頂出板

可動側安裝板

⏻ 圖 1-2

1.　固定側與可動側安裝板

　　模具中固定側部分的零件，安裝到固定側安裝板上，固定側安裝板再安裝到
射出機的固定側部分。同樣的，模具中可動側部分的零件，安裝到可動側安裝板
上，可動側安裝板再安裝到射出機的可動側部分。

2. 模板

模板分可動側模板與固定側模板,可動側模板通常為射出成品的內表面,為凸出之形狀,又稱為公模板。固定側模板通常為射出成品的外表面,為凹陷之形狀,又稱為母模板。固定側模板與可動側模板的接合面即稱為分模面(如圖 1-3 所示)。

3. 導向零件

導向零件包括導銷與導銷襯套,導銷安裝於可動側模板,導銷襯套安裝於固定側模板(如圖 1-3 所示)主要做為可動側與固定側模板相對滑動運動使用。

4. 頂出零件

頂出零件包括頂出銷、回位銷、上頂出板、下頂出板。頂出機構主要功能是開模時,將射出成品自可動側模板(公模)頂出,使成品與模板分離(如圖 1-3 所示)。**開模時**,射出機的頂出棒驅動上、下頂出板移動,進而帶動頂出銷移動,以達到頂出之目的,**閉模時**再透過回位銷功能,使上、下頂出板回至原位。

我們以一 2D 簡圖(如圖 1-3 所示)來詳細說明模具機構各部分功能:

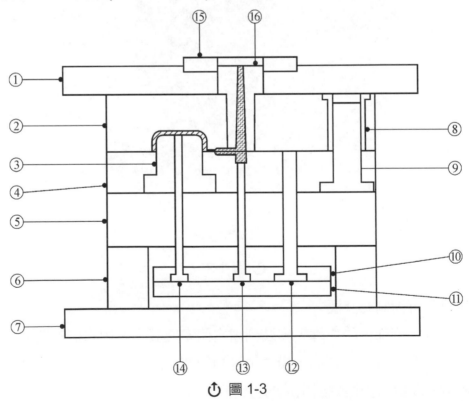

圖 1-3

編號	名稱	說明
1	母模固定板	又稱固定側固定板，可以將母模座整組固定在射出機的固定盤上。
2	母模	模穴、流道、注道及澆口加工，主要爲成品外觀面。
3	公模模仁	當模具開啓，成品須留在模仁的公模側，再將其頂出脫模，不可留在母模側。
4	公模	爲成品頂出之分模面，固定公模仁及導梢，流道、澆口、回位梢孔及注道抓梢孔定位加工。
5	承板	不使公模板彎曲變形，有支撐公模模板之作用，並使模具加工容易，確保模具精度及延長壽命。
6	間隔腳座	爲了確保成品頂出距離，在承板與公模固定板之間，設置平行塊。
7	公模固定板	又稱可動側固定板將公模座整組固定在射出機的可動盤上。
8	導梢襯套	一般裝置於母模模板上，經過硬化處理及研磨加工，可增強導梢襯套壽命，作用與導梢相同。
9	導梢	一般裝置於公模模板上，同樣經過硬化處理及研磨加工，可增強導梢壽命，作用是使公母模能正確地快速定位。
10	上頂出板	使成品頂出平穩、正確，且頂出梢、回位梢及注道抓梢能確實定位。
11	下頂出板	將上頂出板與所有的射梢以螺絲固定成一體進行頂出。
12	回位梢	當頂出機構在頂出成品後，受到回位梢彈簧撐開作用而回到原位。
13	注道抓梢	使注道、流道與成品留在公模側以利同時頂出脫模。
14	頂出梢	固定在頂出板上，射出機頂出桿件將頂出板往前推，以將射出成形品進行頂出公模仁。
15	定位環	使射出機噴嘴與模具對正。
16	注道襯套	因襯套直接與成形機噴嘴接觸，壓力最大也易磨損，爲便於更換故做成襯套。

1-4　澆道系統

　　澆道系統：模具中將熔融之塑膠原料，導入模穴之通路部分。主要包括豎澆道、橫澆道、進澆口、模穴、排氣孔等(如圖 1-4 所示)。

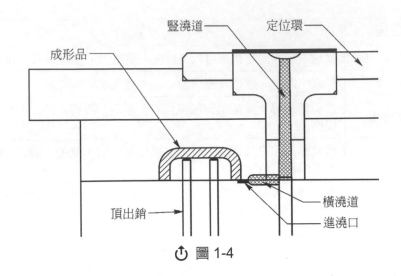

☝ 圖 1-4

1. 豎澆道

   豎澆道一端銜接射出機的噴嘴口部分,另一端則連接橫澆道,主要功能是將自射出成形機噴嘴射出之熔融塑膠原料,導引至橫澆道之通道,此通道一般都被製作成軸襯狀之零件。

2. 橫澆道

   橫澆道是連接豎澆道及進澆口的通道。橫澆道形狀(斷面形狀)和尺寸大小需考慮流動效率、壓力及熱量損失。

   (1) 尺寸大小:橫澆道的尺寸要適當,尺寸過大造成材料浪費,成形時間加長,射出壓力增大等缺點。尺寸過小則造成壓力損失。

   (2) 橫澆道斷面形狀:圓形、半圓形、梯形及 U 字形等,其形狀及優缺點如下表所示。

形狀		優缺點	加工製作
圓形		壓力及熱量損失最少,流動效率最好	必須兩面加工
半圓形		壓力及熱量損失最大	只須單面加工

(續前表)

形狀		優缺點	加工製作
梯形		壓力、熱量損失及流動效率介於圓形及半圓形之間	只須單面加工
U 字形		壓力、熱量損失及流動效率介於圓形及半圓形之間	只須單面加工

3. 進澆口

　　進澆口是熔融塑膠原料從橫澆道進入模穴的小孔道(如圖 1-5 所示)。它控制熔融塑膠原料進入模穴之流動，並使成品能輕易地與橫澆道分開。

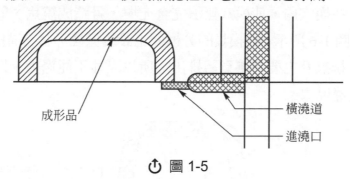

　　成形品　　　　　　　　　　　橫澆道
　　　　　　　　　　　　　　　　進澆口

⏻ 圖 1-5

(1) 進澆口之功能：
　① 控制熔融塑膠原料進入模穴的方向與流動。
　② 使橫澆道與成品易於分離。
　③ 阻止模穴內填充之原料回流。
　④ 填充之原料通過狹小之進澆口，因摩擦生熱而升高原料之溫度，可使流動性增加。
(2) 進澆口有各種形狀及尺寸大小，設計時可遵循以下之原則：
　① 能夠使熔融塑膠原料平滑地流入模穴，不會在進澆口附近產生局部應力。
　② 尺寸儘量小，使澆口與成品連接部分易於切除，殘留痕跡小，減少後續修飾加工時間。

③ 若考慮全自動作業生產方式，進澆口可選用開模時自動與成品分離之構造(例如：潛入式澆口、針點式澆口等)。

(3) 進澆口位置之設定可遵循以下之原則：

① 進澆口附近會有殘留應力，會變脆而破裂，所以進澆口位置宜設定於不受外力處。

② 進澆口在成品上會流下痕跡，所以宜設定於不顯眼處。

③ 進澆口宜設定於成品肉厚處，因肉厚處固化時間長，收縮率較大，設定於此，在保壓期原料補充容易。

4. 排氣孔

模具排氣孔功能是熔融塑膠原料在充填模穴時，能將模穴內氣體排出於模具外，以免氣體流在模穴內，使模穴無法完全充填，且造成燒焦、氣泡等影響成品品質及外觀。如圖 1-6 所示，在模具的分模面上設置低淺形狀之溝槽，以使模穴內氣體由此排出。排氣孔主要是讓氣體排出，所以尺寸不能過大，以免塑膠原料由此流出而產生毛邊現象。

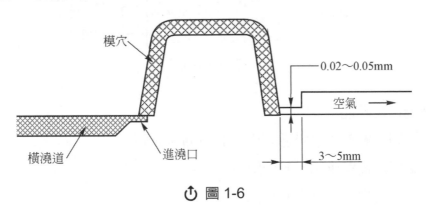

🔆 圖 1-6

1-5 模穴配置

為了提高生產效率，一個模板上可能配置多個模穴，以便在生產時，一次的射出充填可同時完成多個成品，但在一模多穴的狀態下，熔融塑膠原料透過澆道系統進入模穴時，可能會產生充填不平衡情形(某些模穴充填不足，有些則過度充填)。

為了避免發生上述的情況，需要透過調整模穴的位置、澆道的角度和進澆口的尺寸，以達到同時充填、同時結束之理想狀態。

1. 模穴的位置：模穴位置儘量整齊化對稱配置，使從豎澆道到各模穴之距離相等(如圖 1-7 所示)。

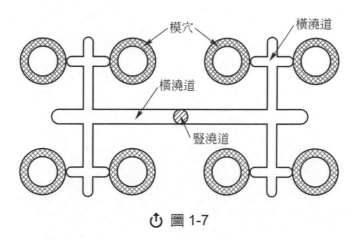

⟳ 圖 1-7

2. 進澆口尺寸：控制進澆口尺寸，以達到充填平衡(如圖 1-8 所示)。

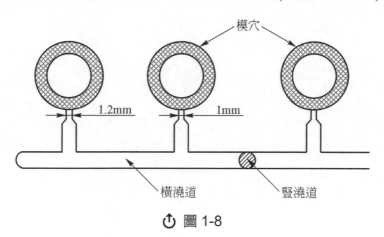

⟳ 圖 1-8

2

模具設計簡介

2-1　分模面與分模線

2-2　孔洞

2-3　脫模角度

2-4　鑲嵌結構

2-5　倒勾

2-6　成形品收縮率

2-7　螺栓柱

在模具設計前，需先了解模具的特性，在產品設計初期即納入考量，以免造成成品無法模具化情形發生，以排除不必要的修改，進而縮短模具的完工日期。

模具之設計原則是盡可能避免複雜之分模面及倒勾部分，以降低模具結構之複雜度，所以在產品設計時，在不影響產品外觀、尺寸、機能狀況下，謀求模具加工及組裝之便利性。

在模具設計過程中，從剛開始零件模型，然後到整組模具設計完成，當中會經過相當多的重要的階段過程，先建出產品的 3D 模型，由拔模方向的判斷、分模線的選擇、分模面的建構，然後模具公、母模分離，此些為模具設計的拆模構思，將拆解的各部分進行加工，完成後再依相關部分做區域的組合，最後再一一組裝成完整模具。

2-1 分模面與分模線

1. 分模面

成形品要能從模具中取出，必須打開公模與母模，而公模與母模的貼合面，我們稱之為分模面，在模具圖面中大都以 PL 作為表示符號。

(1) 圖 2-1 為一開模程序，公、母開啟後可取出成品。

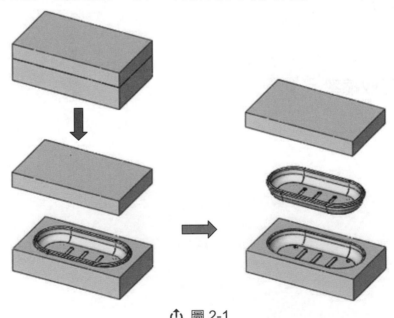

⬆ 圖 2-1

(2) 圖 2-2 所示之平面，為公、母模關閉時相互貼合之面，我們稱之為分模面。

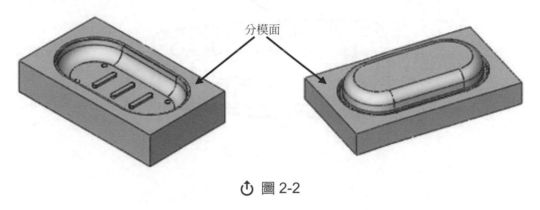

↻ 圖 2-2

(3) 圖 2-3 為模具關閉時側視圖，由圖可知模具關閉時，公、母模分模面相互緊密貼合，熔融塑膠原料進入模穴時才不會溢出，這也是分模面最主要之功能。

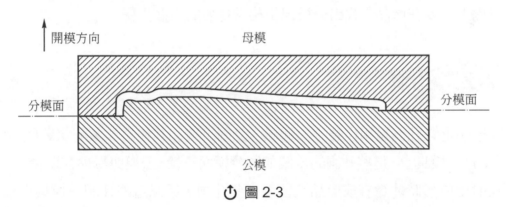

↻ 圖 2-3

2. 分模線

由於分模面的關係，自模具中取出之成品，其表面會殘留一條細微之線條，此線條我們稱之為分模線(如圖 2-4 所示之線段)。

↻ 圖 2-4

一般來說，由開模方向的視角來看分模線時，分模線應為成形品最大外圍輪廓線(如圖 2-5 所示之線段)。如果不是的話，代表成形品有倒勾的部分。

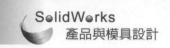
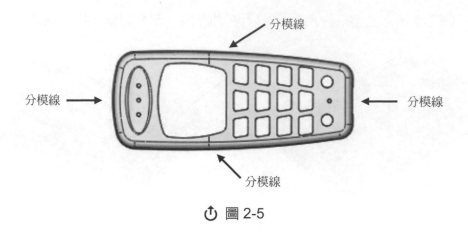

分模線

分模線 ←　　　　　　　　　　→ 分模線

↓ 分模線

🔱 圖 2-5

　　分模線在模具設計上主要的目的為將產品分割成兩邊，分模線的形狀有可能是水平線或弧形線，在一般的兩板模具，其分模線的判斷條件為此分模線要能將產品分割成兩邊，分割後的表面依開模方向移動時不能有干涉產生。所以在模具設計過程上，要在產品上找出分模線是相當重要的一個步驟。

2-2　孔洞

　　成形品上之孔洞是用作裝飾、通風、鎖固，或和其他零件裝配組裝用的(如圖2-6所示)。在模具上，這些孔洞的位置如同分模面一樣，公模與母模需貼合在一起，如此在射出成形時才會在成形品上留下這些孔洞，所以這些孔洞在模具上我們稱之為"靠破孔"。在設計孔洞時應避免有尖銳處，以免干擾成形塑料之流動。

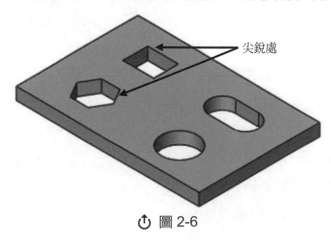

尖銳處

🔱 圖 2-6

在模具結構上，這些孔洞是以柱子結構形狀出現，其設計之基本原則爲：

1. 靠破孔柱子可由母模部分伸長柱子與公模貼合，也可由公模部分伸長柱子與母模貼合，其優缺點爲：

    (1) 母模部分伸長柱子與公模貼合：

    ① 優點：由於貼合處在成形品會留下"毛邊"問題，影響成形品外觀，所以母模部分伸長柱子與公模貼合方式，可將毛邊問題留在公模面，也就是成形品的內表面。

    ② 缺點：有些成形品之孔洞較多(例如：手機按鍵面板、計算機按鍵面板等)，如以母模部分伸長柱子與公模貼合時，開模時會造成成形品附著於母模上，此時無法利用頂出裝置將其頂出(因爲頂出裝置位於公模部分)，需人工方式將成形品取出，如此勢必產生短暫的停機，而影響生產效率。

    (2) 公模部分伸長柱子與母模貼合：

    ① 優點：成形品之孔洞較多時，使用此方式可避免開模時造成成形品附著於母模上之問題，且由於模具技術之進步，毛邊問題可處理至可接受範圍。

    ② 缺點：爲了解決毛邊問題，需增加模具製作及維修成本與時間。

2. 靠破孔柱子的伸長方向需與開模方向**平行重合**，不可有角度，以免成形品脫模困難(如設計成滑塊形式則除外)。如圖 2-7 所示，靠破孔部分爲母模伸長柱

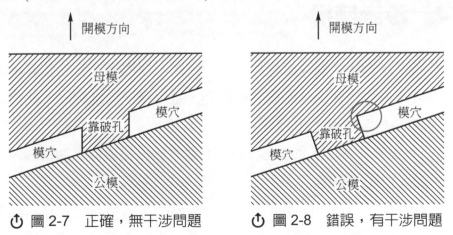

🔿 圖 2-7　正確，無干涉問題　　　🔿 圖 2-8　錯誤，有干涉問題

子與公模貼合,且伸長方向與開模方向平行重合。圖 2-8 雖也是母模伸長柱子與公模貼合,但伸長方向與開模方向有角度,所以開模時會與成形品產生干涉狀況(如圖 2-8 圓圈爲干涉部分)。

2-3 脫模角度

爲了使成形品容易自模具中取出,模具在開模方向的模穴面上,必須設定脫模角度(如圖 2-9 所示),所以在成形品設計階段就必須考慮脫模角度問題。一般情況下,標準的脫模角度大概是 1 ～ 2 度,但是在要求高的尺寸精度時,可設定 0.5 ～ 0.25 度。

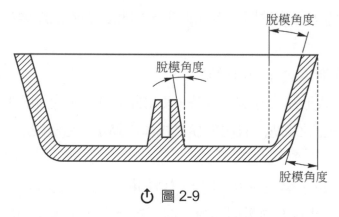

① 圖 2-9

2-4 鑲嵌結構

將成形品主要形狀之模穴部分加工爲一嵌件,在模板部分加工容納嵌件之凹槽,組裝模具時,將嵌件嵌入模板凹槽部分,並用螺栓加以鎖固,此種組裝結構我們稱之爲鑲嵌結構(如圖 2-10 所示)。

如圖 2-11 所示,將加工完成之公模模心放置於公模模板之凹槽內,並以螺栓加以鎖固,如此便完成公模部分。

鑲嵌結構在模具中運用範圍很廣,例如成形品之造型部分、靠破孔部分、滑塊部分皆可使用鑲嵌結構。如圖 2-12 所示,將成形品造型部分加工爲一嵌件,放置於公模模心之凹槽內，同樣以螺栓鎖固，再將組裝好之公模模心放置於公模模板之凹槽內。

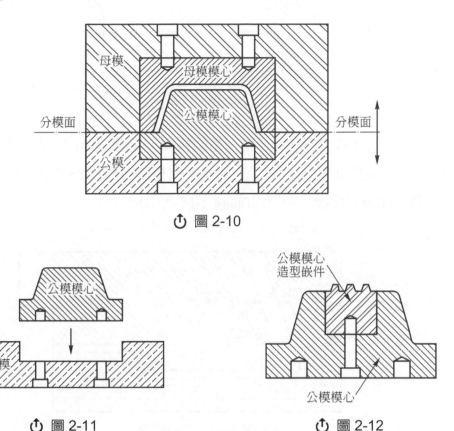

⏻ 圖 2-10

⏻ 圖 2-11　　　　　　　　　⏻ 圖 2-12

說明 嵌件在模具上稱謂很多，例如：模心、模仁、模塊等等。

2-5　倒勾

　　成形品如圖 2-13 所示，在開模方向之側壁內、外有凸出或凹入的部分，此部分我們通稱為倒勾。

　　由於倒勾的問題，無法直接頂出成形品，強制的頂出會損傷成形品。所以，為了使成形品在不損傷的狀況下，順利自模具中頂出，在有倒勾的部分，需在模具上設計滑塊機構，但因增加了滑塊機構，使模具的結構及作動複雜化，製造時間及成本也相對提高。

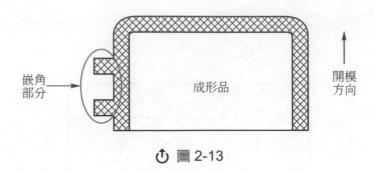

嵌角
部分

成形品

開模
方向

↺ 圖 2-13

傾斜銷(牛角)是滑塊機構中最常採用的機構,如圖 2-14 所示,**閉模時**,傾斜銷讓滑塊移動到適當的位置,射出完成後,**開模時**,傾斜銷讓滑塊自倒勾部分退出,使成形品能順利自模具中取出(如圖 2-15 所示)。

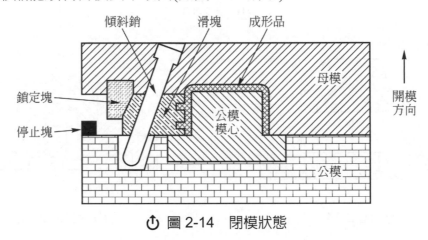

↺ 圖 2-14 閉模狀態

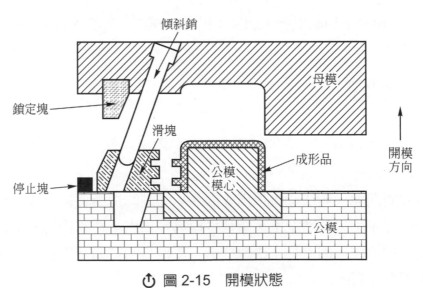

↺ 圖 2-15 開模狀態

說明 倒勾在模具上稱謂很多，例如：嵌角、死角、凹割等等。

 ## 2-6　成形品收縮率

　　成形品自模具中取出時，其物體本身溫度較室溫爲高，須經過一段時間才能達到常溫狀態，此時成形品因冷卻而產生收縮現象。在模具上，成形品高溫時的尺寸與常溫時的尺寸差距，我們稱之爲成形品收縮率。

　　成形品之收縮率與塑膠原料種類、成形品形狀、射出成形條件等因數有關，但無論如何，只要會產生收縮現象，**在製作模具時需考慮將成形品之收縮率而將模具尺寸放大製作才是。**

　　實際上射出廠或模具廠針對各種塑膠原料、成形品形狀、射出成形條件等皆已設定好相對應之成形品收縮率，所以在製作模具時，可以以下列簡便公式算出模具尺寸：

$$模具尺寸＝(1＋收縮率)×實際尺寸$$

 說明 收縮率大都以 1/1000 單位作爲表示。

例如：

　　成形品實際尺寸長度部分：300mm，塑膠原料：PC(聚碳酸酯)，收縮率：0.006，所以模具尺寸長度部分：(1＋0.006)×300＝301.8mm。

 ## 2-7　螺栓柱

　　螺栓柱的設計一般是用來提供螺絲結合或是供栓緊或緊密配合使用的，所以螺栓柱之設計應儘量結合其他牆面或補強肋，避免單獨凸出。

1.　牆角螺栓柱：螺栓柱若是設計在產品的角落處，則以補強肋與雙邊牆面連結爲佳(如圖 2-16 所示)。

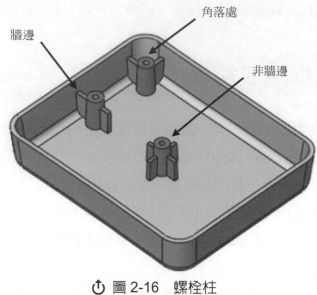

牆邊

角落處

非牆邊

⏻ 圖 2-16　螺栓柱

2. 牆邊螺栓柱：螺栓柱若是設計在產品的牆邊，則以補強肋與單邊牆面連結，
   其他側可以 1 至 3 面補強肋結合(如圖 2-16 所示)。

3. 非牆邊：螺栓柱若是設計在非牆邊之位置，則以 4 面補強肋結合(如圖 2-16 所示)。

模具設計工具

3-1　**模具工具列**

　　3-1-1　縮放： 📇

　　3-1-2　分模線： 🌐

　　3-1-3　封閉曲面： 📥

　　3-1-4　分模曲面： 🌐

　　3-1-5　模具分割： 🗿

　　3-1-6　側滑塊： 📇

　　3-1-7　模塑： 📷

　　3-1-8　拔模： 📎

　　3-1-9　分割線： 📷

　　3-1-10　規則曲面： 📎

　　3-1-11　偏移曲面： 📇

　　3-1-12　放射曲面： 🌐

　　3-1-13　平坦曲面： ⬜

　　3-1-14　縫織曲面： 👕

　　3-1-15　移動面： 📇

　　3-1-16　拔模分析： 📷

　　3-1-17　底切偵測： 📷

　　3-1-18　插入模具資料夾： 📷

3-2　**模具拆模流程**

3-3　**綜合演練**

　　3-3-1　例題：外罩

　　3-3-2　例題：緊急照明燈罩

3-4　**側滑塊功能 📇 其他應用**

3-5　**練習題**

　　3-5-1　照相機

　　3-5-2　照明燈罩

產品在設計過程中，從 2D 草圖至 3D 模型都必需符合模具的需求，模具的製造及生產是否良好則依賴模具的設計是否良好。

SolidWorks 模具設計的過程，事實上也就是設定分模線、封閉靠破孔、產生分模曲面及產生公模零件、母模零件、滑塊零件等，所以有些 SolidWorks 功能是必須熟知的：

3-1 模具工具列

STEP 1 點選下拉式功能表：檢視＞工具列＞模具工具。可啓動模具工具列(建議使用此方式)。

STEP 2 也可由下拉式功能表：插入＞模具。使用模具工具功能。

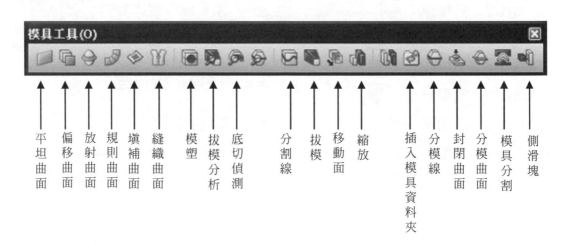

說明 拔模分析及底切偵測功能，SolidWorks2010 版後將其改至檢視工具列，可由下拉式功能表：檢視＞顯示＞拔模分析或底切偵測。

模具設計中，這個功能是最重要的，透過模具工具列中的功能，自動且快速地設定分模線，產生分模面，封閉靠破孔孔洞，自動分離公模、母模及側滑塊等，並且提供拔模分析及底切偵測功能，自動分析找出成品中拔模不足或有倒勾的部分，以做為是否變更產品設計或製作側滑塊之依據。

3-1-1　縮放：

模具設計時，需考慮成品自模具中取出，由高溫至常溫的冷卻過程中，所產生之收縮影響。透過縮放功能，將繪製好的模型，放大或縮小。

操作步驟

STEP 1 點選模具工具列上的縮放 。

STEP 2 在縮放比例對話框中，設定縮放參考點、是否三軸等距縮放及縮放比例(參數選項說明如圖 3-1)。

STEP 3 確定後完成。

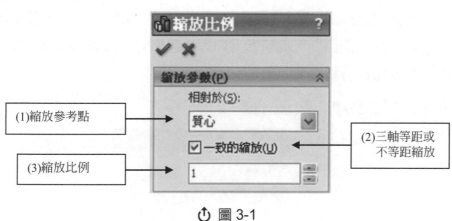

（1）縮放參考點
（2）三軸等距或不等距縮放
（3）縮放比例

⟳ 圖 3-1

(1) 縮放參考點：可設定質心、原點或座標系統。

(2) 三軸等距或不等距縮放：勾選 "一致的縮放" 則 X、Y、Z 三軸同比例縮放，反之，則個別輸入三軸之縮放比例。

(3) 縮放比例：透過指定的縮放係數來縮放模型。公式如下：

零件縮放大小＝零件大小×(1＋縮放係數／100)

例如：

所需縮放量	以%表示的縮放係數	產生的零件縮放大小
3%材料收縮 (模具比零件大)	3.0	零件大小×1.03
3%材料膨脹 (模具比零件小)	−3.0	零件大小×0.97

3-1-2 分模線：

模型中，公、母模分割之分界線為分模線。

STEP 1　點選模具工具列上的分模線 。

STEP 2　在分模線的對話框中：

    (1) 起模參考向量：可設定 "任一平面(基準面或模型任一平面)" 或 "直線(模型邊線或草圖直線)" ，作為起模方向參考向量，設定後會顯示一 "灰色箭頭" ，此箭頭方向即為起模方向(如圖 3-3 所示)。

    (2) 設定拔模分析參考角度。

STEP 3　按一下 "拔模分析" 按鈕(如圖 3-2 所示)。

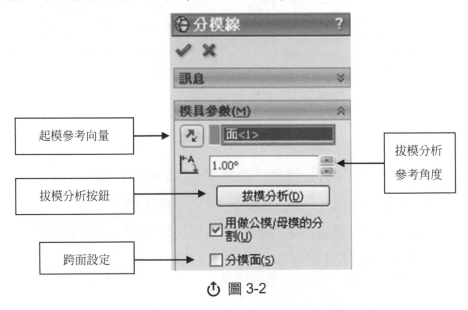

① 圖 3-2

STEP 4　按完拔模分析按鈕後，SolidWorks 會以所設定之起模參考向量及拔模角度進行拔模分析，以顏色區分正拔模(綠色)、負拔模(紅色)、無拔模(黃色)及跨開拔模(藍色)，同時會在對話框下方再跳出一設定分模線之對話框(如圖 3-3 所示)。

STEP 5　在分模線對話框中，點選模型邊線作為分模線(如圖 3-3 之分模線)。

(1)　一般來說，軟體會自動選擇邊線作為分模線。

(2)　若無自動選擇，則手動方式點選邊線作為分模線，點選一邊線後，旁邊出現控制點相切 符號，按一下控制點相切符號則自動選擇所有的邊線。

STEP 6　確定後完成。

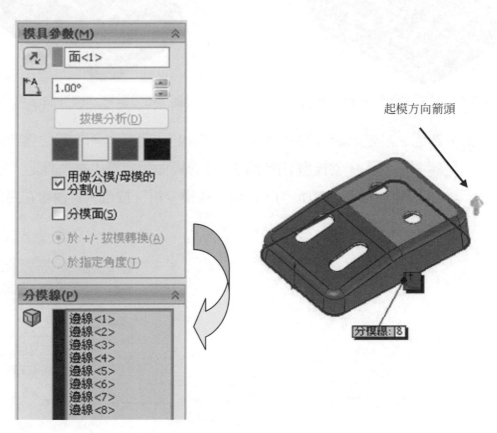

△ 圖 3-3

1. 起模方向：模具公、母模開模方向。

2. 起模方向參考向量選擇"線"(包含模型邊線、草圖線段、暫存軸等)與選擇"面"(包含模型表面、基準面等)時，需注意所產生之參考方向箭頭不同。

  (1) 點選"面"為參考向量時，灰色方向箭頭與"面"相互垂直(如圖 3-4 所示)。

  (2) 點選"線"為參考向量時，灰色方向箭頭與"線"相互平行(如圖 3-5 所示)。

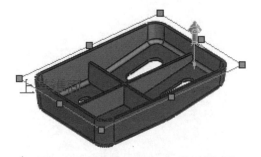

⏻ 圖 3-4　選擇"面"為參考向量

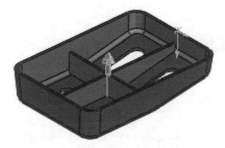

⏻ 圖 3-5　選擇"線"為參考向量

3. 跨面之設定：當產品圓弧面位於分模線上，此圓弧面則稱之為跨面(如圖 3-6 所示)，當模型有跨面時，在分模面對話框中需先設定"分模面"選項(如圖 3-7 所示)，再按"拔模分析"按鈕，自動會在跨面上產生分模線。

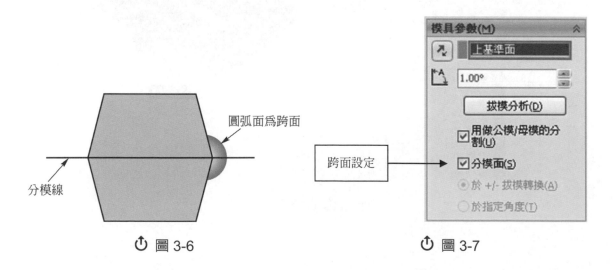

⏻ 圖 3-6　　　　　　　　　　　⏻ 圖 3-7

4. 分割之圖元：分模線除了模型邊線外，也可使用"分割之圖元"選項，加入繪製之草圖線段及模型端點作為分模線(如圖 3-8 所示)。

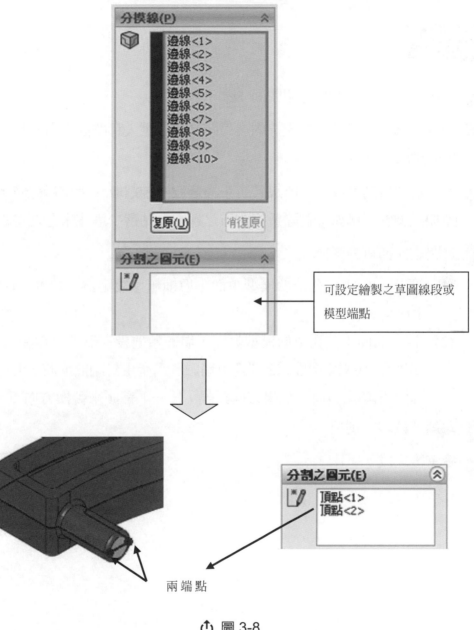

可設定繪製之草圖線段或模型端點

兩端點

⏻ 圖 3-8

CHAPTER
3

3-1-3 封閉曲面：

將模型中有靠破孔部分，使用封閉曲面將其封閉。

操作步驟

 點選模具工具列上的封閉曲面 。

STEP 2 SolidWorks 會自動將**分模線內**之封閉邊線，選入封閉曲面對話框中邊線選項(如圖 3-9 所示)。

STEP 3 因為是"自動選取"，所以若有重複選取、未選取或選錯邊線時，需再手動加以調整，例如：刪除重複選取之邊線，點選少選或未選之邊線等。

STEP 4 封閉之曲面可分兩種：

(1) 平坦曲面：破孔位於模型平面，填補類型設定為"接觸"(如圖 3-9 所示)。

(2) 相切曲面：破孔位於模型弧面，填補類型設定為"互為相切"(如圖 3-9 所示)邊線所顯示之"紅色箭頭"為產生封閉曲面時，與邊線周邊面，相切之方向，如果方向錯誤，按一下箭頭來轉換方向。

STEP 5 勾選"縫織"選項。

STEP 6 確定後完成。

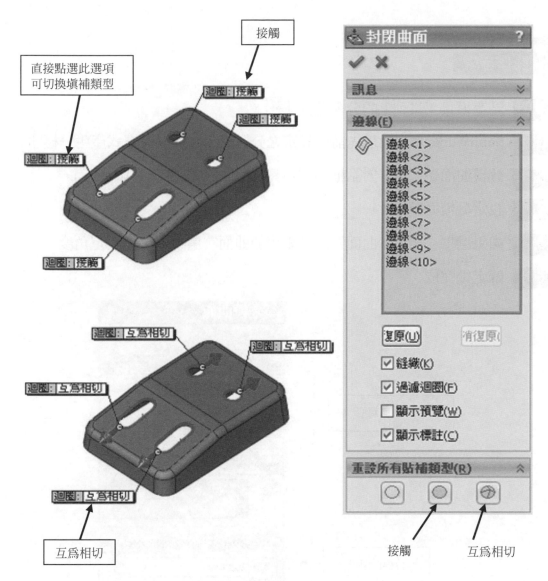

接觸

直接點選此選項
可切換填補類型

迴圈：接觸

迴圈：接觸

迴圈：接觸

迴圈：接觸

迴圈：互為相切

迴圈：互為相切

迴圈：互為相切

迴圈：互為相切

互為相切

封閉曲面

訊息

邊線(E)

邊線<1>
邊線<2>
邊線<3>
邊線<4>
邊線<5>
邊線<6>
邊線<7>
邊線<8>
邊線<9>
邊線<10>

復原(U)　　消復原(

☑ 縫織(K)

☑ 過濾迴圈(F)

☐ 顯示預覽(W)

☑ 顯示標註(C)

重設所有貼補類型(R)

接觸　　　　互為相切

⏻ 圖 3-9

3-1-4　分模曲面：

設定分模線及產生封閉曲面之後，接下來產生分模曲面。分模曲面從分模線以放射狀伸長，用來將模具的公模、母模分離。

操作步驟

STEP **1** 點選模具工具列上的分模曲面 ⊕ 。

STEP **2** SolidWorks 會自動以先前所設定之分模線，向外放射方式產生分模曲面。

STEP **3** 分模曲面類型可於對話框中"模具參數"設定(如圖 3-10 所示)。

STEP **4** 設定分模面距離。

STEP **5** 如果選擇"相切於曲面"或"垂直於曲面"選項，可以設定角度。

STEP **6** 確定後完成。

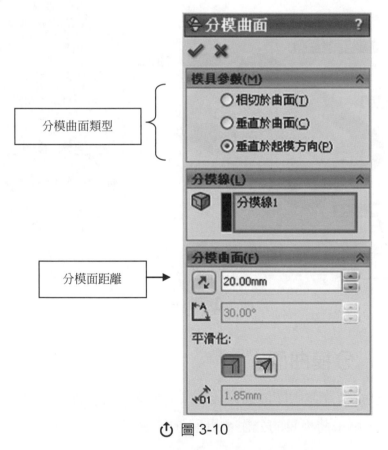

① 圖 3-10

(1) 相切於曲面：分模曲面相切於模型中分模線相鄰之曲面。一般來說，
分模線若側視圖爲"**弧形線**"(如圖 3-11 之邊線)，則定此選項，產生

之分模曲面會順著弧形做延伸(如圖 3-12 所示)。

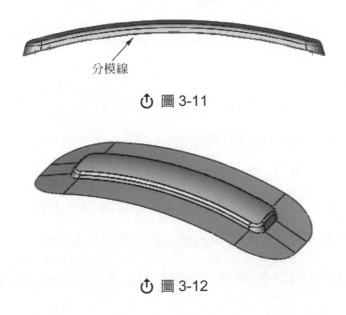

ひ 圖 3-11

ひ 圖 3-12

(2)　垂直於曲面：分模曲面垂直於模型中分模線相鄰之曲面(如圖 3-13 所示)。

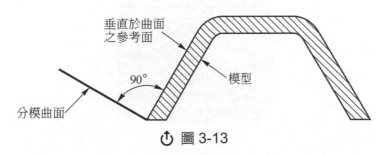

ひ 圖 3-13

(3)　垂直於起模方向：分模曲面垂直於起模方向。一般來說，分模線若側視圖為"水平線"則設定此選項(如圖 3-14 所示之邊線)。

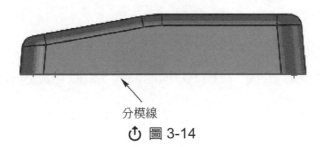

ひ 圖 3-14

3-1-5 模具分割：

定義分模曲面之後，使用模具分割功能產生模型的公模及母模。

操作步驟

STEP 1 先點選一平面(基準面或分模曲面)。

STEP 2 再點選模具工具列上的模具分割 。

STEP 3 軟體"自動"以所點選之平面進入"草圖繪製"狀態。

STEP 4 調整模型視角方位使所選的曲面或基準面是正視於的。

STEP 5 繪製一個超過模型邊線的矩形，但矩形必須在分模曲面的邊界內(如圖 3-15 所示)。

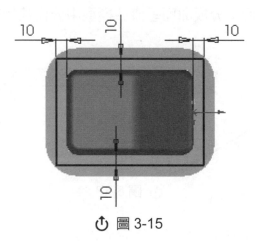

⏻ 圖 3-15

STEP 6 點選 ✏️ 或 ↩️ ，結束草圖繪製時，軟體會自動在左邊特徵管理員中顯示模具分割對話框，在對話框中：

(1) 設定模塊厚度。

(2) 其他選項：公模、母模、分模曲面等，軟體自動選取(如圖 3-16 所示)。

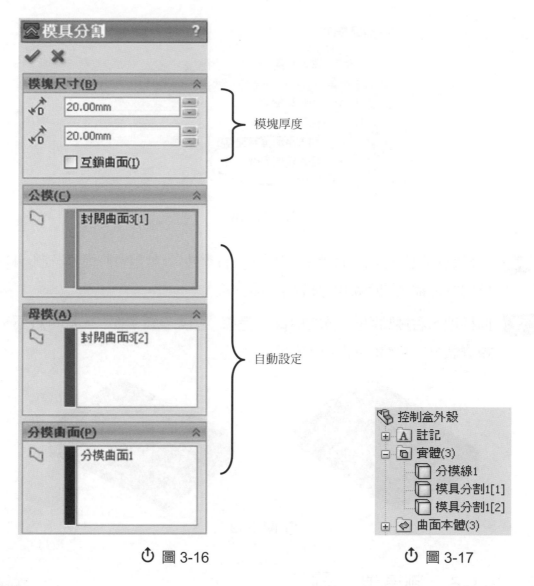

模塊厚度

自動設定

① 圖 3-16　　　　　　　　　① 圖 3-17

STEP
7 　確定後完成。檢視特徵管理員中，"實體"資料夾內包含三個特徵：分模
線 1、模具分割 1[1]、模具分割 1[2](如圖 3-17 所示)。

STEP
8 　**右鍵**點選分模線特徵，選擇"插入至新零件"，軟體會將分模線特徵開啟
為"成品"零件檔，同時跳出存檔對話框(如圖 3-18 所示)。

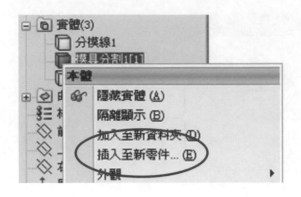

⏻ 圖 3-18

STEP 9 右鍵點選模具分割 1[1]，選擇 "插入至新零件"，軟體會將模具分割 [1] 開啓爲零件檔，同時跳出存檔對話框。

STEP 10 同樣地，右鍵點選模具分割 1[2]，選擇 "插入至新零件"，則可將公、母模實體分別存檔(如圖 3-19 所示)。

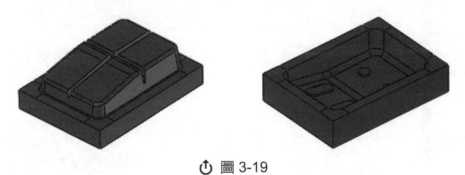

⏻ 圖 3-19

🔍 3-1-6 側滑塊：🔲

當模具中有倒勾的部分時，可使用側滑塊功能將倒勾的部分產生側滑塊零件。

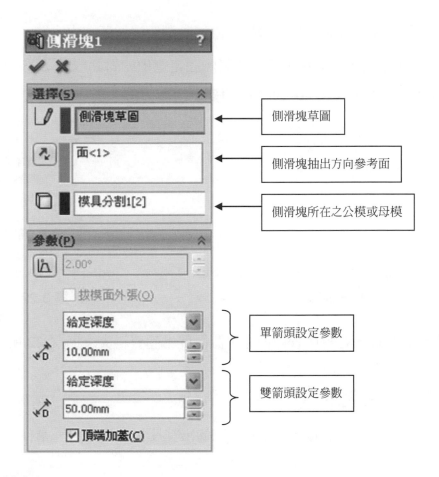

操作步驟

STEP 1 先繪製側滑塊草圖。

STEP 2 先點選側滑塊草圖，再點選模具工具列上的側滑塊 🔲。

STEP 3 抽出方向參考面內定以側滑塊草圖之平面垂直方向(如圖 3-20 所示)，可重新選擇變更之。

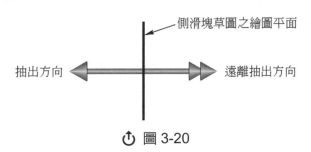

側滑塊草圖之繪圖平面

抽出方向 ⬅　➡ 遠離抽出方向

⏻ 圖 3-20

STEP 4 設定側滑塊所在之公模或母模，直接點選側滑塊所在之本體。

 STEP 5 設定抽出方向距離(單箭頭及雙箭頭設定選項如對話框所示)，單箭頭為抽出方向，雙箭頭為遠離抽出方向(如圖 3-21 所示)。

抽出方向 ◄━━━━━━━►► 遠離抽出方向

↺ 圖 3-21   ↺ 圖 3-22

STEP 6 確定完成後，在特徵管理員產生側滑塊本體資料夾(如圖 3-22 所示)。

🔍 3-1-7　模塑：🔲

在**組合件**中，利用一個零件外形去塑造出其反相造型之另一零件。使用模塑功能有二個要件：

◆　在組合件中，某一零件編輯狀態下。

◆　組合件中至少需有二個以上之零件。

操作步驟

 STEP 1 將完成之成品零件放置於"組合件"中，"**並做存檔動作**"。

 STEP 2 將完成之模座零件放置於組合件中，透過結合條件 🔗，將模座零件放置於適當位置(如圖 3-23 所示)。

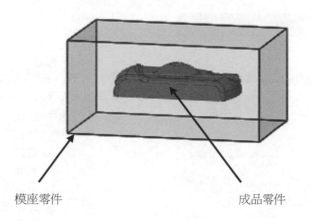

模座零件   成品零件

⏻ 圖 3-23

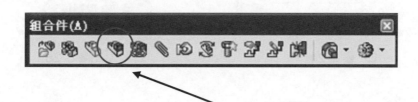

STEP 3 **先點選模座零件，再點選編輯零件** 🔲，進入模座零件 "編輯狀態"，點選模塑 🔲 (只有在組合件中，某一零件編輯狀態下，才能使用此功能)。

STEP 4 在模塑對話框中(如圖 3-24 所示)：

(1) 設計零組件選項：點選成品零件。

(2) 縮放參數選項與縮放 🔲 功能相同(請參閱 3-1-1、縮放比例功能說明)。

STEP 5 確定後完成模塑功能，同時在模座零件特徵樹中產生**模塑特徵**(如圖 3-25 所示)。

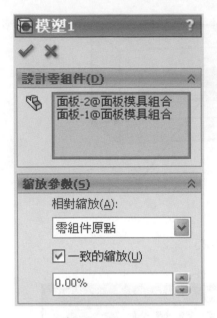

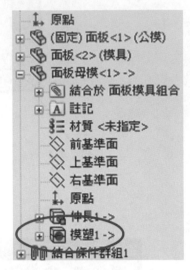

⟳ 圖 3-24　　　　　　　　　　　　　⟳ 圖 3-25

🔍 3-1-8　拔模：

在模型中以特定的角度斜削選取面來產生特徵。

一、中立面選項

 點選模具工具列上的拔模 。

 設定拔模類型及輸入拔模角度。

STEP 3　設定中立面選項：

　(1)　選擇模型表面(需平面)或基準面，作為
　　　　拔模角度參考面，被選為中立面之表
　　　　面，在產生拔模過程中，輪廓外形不會
　　　　改變。

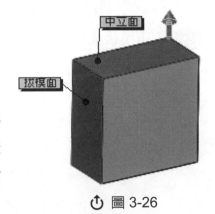

⟳ 圖 3-26

　(2)　如圖 3-26，**灰色箭頭**為拔模方向，可由中立面選項 控制。

(3) 中立面的選擇很重要，如圖 3-26 所示之中立面，垂直面為拔模面，灰色箭頭向上時，拔模面底部向外擴張，箭頭向下時，拔模面底部向內收縮，中立面的外形不會改變，所以若選擇模型表面作為拔模參考面時，應選擇模型分模線之平面。

STEP 4 設定拔模面：點選欲產生拔模角度之面(可複選)。

STEP 5 確定後完成。

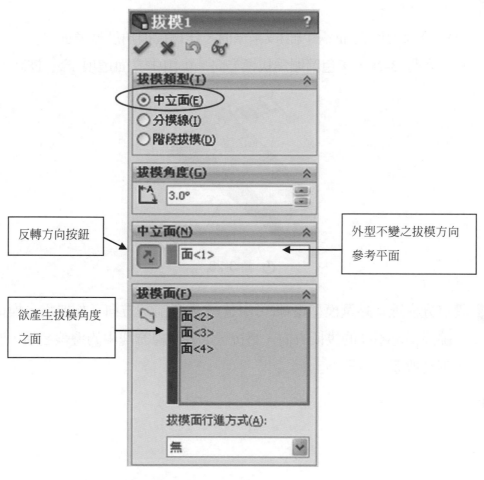

反轉方向按鈕

外型不變之拔模方向
參考平面

欲產生拔模角度
之面

⟳ 圖 3-27

二、分模線選項

 點選模具工具列上的拔模 。

 設定拔模類型及輸入拔模角度。

 設定分模線：

    (1) 選擇模型表面(需平面)或基準面，作爲拔模角度參考面。

    (2) 如圖 3-28，**灰色箭頭**爲拔模方向，可由中立面選項 ↗ 控制。

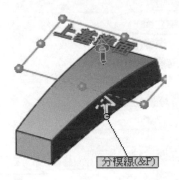

⏻ 圖 3-28

 設定分模線：點選模型邊線(可複選)。注意箭頭方向。如要爲分模線的每一線段指定不同的拔模方向，請按一下分模線方塊中的邊線名稱，然後按一下其他面。

 確定後完成。

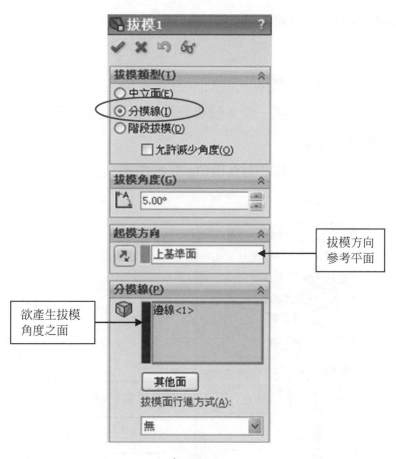

拔模方向
參考平面

欲產生拔模
角度之面

⏻ 圖 3-29

3-1-9　分割線：

分割線可分為側影輪廓線、投影線及相交線三種：

◆　側影輪廓線：模型開模方向上最大外形輪廓線。

◆　投影線：將一條草圖線段投影到曲面上。

◆　相交線：兩個面(基準面、模型表面或曲面皆可)相交處產生交線。

一、側影輪廓線

 點選模具工具列上的分割線 。

STEP 2　分模類型選項：選擇側影輪廓線。

STEP 3　再選擇選項：

(1) 拉出方向 ：選擇一基準面(如圖 3-30 之平面 1)。

(2) 分割面 ：選擇一或多個要分割的面，此面"不可"與所設定之基準面相互垂直。

STEP 4　確定後，以所選取的基準面為視角，將模型最大外形輪廓線產生分割線(如圖 3-30 所示之分割線)。

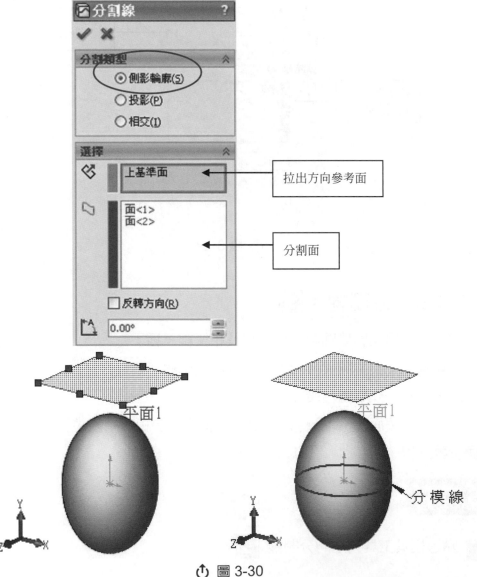

↻ 圖 3-30

二、投影線

操作步驟

STEP 1 點選模具工具列上的分割線 ⬚ 。

STEP 2 分模類型選項：選擇投影。

STEP 3 在選擇選項：

(1) 投影草圖：選擇一草圖。

(2) 分割面 ⬚ ：選擇一或多個要分割的面。

STEP 4 確定後，以所選取的草圖繪圖平面垂直方向，將所選之分割面上產生分割線(如圖 3-31 所示之分割線)。

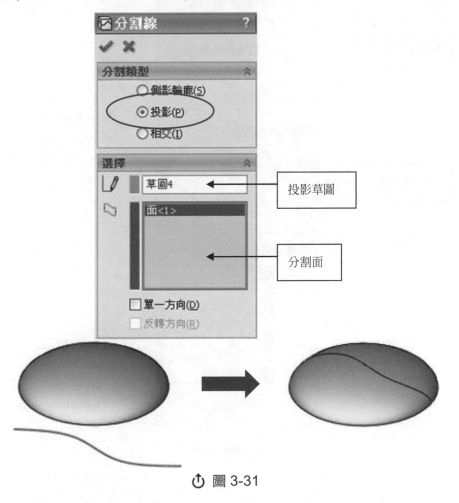

⏻ 圖 3-31

3-1-10　規則曲面：

產生垂直或相切於所選邊線或從所選邊線拔錐的規則曲面。

 點選模具工具列上的規則曲面 。

 規則曲面類型可於對話框中"類型"設定(如圖 3-32 所示)。

規則曲面類型

拔錐至向量：
設定角度

參考向量

選擇模型邊線

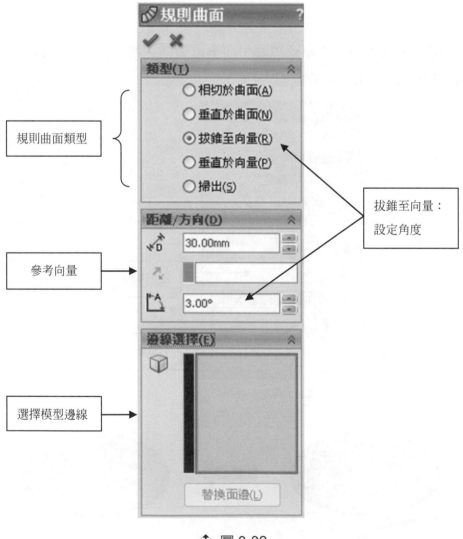

⟲ 圖 3-32

3　在距離／方向之選項：

(1)　設定距離。

(2)　如使用拔錐至向量，或垂直於向量：

①　選擇一個邊線、面，或基準面作爲參考向量。

②　按一下反轉偏移方向 ⤴，來變更參考向量之方向。

③　只在使用拔錐至向量時，設定一個角度。

4　在邊線之選項：點選欲產生規則曲面之邊線(可重複點選)。

5　確定後完成。

(1)　相切於曲面：規則曲面相切於模型中所選邊線相鄰之曲面。顏色箭頭 爲相切面之控制箭頭，可以有二個方向做選擇(如圖 3-33 及 3-34 所 示)，箭頭方向可由對話框中"替換面"按鈕切換(如圖 3-35 所示)。

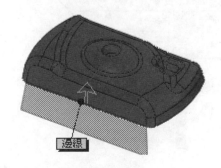

⏻ 圖 3-33　　　　　　　　　⏻ 圖 3-34

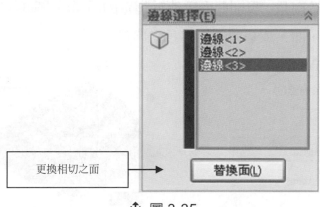

⏻ 圖 3-35

3-25 ♠

(2) 垂直與曲面：規則曲面垂直於模型中所選邊線相鄰之曲面。作法及參數設定與"相切於曲面"雷同。

(3) 拔錐至向量：依據所設定之參考向量，產生有拔錐之規則曲面。選擇一個邊線、面，或基準面作為參考向量(如圖 3-36 所示)。

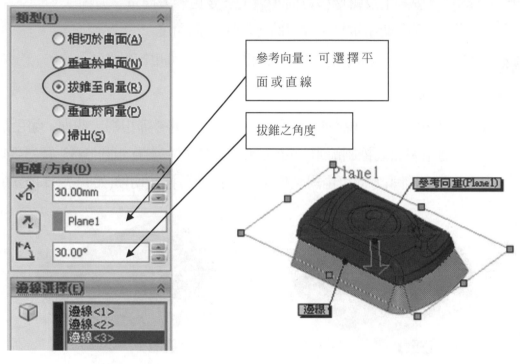

⟳ 圖 3-36

(4) 垂直於向量：規則曲面垂直於指定的向量(如圖 3-37 所示)。選擇一個邊線、面，或基準面作為參考向量。

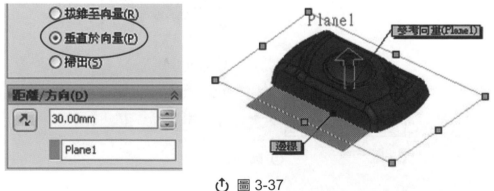

⟳ 圖 3-37

說明 參考向量選擇 "線"(包含模型邊線、草圖線段、暫存軸等)與選擇 "面"
(包含模型表面、基準面等)時,需注意所產生之參考方向不同。

1. 以 "線" 為參考向量:點選 "線" 為參考向量時,顏色方向箭頭與
   "線" 相互平行(如圖 3-38 邊線為參考向量)。

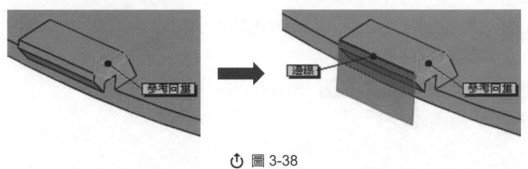

↻ 圖 3-38

2. 以 "面" 為參考向量:點選 "面" 為參考向量時,顏色方向箭頭與
   "面" 相互垂直(如圖 3-39 平面為參考向量)。

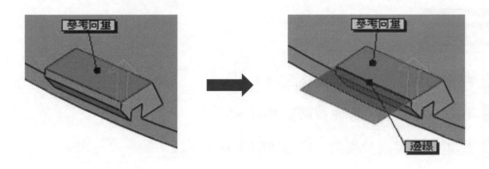

↻ 圖 3-39

 3-1-11 偏移曲面: 🔲

將模型表面或曲面特徵向內或向外偏移一數值。

 點選模具工具列上的偏移曲面 🔲 。

 點選要偏移的模型表面或曲面特徵。

 在偏移曲面對話框中，輸入偏移距離(偏移距離也可以輸入零)。

 按一下反轉偏移方向 ↗ ，來變更偏移方向。

 確定後完成。

3-1-12　放射曲面：

透過模型邊線或分模線，並平行所選之參考平面或基準面，產生一放射狀曲面。

 點選模具工具列上的偏移曲面 🔵 。

 點選一平面或基準面做為參考面。

 點選一邊線或分模線，作為放射曲面之邊線。

 如希望同時選取與已選之邊線相切之所有邊線，勾選"延相切面行進"選項。

 輸入放射距離。

 確定後完成(如圖 3-40 所示)。

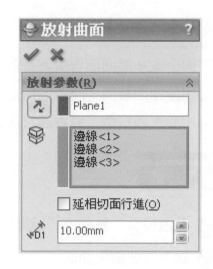

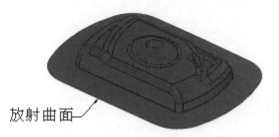

放射曲面

 圖 3-40

3-1-13　平坦曲面：

透過封閉非相交之輪廓草圖或現有模型封閉邊線(所有邊線必須在同一平面)，產生填滿輪廓草圖或封閉邊線之曲面。

操作步驟

STEP 1　點選模具工具列上的平坦曲面 。

STEP 2　點選一個非相交、單一輪廓的封閉草圖，或選擇模型中的一組封閉邊線。

STEP 3　確定後完成(如圖 3-41 所示)。

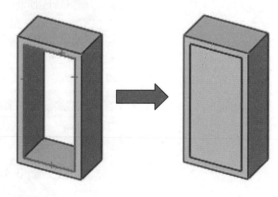

 圖 3-41

3-1-14　縫織曲面：

將兩個或多個曲面合併為一個曲面，曲面與曲面之邊界需相接。

◆　應用於曲面特徵：將多個曲面合併為一個曲面。

◆　應用於實體特徵：將實體特徵表面轉換為曲面特徵。

操作步驟

 點選模具工具列上的縫織曲面 。

 點選要縫織之曲面。

 確定後完成(如圖 3-42 所示)。

STEP
4　縫織之後的面及曲面的外觀沒有任何變化，在特徵管理員會產生縫織曲面特徵。

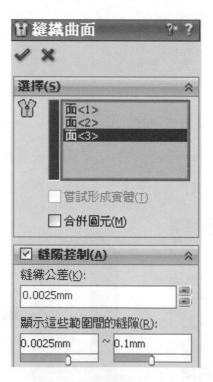

○ 圖 3-42

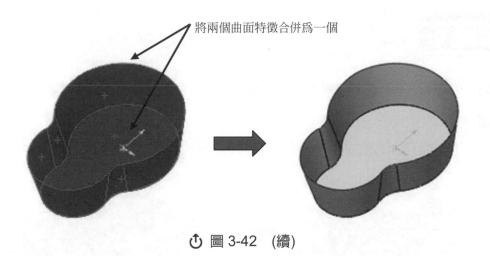

將兩個曲面特徵合併為一個

↻ 圖 3-42　（續）

3-1-15　移動面：

可以在實體或曲面上偏移、平移及旋轉特徵。

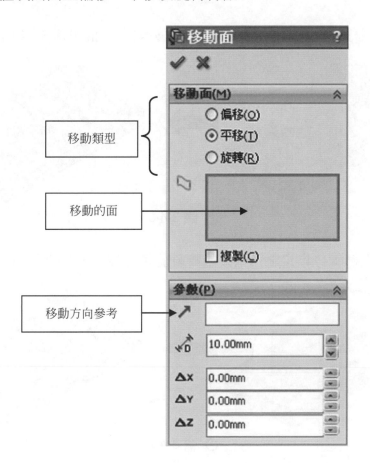

移動類型

移動的面

移動方向參考

操作步驟

1 　點選模具工具列上的移動面 。

2 　設定移動類型：

(1) 偏移：以指定之距離偏移選擇之面(如圖 3-43 所示)。

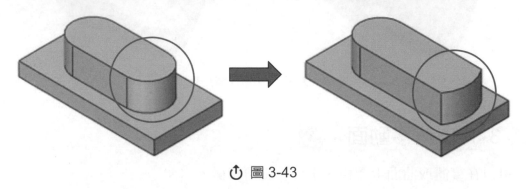

↻ 圖 3-43

(2) 平移：以指定之距離及方向平移選擇之面(如圖 3-44 所示)。

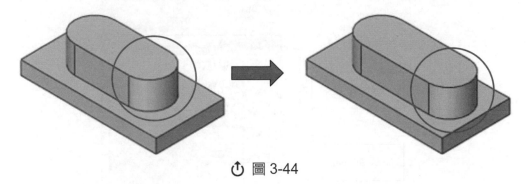

↻ 圖 3-44

(3) 旋轉：以指定之角落及旋轉軸旋轉選擇之面(如圖 3-45 所示)。

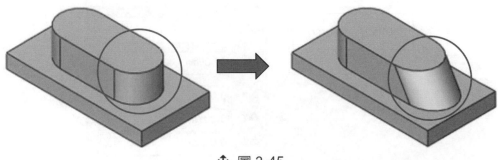

↻ 圖 3-45

3 設定模型上欲移動之面(可複選)。

 4 設定移動距離。

 5 設定移動方向參考(移動類型如設定移動或旋轉需設定此選項)。

   (1)　平移選項：設定平面(以面之垂直方向)或直線(以直線之平行方向)。

   (2)　旋轉選項：以指定之直線作為旋轉軸。

3-1-16　拔模分析：

確認拔模角度、檢查面上角度的變化，以及找出模型的分模線。

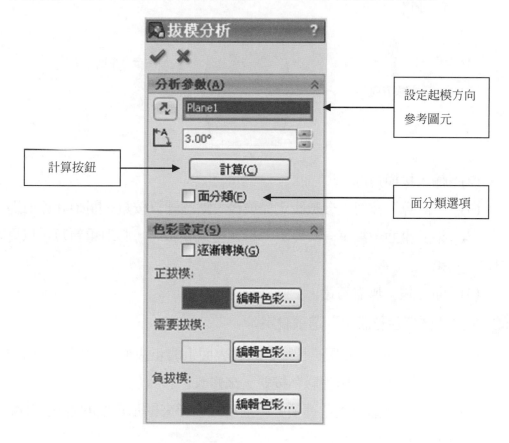

拔模分析有二種檢查設定方式：

一、確認模型每個面之拔模角度

點選模具工具列上的拔模分析 ，。

在對話框 "分析參數" 選項設定：

(1) 起模方向：選擇一個平坦面、基準面、直的邊線，或一個軸來指出拔模方向，灰色箭頭代表起模方向，如要變更方向，按一下反轉方向按鈕 。

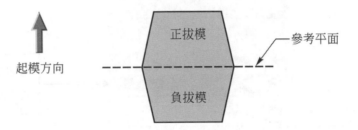

起模方向

正拔模

參考平面

負拔模

(2) 輸入拔模角度。

(3) "計算" 按鈕：參數設定完成後，點選計算按鈕，開始計算並顯示結果於畫面，當每一次變更分析類型或參數時，必須重新算，以更新結果。

(4) 面分類：無需勾選。

在對話框 "色彩設定" 選項設定：

(1) 一致的顯示：使用三種顏色來代表面上的正拔模、負拔模、需要拔模，可以點選 "編輯色彩" 按鈕，來修改色彩顏色。

(2) 勾選 "逐漸轉換" 選項，用漸變式色彩來顯示角度的變化(如圖 3-46 所示)。

設有完成後，點選 "計算" 按鈕，結果顯示於畫面上，移動游標到模型的
某一區域上，會動態顯示拔模角度值(如圖 3-46 所示)。

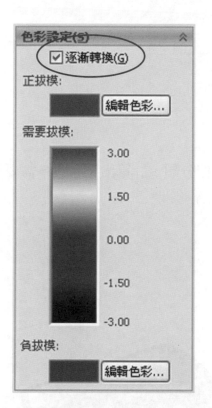

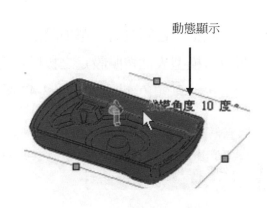

動態顯示

拔模角度 10 度

⏻ 圖 3-46

二、以面分類模型每個面之拔模狀況

 點選模具工具列上的拔模分析 。

 在對話框 "分析參數" 選項設定：

(1)至(3)與第一種相同。

(4)　面分類：勾選此選項。

(5)　勾選 "面分類" 選項後，會增加 "找出陡昇面" 選項。

 在對話框"色彩設定"選項設定：

將所有模型表面按照設定之拔模角度作分類，計算出正、負、需要拔模面數量，並以顏色作區分(如圖 3-47 所示)。

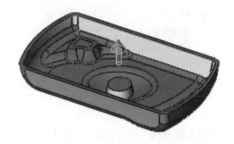

⏻ 圖 3-47

 使用顯示 來切換顯示。

3-1-17 底切偵測：🔍

依照設定的起模方向，找出模型中有倒勾的部分。

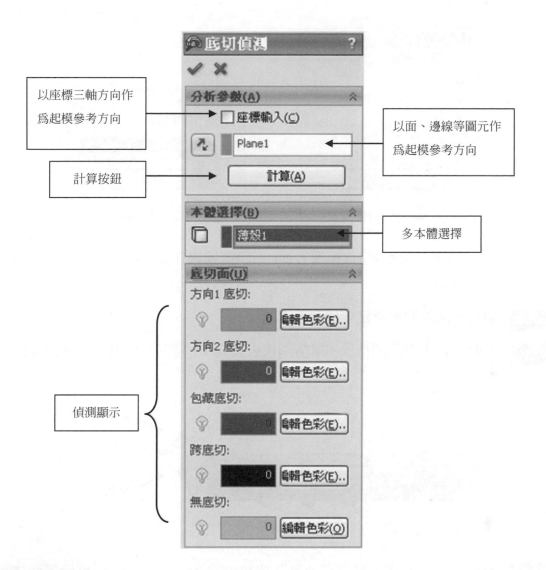

以座標三軸方向作
爲起模參考方向

計算按鈕

以面、邊線等圖元作
爲起模參考方向

多本體選擇

偵測顯示

操作步驟

 點選模具工具列上的底切偵測 。

 在對話框"分析參數"選項設定：

　　(1)　勾選"座標輸入"選項，以 X、Y、Z 三個方向作爲起模參考方向(如
　　　　　圖 3-48 所示)。

⏻ 圖 3-48　　　　　　　　　　　⏻ 圖 3-49

(2) 點選一個基準面、模型表面(平面)或邊線作為起模參考方向(如圖 3-49 所示)。

 如有多個本體需指定要偵測之本體。

 畫面上會出現箭頭指示，單箭頭代表方向 1，雙箭頭代表方向 2 (如圖 3-50 所示)。

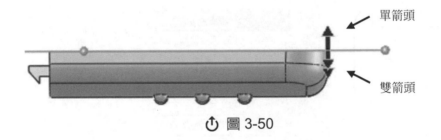

⏻ 圖 3-50

 參數設定完成後，點選"計算"按鈕，開始計算並顯示結果於畫面(如圖 3-51 所示)。

⏻ 圖 3-51

STEP 6　偵測顯示供區分五種：

(1)　方向 1 底切：單箭頭反向所無法看見之面。

(2)　方向 2 底切：雙箭頭反向所無法看見之面。

(3)　包藏底切：單箭頭及雙箭頭皆無法看見之面。

(4)　跨底切：如圖 3-52 所示之圓弧面。

(5)　無底切：單箭頭及雙箭頭方向皆為垂直面。

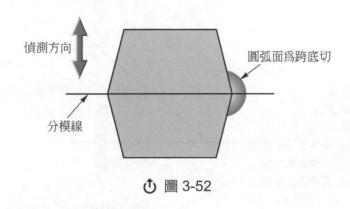

⏻ 圖 3-52

🔍 3-1-18　插入模具資料夾：📷

SolidWorks 透過模具工具列中的功能，自動且快速地設定分模線，產生分模面，封閉靠破孔孔洞，自動分離公模、母模及側滑塊等。在使用工具過程中會自動在特徵管理員產生模具資料夾(如圖 3-53 所示)，以存放所產生之曲面特徵。

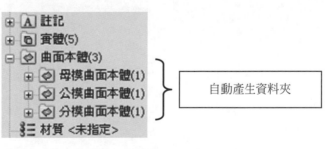

⏻ 圖 3-53

　　但有些複雜之模具在拆模過程中，無法使用模具工具列上之功能，自動產生所需之特徵，例如分模線、分模面等，此時可使用其他功能(如曲面功能)產生所需之曲面特徵，再手動產生模具資料夾，將先前所產生之曲面特徵"拖曳"至各個資料夾，如此便可在最後步驟時使用模具分割 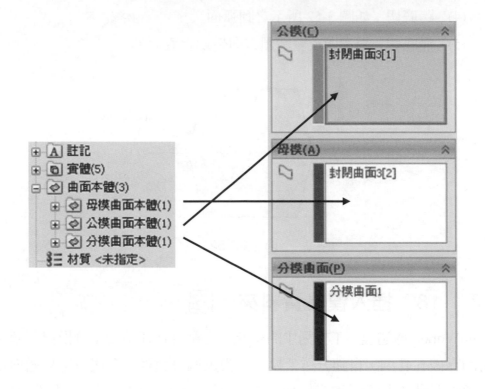，自動公母模分離。

操作步驟

STEP 1 點選模具工具列上的插入模具資料夾 。

STEP 2 將已產生之曲面"拖曳"至各個資料夾。

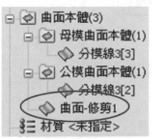

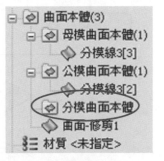

使用其他功能產生

分模曲面

使用"插入模具資料夾"功能

產生分模曲面本體資料夾

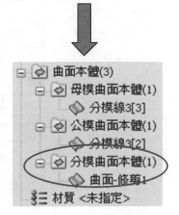

使用拖曳方式將曲面拖曳至

新增資料夾

3-2 模具拆模流程

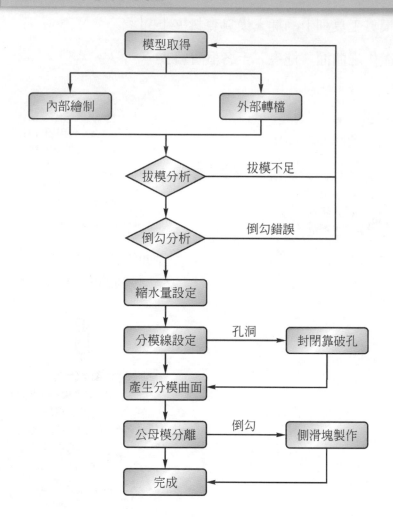

1. 模型取得

　　模型的取得可透過 SolidWorks 軟體本身所提供之繪圖功能繪製或由其他繪圖軟體繪製後，再透過轉檔(例如：IGES、STEP 等)輸入至 SolidWorks。

2. 拔模分析

　　透過拔模分析功能 確認拔模角度、檢查面上角度的變化、以及找出模型的分模線。如模型未拔模或拔模不足，則重新修改模型。

3.　倒勾分析

　　使用底切偵測功能 [icon] 依照設定的起模方向，找出模型中有倒勾的部分。如是產品無可避免之倒勾，則在模具上須製作側滑塊，如是繪製過程疏忽所導致之倒勾，則重新修改模型。

4.　縮水量設定

　　模具設計時，須考慮成品自模具中取出，由高溫至常溫的冷卻過程中，所產生之收縮影響。透過縮放功能 [icon]，將繪製好的模型，放大或縮小。

5.　分模線設定

　　按照起模方向，找出模型之最大外形輪廓，做為模型的分模線。使用分模線功能 [icon]，設定模型的分模線。

6.　封閉靠破孔

　　在模具上，有孔洞的位置如同分模面一樣，公模與母模需貼合在一起。使用封閉曲面功能 [icon]，將模型中有靠破孔部分將其封閉。若模型沒有孔洞造型則此程序可省略。

7.　產生分模曲面

　　公模與母模的貼合面，我們稱之為分模面。使用分模曲面功能 [icon]，以之前設定之分模線為邊線，放射狀伸長產生分模曲面。

8.　公母模分離

　　以分模面為界，將模具分割為公模及母模兩部分。使用模具分割功能 [icon]，產生模型的公模及母模。

9.　滑塊製作

　　由於倒勾的問題，無法直接頂出成形品，為了使成形品在不損傷的狀況下，順利自模具中頂出，在有倒勾的部分，需在模具上設計滑塊機構。當模具中有倒勾的部分時，可使用側滑塊功能 [icon]，將倒勾的部分產生側滑塊零件。若模型沒有倒勾則此程序可省略。

10.　完成。

 3-3　綜合演練

3-3-1　例題：外罩

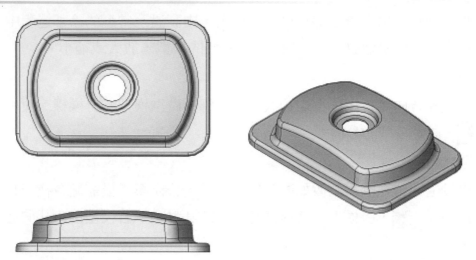

操作步驟

開啟新零件檔，點選**前基準面**，進入草圖繪製 。

(1) 點選直線 ，繪製如圖 3-54 所示之草圖外型。

(2) 點選三點定弧 ，繪製一弧形(如圖 3-54 所示)。

(3) 點選中心線 ，草圖外型左上角繪製一水平中心線，中心線與三點定弧設定"互為相切"之限制條件。

(4) 點選標註尺寸 ，標註之尺寸如圖 3-54 所示。

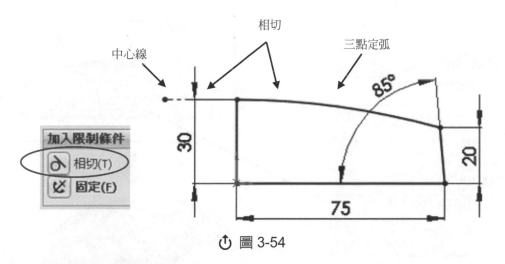

① 圖 3-54

 STEP 3　再點選直線 ▧，繪製如圖 3-55 所示之草圖外型，並標註尺寸。

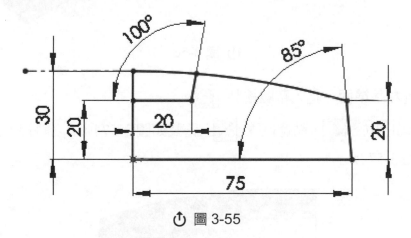

① 圖 3-55

STEP 4　點選旋轉填料 ⬡，對話框中：

(1)　旋轉軸：尺寸 30mm 之垂直線。

(2)　角度：180 度。

(3)　所選輪廓：點選如圖 3-56 所示之區域。

確定後完成。

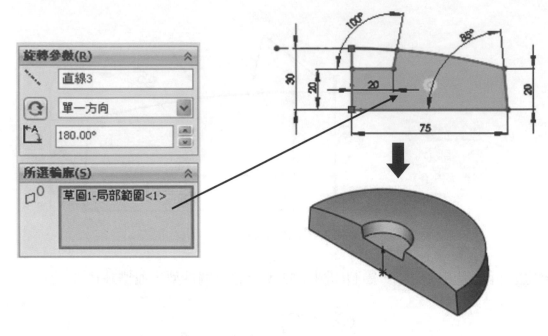

旋轉參數(R)

直線3

單一方向

180.00°

所選輪廓(S)

草圖1-局部範圍<1>

🔄 圖 3-56

點選**右基準面**，進入草圖繪製 。

點選正視於 ，點選直線 ，繪製如圖 3-57 所示之斜線，標註之尺寸如圖 3-57 所示。

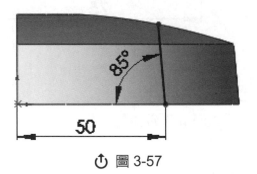

🔄 圖 3-57

點選伸長除料 ，除料類型：完全貫穿(切除右邊)，確定後完成(如圖 3-58 所示)。

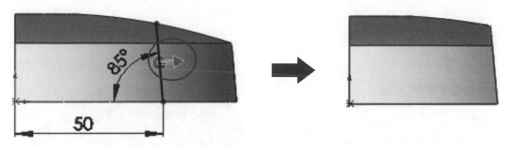

⟳ 圖 3-58

 點選圓角 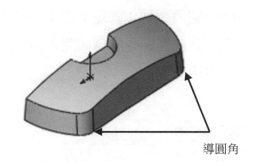，對話框中：

(1) 圓角類型：固定半徑；半徑：R15。

(2) 圓角邊線：點選如圖 3-59 所示之邊線。

確定後完成。

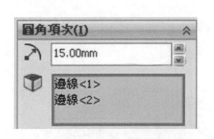

導圓角

⟳ 圖 3-59

 點選鏡射 ，對話框中：

(1) 鏡射參考面：點選前基準面。

(2) 使用"鏡射本體"選項：點選特徵管理員中"實體"資料夾之"圓角1"(或直接點選畫面中任一模型表面)。

(3) 勾選"合併實體"選項。

確定後完成(如圖 3-60 所示)。

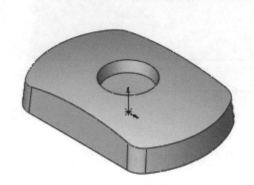

↻ 圖 3-60

 點選圓角 ，對話框中：

(1) 圓角類型：固定半徑；半徑：R5。

(2) 圓角邊線：點選如圖 3-61 所示之邊線。

確定後完成。

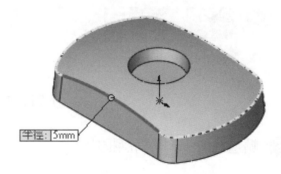

↻ 圖 3-61

11 再點選圓角 📍，對話框中：

(1) 圓角類型：固定半徑；半徑：R3。

(2) 圓角面：點選如圖 3-62 所示之面。

確定後完成。

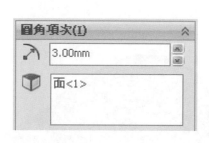

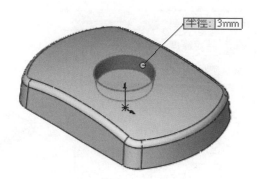

⏻ 圖 3-62

STEP 12　點選上基準面，點選矩形 ⊡，矩形類型設定"中心矩形"選項，繪製一矩形，中心點與原點重合，尺寸標註如圖 3-63 所示。

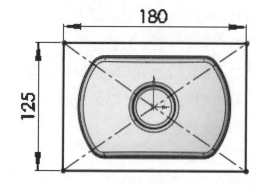

⏻ 圖 3-63

STEP 13　點選伸長填料 ⬕，對話框中：

(1)　伸長類型：給定深度；伸長方向向下(負 Y 方向)。

(2)　深度：8mm。

確定後完成(如圖 3-64 所示)。

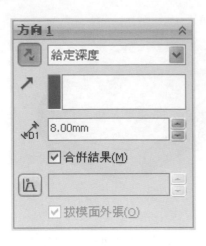

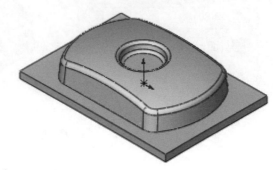

⏻ 圖 3-64

STEP 14 點選拔模 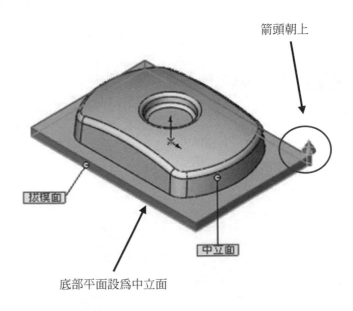，在拔模對話框中：

(1) 拔模類型：中立面。

(2) 拔模角度：3 度。

(3) 中立面選項：點選矩形底部之平面(如圖 3-65 所示之面)。

(4) 拔模面選項：點選矩形之 4 個垂直面(如圖 3-65 之面)。

(5) 灰色箭頭向上。

確定後完成。

⏻ 圖 3-65

15 點選圓角 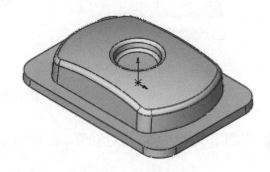，對話框中：

(1) 圓角類型：固定半徑；半徑：20mm。

(2) 導圓角之邊線：4 個角落。

確定後完成(如圖 3-66 所示)。

↻ 圖 3-66

 16 再點選圓角 ，對話框中：

(1) 圓角類型：固定半徑；半徑：3mm。

(2) 導圓角面：點選如圖 5-67 所示之面。

確定後完成。

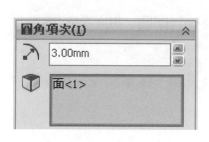 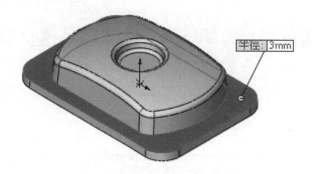

↻ 圖 3-67

 17 點選薄殼 ，對話框中：

(1) 厚度：1.5mm。

(2) 移除面：底部之平面。

確定後完成(如圖 3-68 所示)。

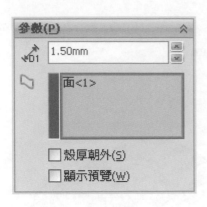

↻ 圖 3-68

STEP
18　　點選等角視 ，點選凹陷之平面(如圖 3-69 所示)進入草圖繪製。

此平面

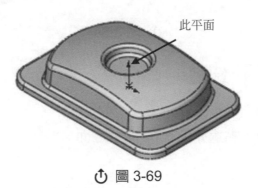

↻ 圖 3-69

STEP
19　(1)　點選正視於 ⬍，點選圓 ⊙，繪製一封閉圓，圓心點與原點重合，標註之尺寸如圖 3-70 所示，

　　(2)　點選伸長除料 ▣，除料類型：完全貫穿，確定後完成(如圖 3-71 所示)。

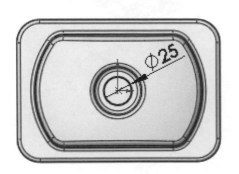

↻ 圖 3-70

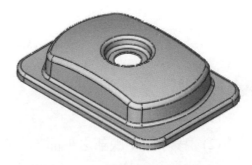

↻ 圖 3-71

20 存檔：外罩。

 21 產品外形已設計完成，接下來進行模具設計，首先檢視產品的外形：

(1) **分模線**：以 **Y** 方向為開模方向，外罩底部外表面邊線(如圖 3-72 所示)。

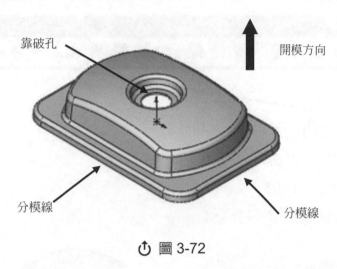

靠破孔

開模方向

分模線　　　　　　分模線

⏻ 圖 3-72

(2) **靠破孔**：1 個，以母模留柱與公模面貼合。

(3) **倒勾**：無。

 22 點選組態管理員 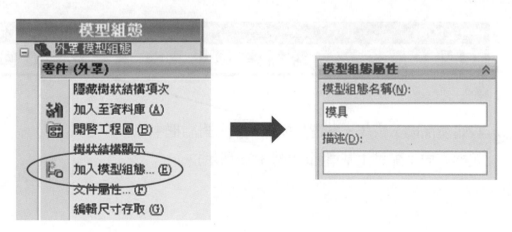，**右鍵**點選零件名稱，選擇 "加入模型組態"，在跳出的對話框中，模型組態名稱輸入：模具，確定後產生模具組態(如圖 3-73 所示)。

⏻ 圖 3-73

說明 為何要產生模具組態？因為在模具設計過程中，會對模型做一些修改，例如：增加縮水量、抑制某些特徵等，但又希望保留原始零件外形或尺寸，所以增加模具組態，將這些變更產生在模具組態。

STEP 23 點選縮放 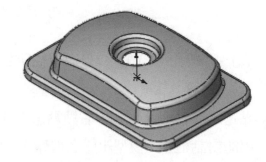，在縮放的對話框中：

(1) 相對點：原點。

(2) 縮放率：1.005。

確定後完成(如圖 3-74 所示)。

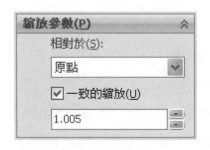

☼ 圖 3-74

STEP 24 設定產品的分模線。點選分模線 ⊕，對話框中：

起模方向：點選上基準面(如圖 3-75 所示)。

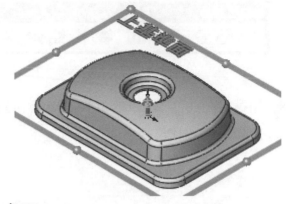

⏻ 圖 3-75

STEP 25 接下來再按 "拔模分析" 按鈕，在分模線對話框中會再跳出分模線選項(如圖 3-76 所示)，同時分模線會 "自動選取" 模型底部外表面邊線(如圖 3-76 所示)，確定後完成。

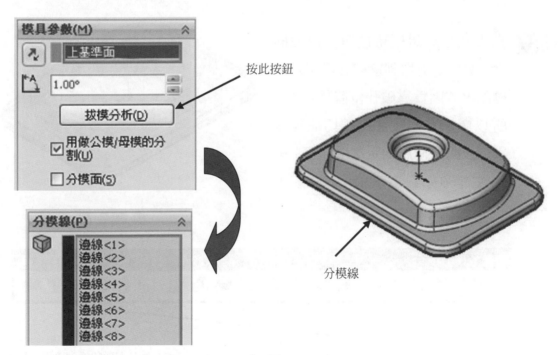

⏻ 圖 3-76

CHAPTER 3

STEP 26 點選封閉曲面 ，SolidWorks 會自動選取所有破孔邊線，如圖 3-77：
自動選取破孔 "內表面" 邊線。

邊線(E)

邊線<1>

迴圈: 接觸

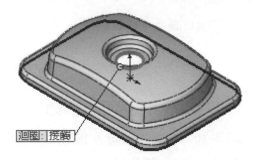

⟳ 圖 3-77

STEP 27 靠破孔是以**母模留柱與公模面貼合**，所以目前自動選取之邊線是正確的，"因為靠破孔位置是平面，所以填補方式接觸或相切並無差別"，所以使用內定選項即可，確定後完成(如圖 3-78 所示)。

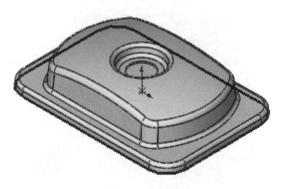

⟳ 圖 3-78

STEP 28 點選分模曲面 ，SolidWorks 自動以先前所設定之分模線為邊線，以放射曲面方式產生，在對話框中：

(1) 模具參數：垂直於起模方向。

(2) 分模曲面：50mm。

(3) 勾選 "縫織所有曲面" 選項(內定選項)。

確定後完成(如圖 3-79 所示)。

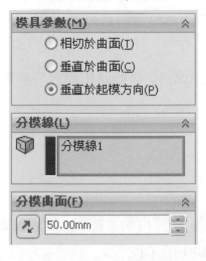

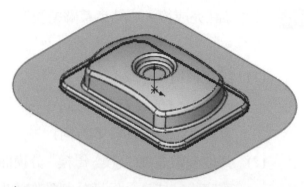

⏻ 圖 3-79

 29　先點選剛完成之分模面，再點選模具分割 ：

(1) SolidWorks "自動" 以所點選之平面進入 "草圖繪製" 狀態。

(2) 點選正視於 ⬆，點選矩形 ▢，矩形類型設定 "中心矩形" 選項，

繪製一矩形中心點與原點重合之矩形，尺寸標註如圖 3-80 所示。

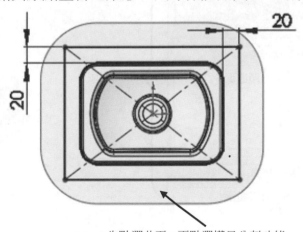

先點選此面，再點選模具分割功能

⏻ 圖 3-80

說明 上述之操作方式並非一定得這麼做，也可先不點選模具分割 功能，直接繪製模板外形草圖(如上述之矩形)，標註完尺寸後直接"結束草圖繪製"，然後在"模板外形草圖點選狀態下"，再點選模具分割 功能，結果是一樣的。

STEP 30 尺寸標註完成後，"結束草圖繪製"，SolidWorks 自動跳出模具分割對話框：

(1) 設定模塊尺寸厚度：

方向 1：60mm (正 Z 方向)

方向 2：30mm (負 Z 方向)

(2) 其他參數選項(公模、母模、分模曲面等)為"自動"抓取，無需設定，確定後完成公、母模分割動作(如圖 3-81 所示)。

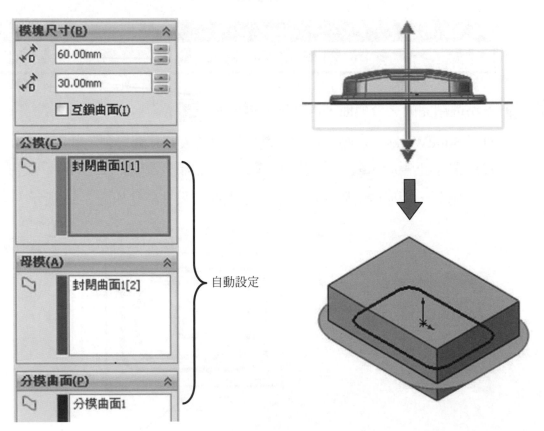

圖 3-81

31　完成模具分割後，在特徵樹中，實體資料夾會有三個特徵(如圖 3-82 所示)，右鍵點選模具分割 1[1] 特徵，選擇**插入至新零件**(如圖 3-83 所示)。

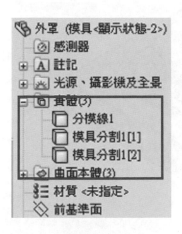

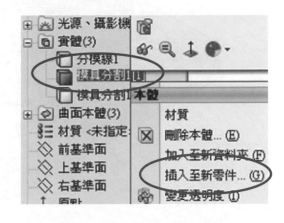

⑩ 圖 3-82　　　　　　　　　　　　　⑩ 圖 3-83

32　SolidWorks 會將模具分割 1[1] 開啓爲一零件檔，同時跳出存檔對話框，存檔名稱：外罩-公模(如圖 3-84 所示)。

⑩ 圖 3-84

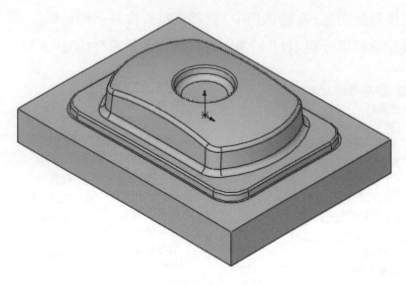

↻ 圖 3-84　(續)

33 將顯示畫面切換回外罩零件檔，點選下拉式功能表：視窗 > 外罩(如圖 3-85 所示)。

↻ 圖 3-85

34 **右鍵**點選模具分割 1[2] 特徵，重複上述步驟，存檔名稱：外罩-母模(如圖
3-86 所示)。

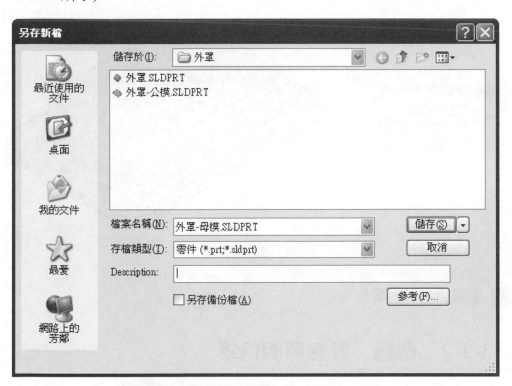

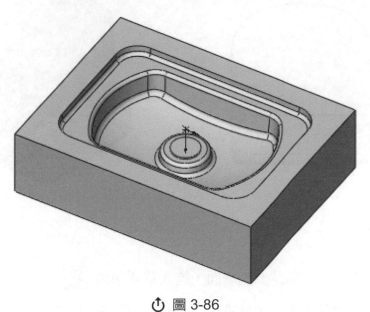

🔄 圖 3-86

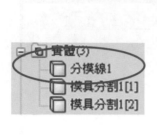
STEP 35 再將顯示畫面再切換回外罩零件檔，**右鍵**點選分模線 1[1] 特徵，重複上述步驟，存檔名稱：外罩-成形品(如圖 3-87 所示)。

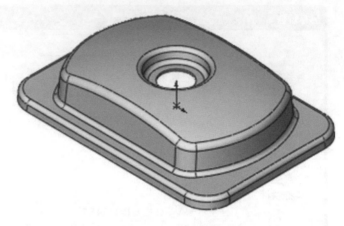

↻ 圖 3-87

STEP 36 完成公、母模製作。

🔍 3-3-2 例題：緊急照明燈罩

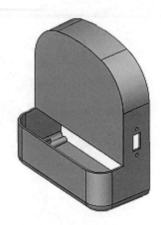

操作步驟

STEP 1 開啓新零件檔，點選上基準面，進入草圖繪製 ✏️。

STEP 2 點選矩形 ▢，矩形類型設定"中心矩形"選項，繪製一矩形中心點與原點重合之矩形(如圖 3-88 所示)。

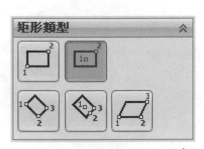
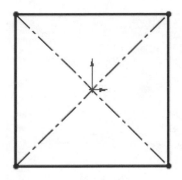

⟳ 圖 3-88

 3　(1)　點選三點定弧 ⌒ ，在原點上方繪製一弧形(如圖 3-89 所示)。

(2)　將矩形上方水平線轉換為幾合建構線。

(3)　點選標註尺寸，標註之尺寸如圖 3-89 所示。

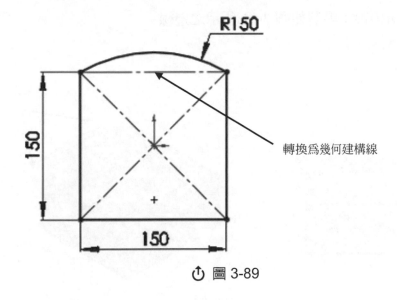

轉換為幾何建構線

⟳ 圖 3-89

 4　點選伸長填料 ⬚ ，對話框中：

(1)　伸長類型：給定深度；深度：70mm。

(2)　設定拔模角：1 度。

確定後完成(如圖 3-90 所示)。

CHAPTER *3*

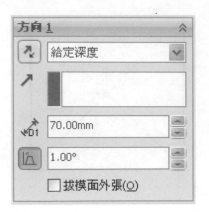

 圖 3-90

STEP 5　點選圓角 ，對話框中：

(1)　圓角類型：固定半徑；半徑：R50。

(2)　圓角邊線：點選如圖 3-91 所示之邊線。

確定後完成。

導圓角

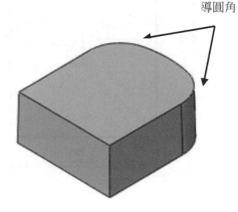

圖 3-91

STEP 6　點選圓角 ，對話框中：

(1)　圓角類型：固定半徑；半徑：R20。

(2)　圓角邊線：點選如圖 3-92 所示之邊線。

確定後完成。

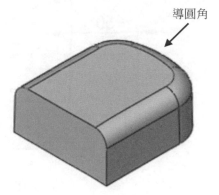

導圓角

圖角項次(I)
20.00mm
邊線<1>

⟳ 圖 3-92

 點選圓角 ，對話框中：

(1)　圓角類型：固定半徑；半徑：R10。

(2)　圓角邊線：點選如圖 3-93 所示之邊線。

確定後完成。

圖角項次(I)
10.00mm
邊線<1>

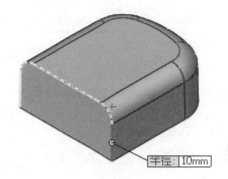

半徑：10mm

⟳ 圖 3-93

 點選**右基準面**，進入草圖繪製 。

 (1)　點選直線 ，繪製如圖 3-94 所示之線段。

(2)　點選標註尺寸，標註之尺寸如圖 3-94 所示。

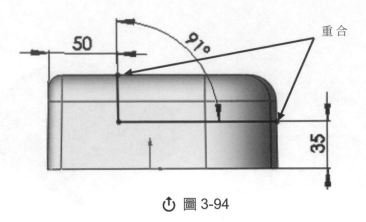

⟳ 圖 3-94

STEP 10 點選伸長除料 ▣，除料類型：完全貫穿，除料時需注意除料方向箭頭，確定後完成(如圖 3-95 所示)。

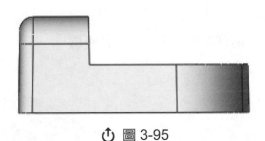

⟳ 圖 3-95

STEP 11 點選薄殼 ▣，對話框中：

(1) 厚度：2mm。

(2) 移除面：底部之平面。

確定後完成(如圖 3-96 所示)。

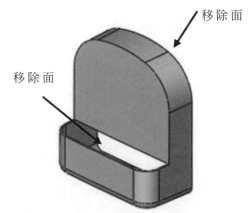

⟳ 圖 3-96

12 點選**右基準面**，進入草圖繪製 。

13
(1) 點選正視於 ⬥，點選中心線 ⬥，繪製一垂直通過原點之中心線。

(2) 點選矩形 ⬜，矩形類型設定"中心矩形"選項，繪製一矩形中心點與中心線重合。

(3) 點選圓 ⊙，在中心線右邊繪製一封閉圓，圓心點與矩形中心點水平重合，並使用鏡射功能 ⚠，鏡射至中心線左邊。

(4) 點選標註尺寸 ◈，標註之尺寸如圖 3-97 所示。

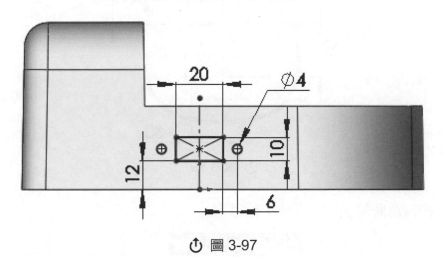

↻ 圖 3-97

14 點選伸長除料 ▣，對話框中：

(1) 伸長類型：完全貫穿。

(2) 除料方向：正 X 方向。

確定後完成(如圖 3-98 所示)。

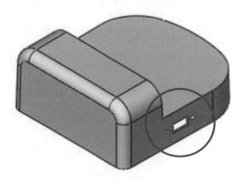

↻ 圖 3-98

CHAPTER 3

STEP 15 點選上基準面，進入草圖繪製 ✏️，定義螺栓柱之位置。

STEP 16 (1) 點選正視於 ⬆️，點選圓 ⊕，繪製兩封閉圓形。

(2) 點選標註尺寸 ✓，標註之尺寸如圖 3-99 所示。

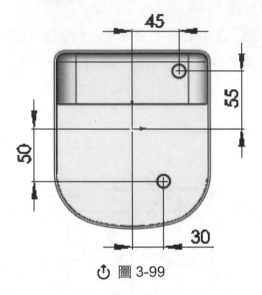

⏻ 圖 3-99

"結束草圖繪製"，完成定位草圖。

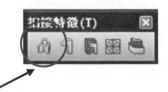

STEP 17 點選螺柱填料 🏛️，對話框中：

(1) 選擇一個面：點選模型內部較淺之平面(如圖 3-100 所示之平面)。

(2) 選擇環形邊線：點選草圖圓形邊線(如圖 3-100 所示之邊線)。

(3) 填料高度參數設定如圖 3-100 所示；翅片設定為 0。

(4) 螺栓孔參數設定如圖 3-100 所示。

確定後產生螺栓柱。

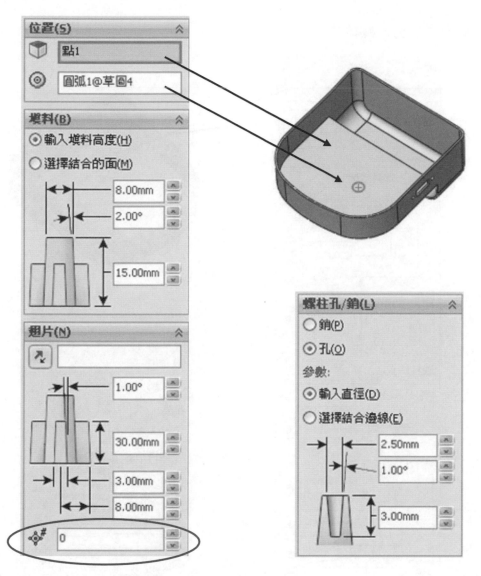

$\circlearrowleft$ 圖 3-100

STEP
18　再點選螺柱填料 🔩 ，對話框中：

(1)　選擇一個面：點選模型內部較深之平面(如圖 3-101 所示之平面)。

(2)　選擇環形邊線：點選草圖圓形邊線(如圖 3-101 所示之邊線)。

(3)　填料高度參數設定如圖 3-101 所示。

(4)　翅片對正基準面選擇右基準面，數量：4，其他參數如圖 3-101 所示。

(5)　螺栓孔參數設定如圖 3-101 所示。

確定後產生另一螺栓柱。

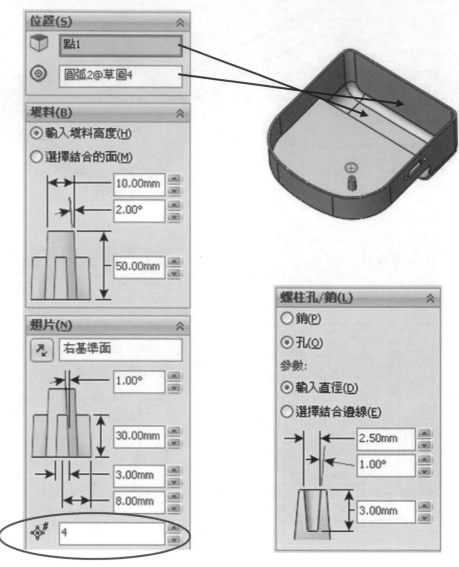

圖 3-101

19 點選鏡射 ，對話框中：

(1) 鏡射參考面：點選右基準面。

(2) 鏡射特徵：點選剛完成之兩個螺栓柱特徵。

確定後完成(如圖 3-102 所示)。

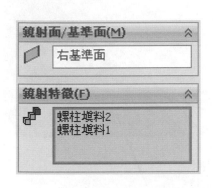

⏻ 圖 3-102

20 點選唇部溝槽 ，對話框中：

位置：

(1) 溝槽本體：直接點選畫面中任一模型表面。

(2) 溝槽面：選擇如圖 3-103 所示之平面。

(3) 溝槽邊線：選擇如圖 3-103 所示之邊線。

(4) 溝槽尺寸參數設定如圖 3-103 所示。

確定後在模型底部周圍平面產生溝槽。

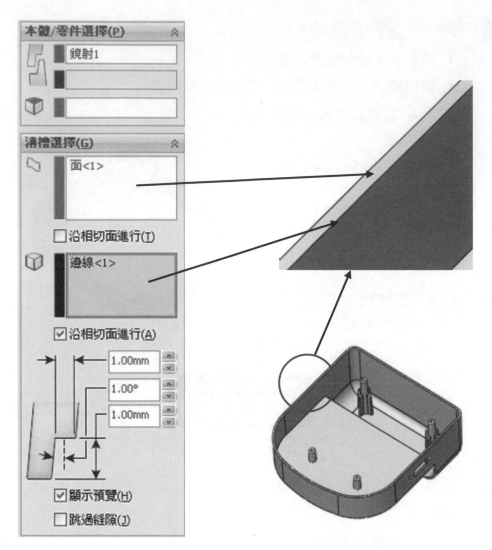

⏻ 圖 3-103

21 存檔：緊急照明燈罩。

22 產品外形已設計完成，接下來進行模具設計，首先檢視產品的外形：

(1) **分模線**：以 **Y** 方向為開模方向，燈罩底部外表面邊線(如圖 3-104 所示)。

(2) **靠破孔**：燈管安裝孔。

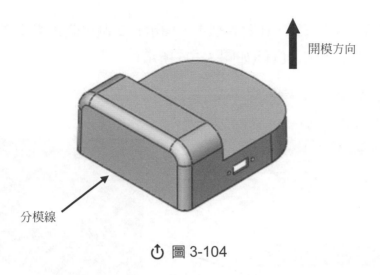

開模方向

分模線

🔄 圖 3-104

(3) 倒勾：

　　① 使用底切偵測功能 🔲 檢查。

　　② 使用拔模分析功能 🔲 檢查。

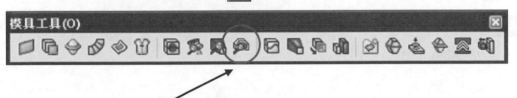

STEP 23 使用底切偵測功能 🔲 檢查。檢查母模部分，即燈罩外殼外內表面，點選底切偵測 🔲，(亦可由下拉式功能表：檢視＞顯示＞底切偵測)在對話框起模方向選項：點選**上基準面**(如圖 3-105 所示)。

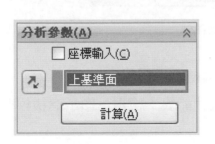

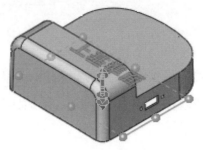

🔄 圖 3-105

STEP 24　點選 "計算" 按鈕，在對話框中，顯示有 2 個包藏底切及跨底切面，並於模型中顯示指定之色彩(如圖 3-106 所示)。

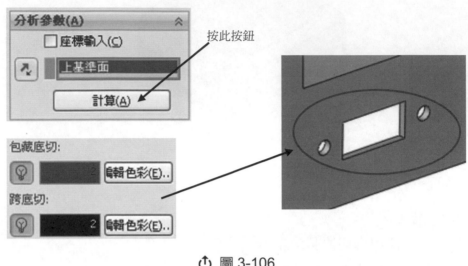

↻ 圖 3-106

STEP 25　分析原因為步驟 14 所產生之 LED 燈及開關孔，以 Y 方向開模是有倒勾部分(如圖 3-107 所示)。

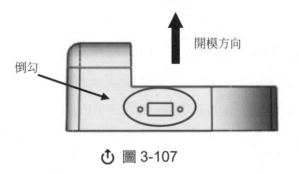

↻ 圖 3-107

STEP 26　接下來使用拔模分析功能 ，一樣檢查母模部分。

點選拔模分析 ，(亦可由下拉式功能表：檢視＞顯示＞拔模分析)對話框中：

(1) 起模方向參考面：點選上基準面。

(2) 起模方向：**灰色箭頭**為起模方向(即母模脫模方向)，設定為正 Y 方向。

(3) 拔模檢查角度：3 度(如圖 3-108 所示)。

 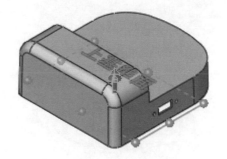

🔄 圖 3-108

STEP 27 在拔模分析對話框中，點選"計算"按鈕，計算之結果顯示於畫面中，同樣的 LED 燈及開關孔有紅色面(負拔模)(如圖 3-109 所示)。

 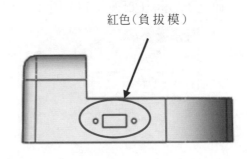

🔄 圖 3-109

STEP 28 為了使成形品在不損傷的狀況下，順利自模具中取出，在有倒勾的部分，需在模具上設計滑塊機構，以避開倒勾問題。

STEP 29 點選組態管理員 🗂 ，**右鍵**點選零件名稱，選擇"加入模型組態"，在跳出的對話框中，模型組態名稱輸入：模具，確定後產生模具組態(如圖 3-110 所示)。

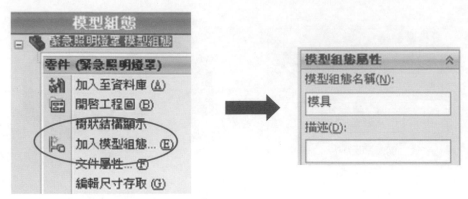

① 圖 3-110

30 點選縮放 ，在縮放的對話框中：

(1) 相對點：原點。

(2) 縮放率：1.005。

確定後完成(如圖 3-111 所示)。

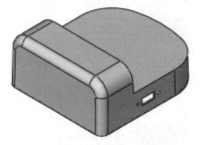

① 圖 3-111

STEP 31 設定產品的分模線。點選分模線 ⊖，對話框中：

起模方向：點選上基準面(如圖 3-112 所示)。

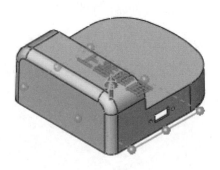

① 圖 3-112

STEP 32　接下來再按"拔模分析"按鈕，在分模線對話框中會再跳出分模線選項(如圖 3-113 所示)，同時分模線會"自動選取"模型底部外表面邊線(如圖 3-113 所示)，確定後完成。

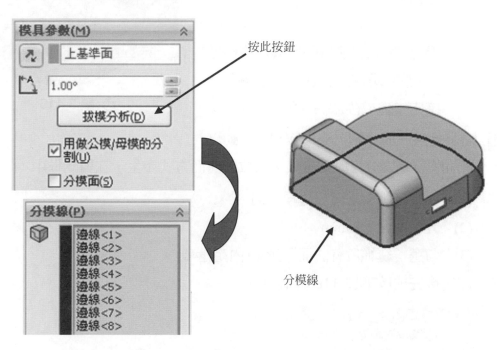

按此按鈕

分模線

⬆ 圖 3-113

STEP 33　點選封閉曲面 🥄，SolidWorks 會自動選取所有破孔邊線，如圖 3-114：自動選取破孔"內表面"邊線。

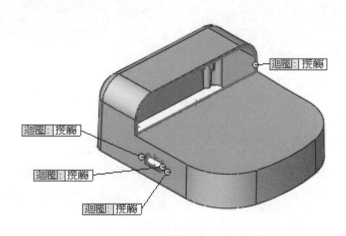

⬆ 圖 3-114

CHAPTER 3

 34　靠破孔選取邊線：

  (1)　上方燈管安裝孔自動選取內表面邊線。

  (2)　側邊垂直倒勾部分需選取內表面邊線，所以目前自動選取之邊線是正確的，填補方式設定"接觸"，確定後完成(如圖 3-115 所示)。

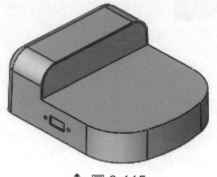

⏻ 圖 3-115

35　點選分模曲面 ，SolidWorks 自動以

先前所設定之分模線為邊線，以放射曲面方式產生，在對話框中：

  (1)　模具參數：垂直於起模方向。

  (2)　分模曲面：80mm。

  (3)　勾選"縫織所有曲面"選項(內定選項)。

確定後完成(如圖 3-116 所示)。

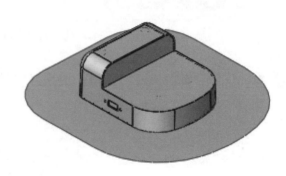

⏻ 圖 3-116

36　先點選剛完成之分模面，再點選模具分割 ：

  (1)　SolidWorks "自動"以所點選之平面進入"草圖繪製"狀態。

  (2)　點選正視於 ，點選矩形 ，繪製一矩形，矩形中心點與原點重合，標註之尺寸如圖 3-117 所示。

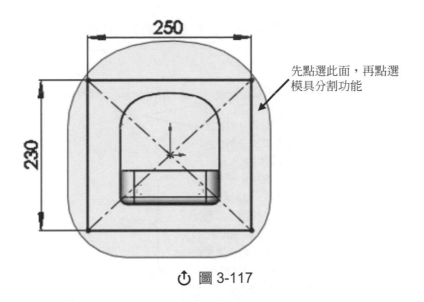

先點選此面，再點選
模具分割功能

⟳ 圖 3-117

^{STEP} 37 尺寸標註完成後，"結束草圖繪製"，SolidWorks 自動跳出模具分割對話
框：

(1) 設定模塊尺寸厚度：

方向 1：90mm(正 Z 方向)

方向 2：30mm(負 Z 方向)

(2) 其他參數選項(公模、母模、分模曲面等)為"自動"抓取，無需設定，
確定後完成公、母模分割動作(如圖 3-118 所示)。

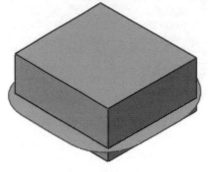

⟳ 圖 3-118

STEP 38 完成模具分割後，在特徵樹中，將實體資料夾中成品及公模隱藏，及所有
曲面隱藏(如圖 3-119 所示)。

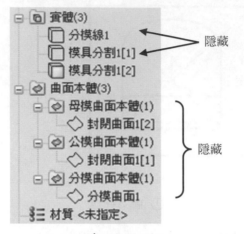

↻ 圖 3-119

STEP 39 點選等角視 ⬜，點選線架構 ⬜，點選基準面 ◇，將模型右邊垂直面
往負 X 方向偏移 35mm，產生平面 1(如圖 3-120 所示)。

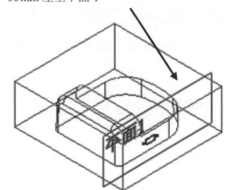

將模型右邊垂直面往負 X 方向偏移
35mm 產生平面 1

↻ 圖 3-120

40 點選剛完成之平面 1，進入草圖繪製。點選正視於 。

(1) 點選矩形 ，繪製一矩形，標註之尺寸如圖 3-121 所示。

(2) 點選草圖圓角 ，矩形 4 個角落導 R3(如圖 3-121 所示)。

確定後"結束草圖繪製"，完成側滑塊草圖。

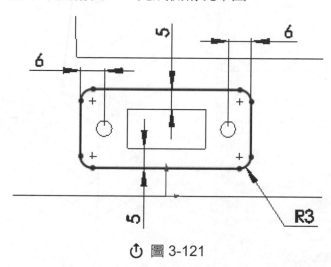

⏻ 圖 3-121

41 點選等角視 ，先點選剛完成之側滑塊草圖，再點選側滑塊 ，在對話框中：

(1) 側滑塊草圖：自動選取先點選之草圖。

(2) 抽出方向：自動以側滑塊草圖之繪圖平面垂直方向，使用反轉按鈕 ，"調整抽出方向箭頭，單箭頭朝內，雙箭頭朝外"(如圖 3-122 所示)。

(3) 拔模角度：1 度。

(4) 抽出方向：30(單箭頭方向)；遠離抽出方向：0。

確定後完成(如圖 3-122 所示)。

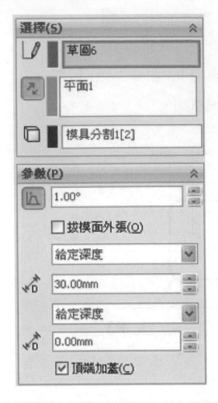

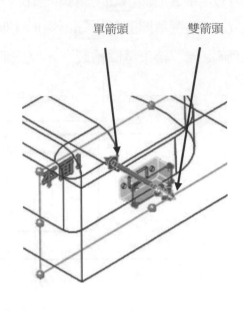

單箭頭　　雙箭頭

↻ 圖 3-122

STEP 42　公模顯示於畫面(如圖 3-123 所示)。

STEP 43　接下來產生側滑塊導槽。同樣點選平面
1，進入草圖繪製 ✐，繪製側滑塊導槽
草圖。

STEP 44　點選正視於 ↥，點選線架構 ⊞：

(1) 點選中心線 ⦙，繪製垂直通過原
點之中心線。

(2) 點選參考圖元 ▣，複製矩形之外
形輪廓線。

(3) 點選直線 ＼，繪製側滑塊導槽外形草圖，點選鏡射圖元 ▲，將中
心線右邊線段鏡射至左邊。

(4) 標註之尺寸如圖如圖 3-124 所示。

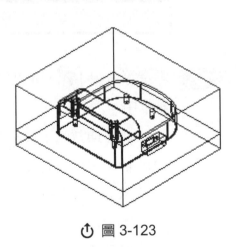

↻ 圖 3-123

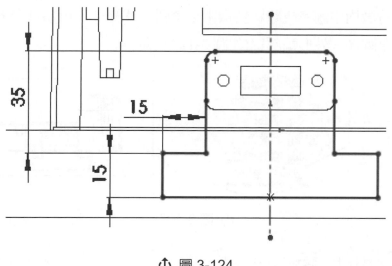

↻ 圖 3-124

STEP 45 點選伸長除料 ，對話框中：除料類型：完全貫穿，確定後完成(如圖 3-125 所示)。

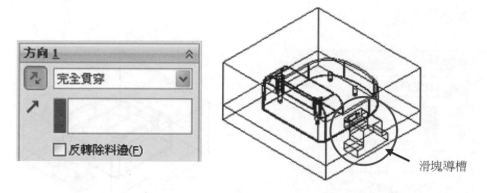

↻ 圖 3-125

STEP 46 接下來將側滑塊主體部分補上導槽部分。點選矩形外部垂直平面(如圖 3-126 所示)，進入草圖繪製 。

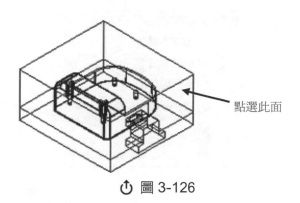

↻ 圖 3-126

點選特徵樹中剛完成除料特徵中之草圖：草圖 7，再點選參考圖元 ⬚，
複製草圖 7 之外形輪廓線(如圖 3-127 所示)。

先點選草圖 7
再點選參考圖
元功能

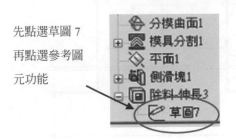

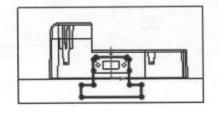

🔄 圖 3-127

點選伸長填料 ⬚，對話框中：

(1) 伸長類型：給定深度，深度：35mm。

(2) 特徵加工範圍：取消"自動選擇"，點選特徵樹中側滑塊本體資料夾
中所包含之本體(如圖 3-128 所示)。

確定後完成。

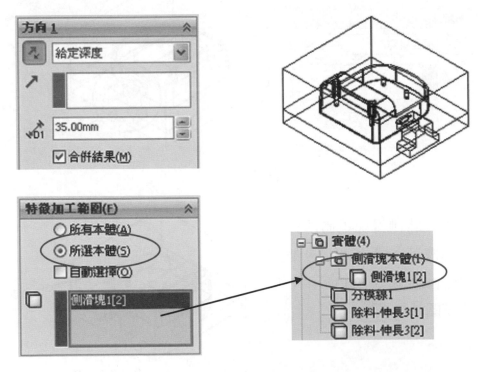

🔄 圖 3-128

[Image of N]

 49 完成模具分割及側滑塊後，在特徵樹中，實體資料夾會有四個特徵(如圖 3-129 所示)，**右鍵**點選除料伸長 3[1] 特徵，選擇**插入至新零件**(如圖 3-130 所示)。

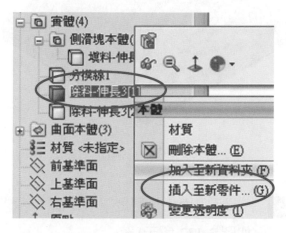

⏻ 圖 3-129　　　　　　　　　　　　　⏻ 圖 3-130

 50 SolidWorks 會將除料伸長 3[1] 開啟為一零件檔，同時跳出存檔對話框，存檔名稱：緊急照明燈罩-公模(如圖 3-131 所示)。

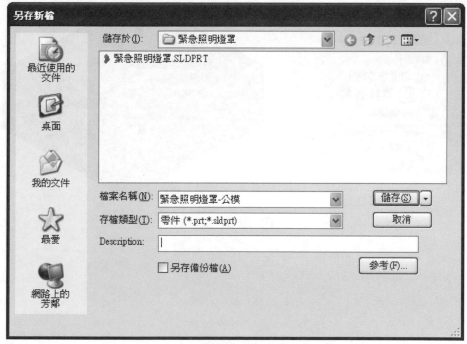

⏻ 圖 3-131

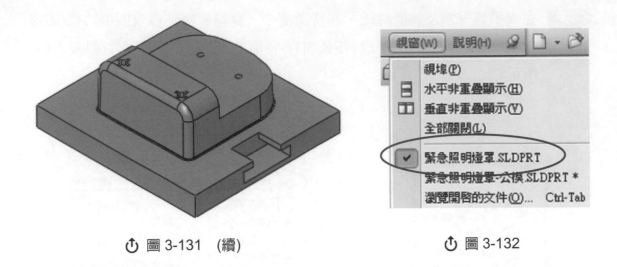

⏻ 圖 3-131　(續)　　　　　　　　　⏻ 圖 3-132

STEP 51　將顯示畫面切換回燈罩零件檔，點選下拉式功能表：視窗 > 緊急照明燈罩
(如圖 3-132 所示)。

STEP 52　**右鍵**點選除料伸長 3[1] 特徵(如圖 3-133 所示)，重複上述步驟，存檔名稱：
緊急照明燈罩-母模。

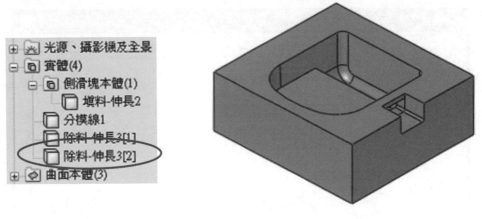

⏻ 圖 3-133

53 再將顯示畫面再切換回燈罩零件檔，右鍵點選填料伸長 2 特徵(如圖 3-134 所示)，重複上述步驟，存檔名稱：緊急照明燈罩-側滑塊。

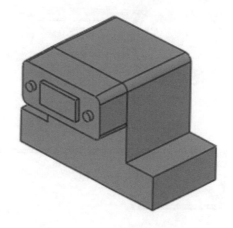

○ 圖 3-134

 54 完成緊急照明燈罩公、母模及側滑塊製作。

 3-4　側滑塊功能 🔲 其他應用

　　側滑塊功能除了能將倒勾的部分產生側滑塊零件外，也可應用於將一體成形之模具分割為鑲嵌結構(如圖 3-135 所示)。

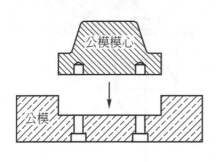

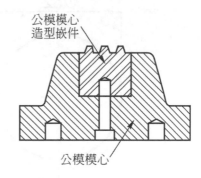

○ 圖 3-135

我們以一量杯為例：

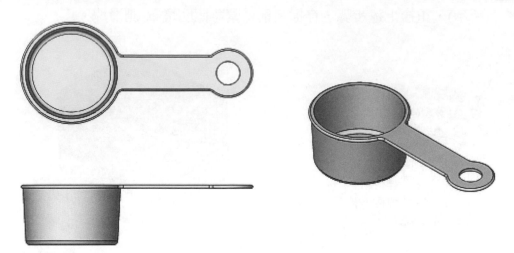

操作步驟

STEP 1　開啓新零件檔，點選上基準面，進入草圖繪製 🖉。

STEP 2　點選中心線 ⫶，繪製一通過原點之水平中心線，點選圓 ⊙，繪製如圖 3-136 所示之圓，直徑 52mm 之圓心點與原點 "重合"，直徑 25mm 之圓心點與中心線 "重合" 點選標註尺寸 ◈，標註之尺寸如圖 3-136 所示。

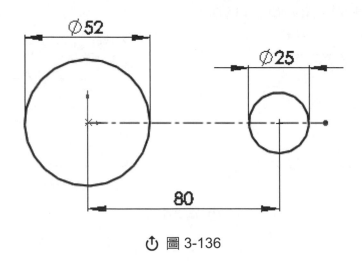

⟳ 圖 3-136

3　點選直線 ，在中心線上下各繪製一水平直線，將直線與中心線設定 "相互對稱" 限制條件，並標註尺寸如圖 3-137 所示。

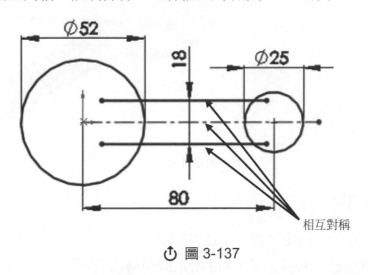

相互對稱

🔱 圖 3-137

 4　點選修剪圖元 ，修剪多餘線段(如圖 3-138 所示)。

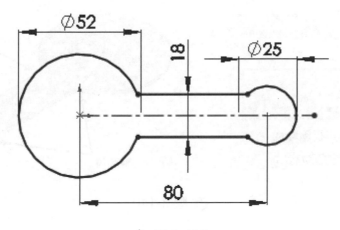

🔱 圖 3-138

 5　點選伸長填料 ，對話框中：

(1) 伸長類型：給定深度；深度：1.5mm。

(2) 伸長方向向下(負 Y 方向)。

確定後完成(如圖 3-139 所示)。

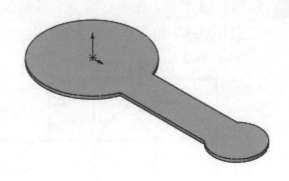

 圖 3-139

STEP 6 　點選圓角 ，對話框中：

(1) 圓角類型：固定半徑；半徑：R3。

(2) 圓角邊線：點選如圖 3-140 所示轉角邊線。

確定後完成。

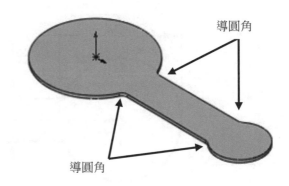

 圖 3-140

STEP 7 　點選圓角，對話框中：

(1) 圓角類型：全周圓角。

(2) 邊面組 1：點選步驟 6 所完成之模型之上平面。

(3) 中心面組：點選步驟 6 所完成之模型之垂直面。

(4) 邊面組 2：點選步驟 6 所完成之模型之下平面。

確定後完成(如圖 3-141 所示)。

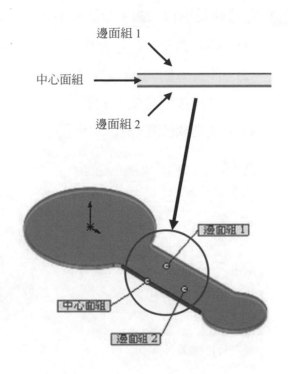

⟳ 圖 3-141

STEP 8　接下來繪製杯體部分，點選上**基準面**，進入草圖繪製 。

STEP 9　(1)　點選圓 ，繪製一封閉圓，圓心點與原點重合。

(2)　點選標註尺寸，標註之尺寸如圖 3-142 所示。

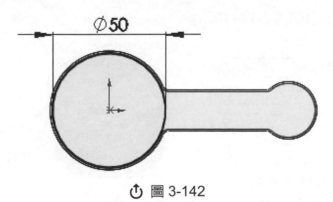

⟳ 圖 3-142

STEP 10 點選伸長填料 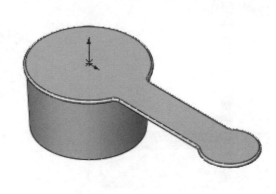，對話框中：

  (1) 伸長類型：給定深度；深度：30mm。

  (2) 伸長方向向下(負 Y 方向)。

  (3) 設定拔模角度：3 度。

確定後完成(如圖 3-143 所示)。

↻ 圖 3-143

STEP 11 點選圓角 ，對話框中：

  (1) 圓角類型：固定半徑；半徑：R2。

  (2) 圓角邊線：點選杯底圓形邊線。

確定後完成(如圖 3-144 所示)。

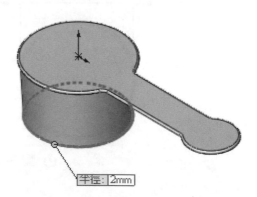

↻ 圖 3-144

STEP 12 點選**前基準面**，進入草圖繪製，點選正視於 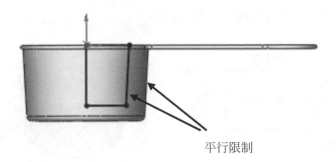，點選直線 ＼，繪製如圖 3-145 所示之線段，並將右邊線段與模型邊線設定 "平行" 之限制條件。

平行限制

↻ 圖 3-145

STEP 13 (1) 點選標註尺寸，標註之尺寸如圖 3-146 所示。

(2) 點選草圖圓角 ⌐，轉角處導 R2。

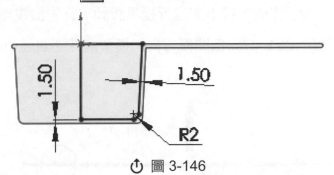

↻ 圖 3-146

STEP 14 點選旋轉除料 🔃，對話框中：

(1) 旋轉軸：垂直線段。

(2) 角度：360 度。

確定後完成(如圖 3-147 所示)。

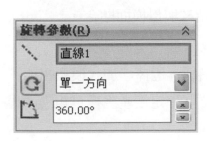

↻ 圖 3-147

STEP 15　點選模型上平面，進入草圖繪製，點選正視於 ，繪製一直徑 12mm 圓，"圓心點與模型圓弧中心點重合"(如圖 3-148 所示)點選伸長除料 ，伸長類型：完全貫穿(如圖 3-149 所示)。

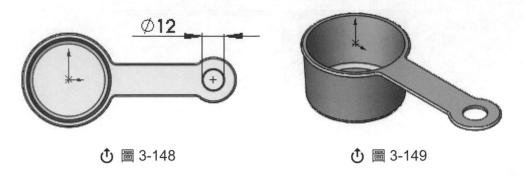

↻ 圖 3-148　　　　　　　↻ 圖 3-149

STEP 16　存檔：量杯。

STEP 17　產品外形已設計完成，接下來進行模具設計，首先檢視產品的外形：

(1)　**分模線**：以 **Y** 方向為開模方向，模型最外圍圓弧中心(如圖 3-150 所示)。

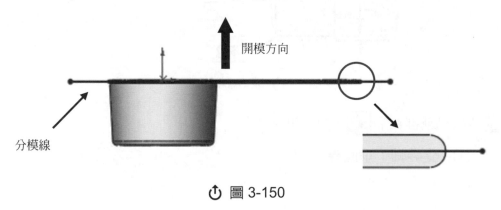

↻ 圖 3-150

(2)　靠破孔：握柄後方圓孔，以公模留柱與母模面貼合。

(3)　**倒勾**：無。

STEP 18　點選組態管理員 ，**右鍵**點選零件名稱，選擇"加入模型組態"，在跳出的對話框中，模型組態名稱輸入：模具，確定後產生模具組態(如圖 3-151 所示)。

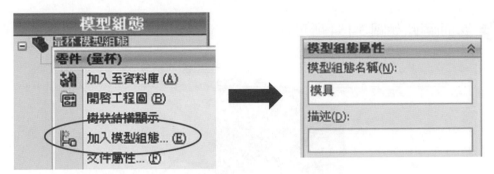

⟲ 圖 3-151

STEP 19 點選縮放 ，在縮放的對話框中：

(1) 相對點：原點。

(2) 縮放率：1.005。

確定後完成(如圖 3-152 所示)。

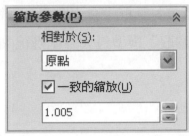

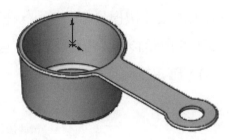

⟲ 圖 3-152

STEP 20 設定產品的分模線。點選分模線 ⊕，對話框中：

(1) 起模方向：點選**上基準面**(如圖 3-153 所示)。

(2) 因分模線上有"跨面"(步驟 7 所完成之圓角)，所以勾選"分模面"
選項(如圖 3-153 所示)。

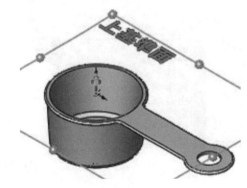

⟲ 圖 3-153

說明 跨面說明(如圖 3-154 所示)。

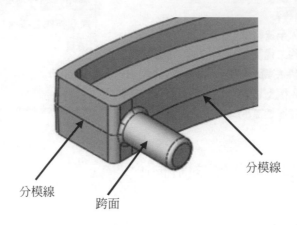

分模線

分模線

跨面

↻ 圖 3-154

STEP 21 接下來再按"拔模分析"按鈕,在分模線對話框中會再跳出分模線選項(如圖 3-155 所示),同時分模線會"自動選取"模型最大外圍邊線(如圖 3-155 所示),確定後完成。

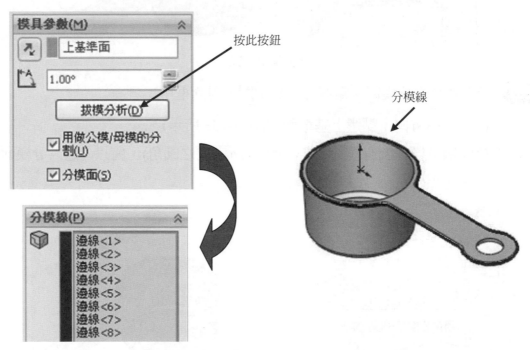

↻ 圖 3-155

STEP 22 點選封閉曲面 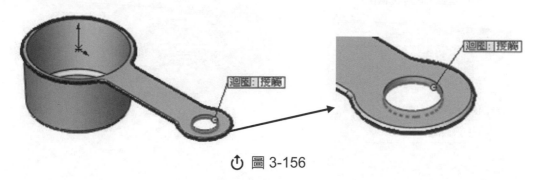，SolidWorks 會自動選取所有破孔邊線，如圖 3-156：自動選取破孔"下方"邊線。

⟳ 圖 3-156

STEP 23 靠破孔是以**公模留柱與母模面貼合**，所以目前自動選取之邊線是正確的，因為靠破孔位置是平面，所以填補方式接觸或相切並無差別，所以使用內定選項即可，確定後完成(如圖 3-157 所示)。

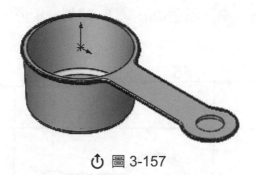

⟳ 圖 3-157

STEP 24 點選分模曲面 ，SolidWorks 自動以先前所設定之分模線為邊線，以放射曲面方式產生，在對話框中：

(1) 模具參數：垂直於起模方向。

(2) 分模曲面：50mm。

(3) 勾選"縫織所有曲面"選項(內定選項)。

確定後完成(如圖 3-158 所示)。

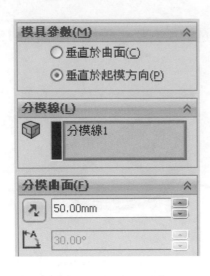

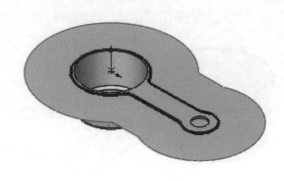

🔄 圖 3-158

STEP 25 先點選剛完成之分模面,再點選模具分割 🖼 :

(1) SolidWorks "自動" 以所點選之平面進入 "草圖繪製" 狀態。

(2) 點選正視於 🔼,點選矩形 ▢,繪製一矩形,標註之尺寸如圖 3-159 所示。

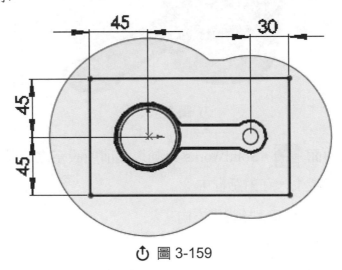

🔄 圖 3-159

STEP 26 尺寸標註完成後,"結束草圖繪製" SolidWorks 自動跳出模具分割對話框:

(1) 設定模塊尺寸厚度:

方向 1:20mm(正 Y 方向)

方向 2:50mm(負 Y 方向)

(2) 其他參數選項(公模、母模、分模曲面等)爲"自動"抓取，無需設定，
確定後完成公、母模分割動作(如圖 3-160 所示)。

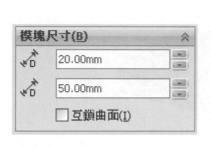

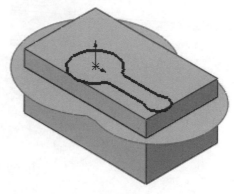

⏻ 圖 3-160

STEP 27　完成模具分割後，在特徵樹中，實體資料夾會有三個特徵(如圖 3-161 所示)，**右鍵**點選模具分割 1[2]特徵，選擇**插入至新零件**(如圖 3-161 所示)。

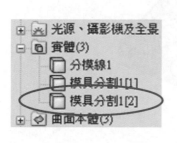

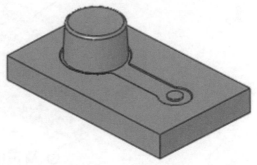

⏻ 圖 3-161

STEP 28　檢視公模量杯凸出部分之底部，一體成形之狀態加工上較爲困難(如圖 3-162 所示)。

周圍凹陷處加工
較爲困難

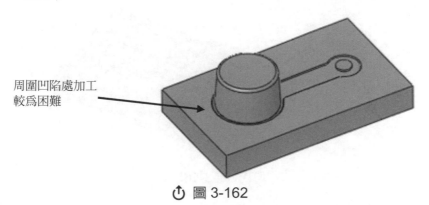

⏻ 圖 3-162

STEP 29 　改為鑲嵌結構(如圖 3-163 所示)加工上較為容易。

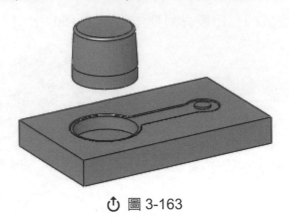

⏻ 圖 3-163

STEP 30 　點選握柄凹陷底部平面(如圖 3-134 所示)，點選草圖繪製 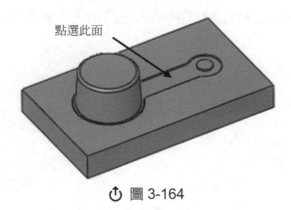，繪製側滑塊草圖。

點選此面

⏻ 圖 3-164

STEP 31 　點選量杯凸出底部圓形邊線，點選參考圖元 🔲，將模型邊線複製為草圖實線(如圖 3-165 所示)，確定後 "結束草圖繪製"，完成側滑塊草圖。

凸出底部
圓形邊線

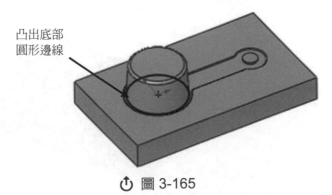

⏻ 圖 3-165

點選等角視 （圖示），先點選剛完成之側滑塊草圖，再點選側滑塊 ，在對話框中：

(1) 側滑塊草圖：自動選取先點選之草圖。

(2) 抽出方向：自動以側滑塊草圖之繪圖平面垂直方向，使用反轉按鈕 ，"調整抽出方向箭頭，單箭頭朝下，雙箭頭朝上"(如圖 3-166 所示)。

(3) 抽出方向：10；遠離抽出方向：30(如圖 3-166 所示)。

確定後完成。

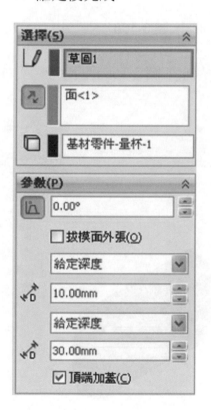

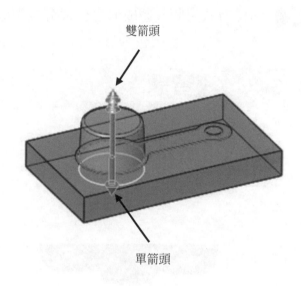

⟲ 圖 3-166

STEP 33 完成後在特徵樹產生側滑塊資料夾及本體(如圖 3-167 所示)。

量杯-公模 (預設<<預設>_顯示:
- 感測器
- A 註記
- 光源、攝影機及全景
- 實體(2)
  - 側滑塊本體(1)
    - 側滑塊2[2]
  - 側滑塊2[1]
- 曲面本體
- 材質 <未指定> ->

 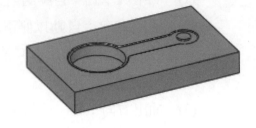

↻ 圖 3-167　　　　　　　　　　　↻ 圖 3-168

STEP 34. 同樣方式可將一體成形之公模分成鑲嵌結構(如圖 3-168 所示)。

3-5　練習題

3-5-1　照相機

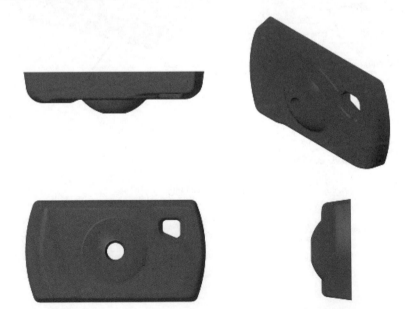

拆模步驟

1. 開啓光碟片：\第 3 章\照相機(練習題)\照相機.sldprt。

2. 使用功能：

   (1) 分模線 。

   (2) 封閉曲面 。

   (3) 分模曲面 。

   (4) 模具分割 。

3. 完成圖(如下圖所示)。

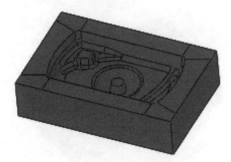

照相機 – 母模　　　　　　　照相機 – 公模

3-5-2　照明燈罩

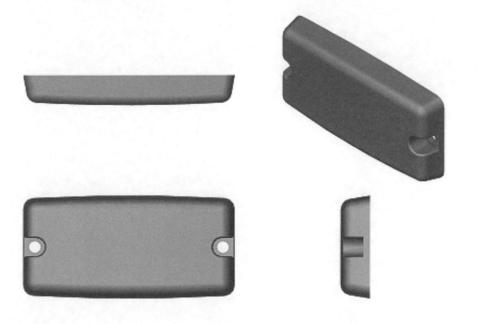

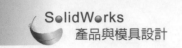
拆模步驟

1. 開啓光碟片：\第 3 章\照明燈罩(練習題)\照明燈罩.sldprt。

2. 使用功能：

   (1) 分模線 　。

   (2) 封閉曲面 　。

   (3) 分模曲面 　。

   (4) 模具分割 　。

3. 完成圖(如下圖所示)。

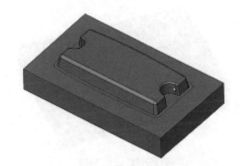

照明燈罩 – 公模

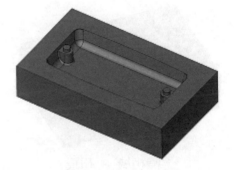

照明燈罩 – 母模

射出成形模具

4-1　分模線為水平線

4-2　分模線為弧形線

4-3　練習題

　　4-3-1　煙灰缸

　　4-3-2　肥皂盒

　　4-3-3　手機面板

　　若想要將成品以塑膠材料進行製品化時，必須透過模具來完成，此模具我們稱之為射出成形模具。如圖 4-1 所示為二板式射出成形模具。

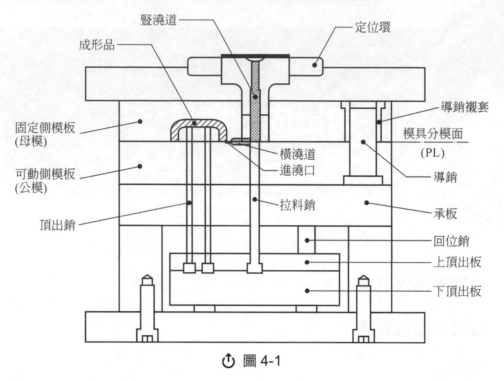

豎澆道　　　　　　　　　定位環
成形品
導銷襯套
固定側模板
(母模)
模具分模面
(PL)
橫澆道
進澆口
導銷
可動側模板
(公模)
拉料銷
承板
頂出銷
回位銷
上頂出板
下頂出板

⏻ 圖 4-1

　　本單元將以產品的**分模線**為區分，來介紹公、母模建立方式。如圖 4-2 所示，公、母模模板部分只是加工凹槽，然後裝入公、母模心，所以模穴主要都在模心部分，故本單元之例題只介紹到模心部分。至於模心與模板結合部分則放在第 7 章討論。

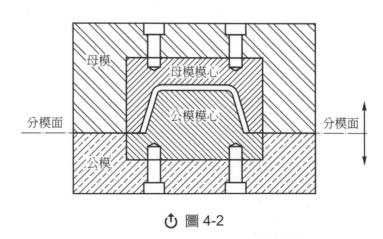

母模
母模模心
公模模心
分模面　　　　　　　　　　　分模面
公模

⏻ 圖 4-2

4-1 分模線為水平線

以產品之側視圖來看，兩側之線型為水平線時，則判斷產品分模線為水平線(如圖 4-3 所示)。

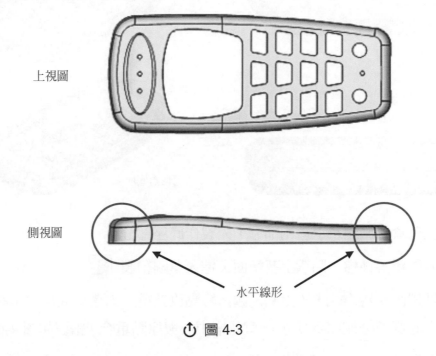

上視圖

側視圖

水平線形

⏻ 圖 4-3

若以側視圖來看，產品中間有弧形，但兩側之線型依然為水平線時，則產品分模線還是屬於水平線類型(如圖 4-4 所示)。

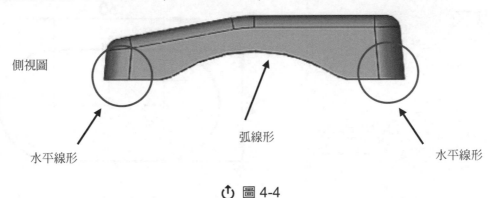

側視圖

水平線形

弧線形

水平線形

⏻ 圖 4-4

 例題：肥皂盒

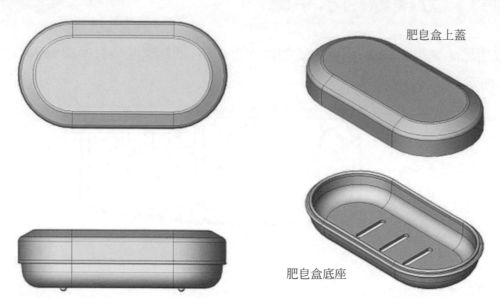

肥皂盒上蓋

肥皂盒底座

 肥皂盒分底座及上蓋兩部分，先製作底座部分。

 開啟新零件檔，點選**上基準面**，進入草圖繪製 🖉 。

 點選直狹槽 ⬭ ，設定圓／起／終點直狹槽，勾選加入尺寸，設定中心至中心選項(如圖 4-5 所示)，直狹槽中心與原點重合，繪製如圖 4-6 所示之外形。

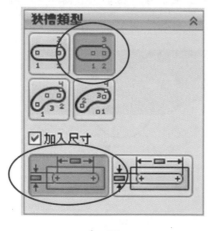

↺ 圖 4-5

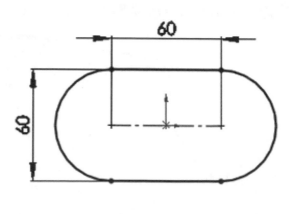

↺ 圖 4-6

4 點選伸長填料 ，對話框中：

(1) 方向 1：伸長類型：給定深度；深度：3mm。

(2) 方向 2：伸長類型：給定深度；深度：15mm；設定拔模角：5 度，確定後完成(如圖 4-7 所示)。

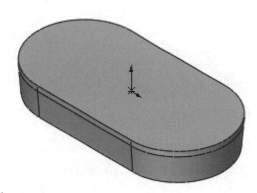

🔃 圖 4-7

 5 點選圓角 ，對話框中：

(1) 圓角類型：固定半徑；半徑：R10。

(2) 圓角邊線：點選底部之邊線。

確定後完成(如圖 4-8 所示)。

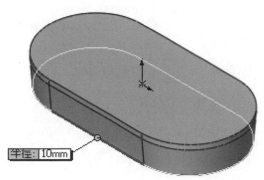

🔃 圖 4-8

開啓新零件檔，點選上基準面，進入草圖繪製 。

點選偏移圖元 ，將第 1 張草圖之外形線往外偏移 2mm(如圖 4-9 所示)。

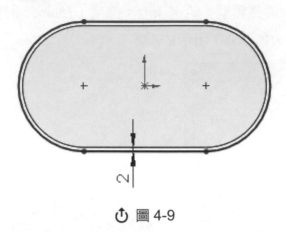

↻ 圖 4-9

點選伸長填料 ，對話框中：

(1) 伸長類型：兩側對稱。

(2) 深度：2mm。

確定後完成(如圖 4-10 所示)。

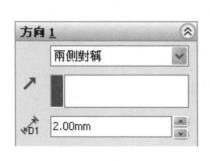

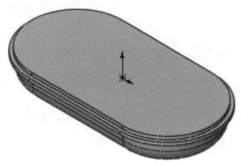

↻ 圖 4-10

點選薄殼 ，對話框中：

(1) 厚度：2mm。

(2) 移除面：肥皂盒頂面。

確定後完成(如圖 4-11 所示)。

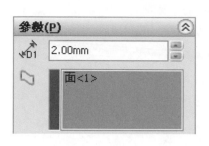

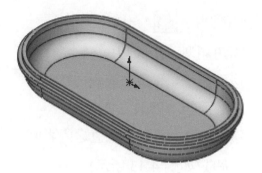

⟳ 圖 4-11

STEP 10　點選圓角 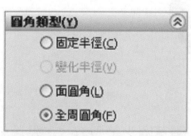，對話框中：

(1)　圓角類型：全周圓角。

(2)　邊面組 1：點選步驟 9 所完成之模型之上平面。

(3)　中心面組：點選步驟 9 所完成之模型之垂直面。

(4)　邊面組 2：點選步驟 9 所完成之模型之下平面。

確定後完成(如圖 4-12 所示)。

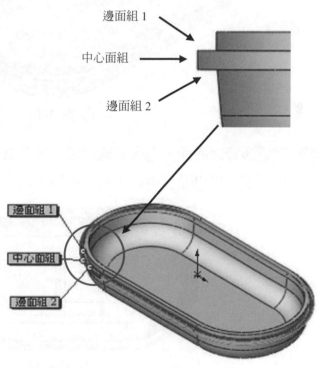

⟳ 圖 4-12

STEP 11　再次點選圓角 ![圓角圖示]，對話框中：

(1)　圓角類型：全周圓角。

(2)　邊面組 1：薄殼之垂直之外表面。

(3)　中心面組：薄殼之頂面。

(4)　邊面組 2：薄殼之垂直之內表面。

確定後完成(如圖 4-13 所示)。

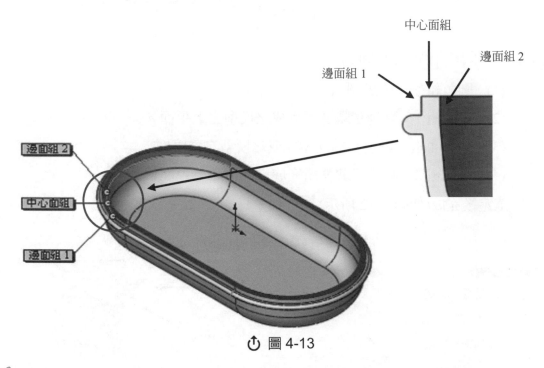

中心面組

邊面組 2

邊面組 1

邊面組 2

中心面組

邊面組 1

↻ 圖 4-13

STEP 12　點選薄殼之底面，進入草圖繪製，參考第 1 張草圖之繪製方式，點選直狹槽 ![直狹槽圖示]，以原點為中心，繪製如圖 4-14 所示之外形。

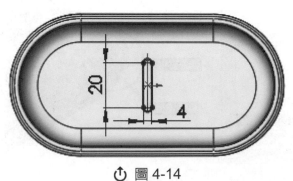

20

4

↻ 圖 4-14

13 點選伸長除料  ，除料類型：完全貫穿，確定後完成(如圖 4-15 所示)。

↻ 圖 4-15

 14 點選直線複製排列 ，在對話框中：

(1) 排列方向：點選模型任一水平邊線，方向箭頭向右。

(2) 距離：20mm；數量：2。

(3) 複製排列特徵：剛完成之除料特徵(如圖 4-16 所示)。

確定後完成。

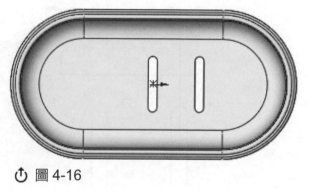

↻ 圖 4-16

 15 同樣的方式完成左邊複製(如圖 4-17 所示)。

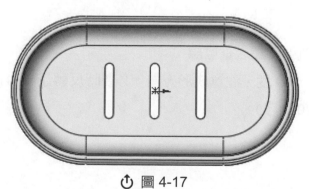

↻ 圖 4-17

STEP 16 將模型反轉 180 度，點選模型底面，進入草圖繪製，點選圓 ⊙，繪製一直徑∅4 封閉圓形，點選直線 ＼，繪製垂直通過圓心點之直線(如圖 4-18 所示)。

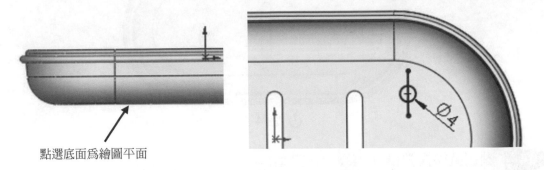

點選底面為繪圖平面

⟳ 圖 4-18

STEP 17 點選修剪圖元 ，修剪成半圓形(如圖 4-19 所示)，標註之尺寸如圖 4-19 所示。

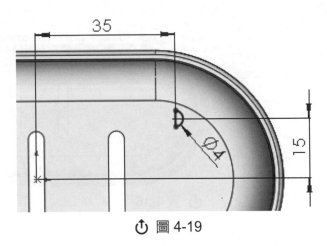

⟳ 圖 4-19

STEP 18 點選旋轉填料 ，對話框中：

(1) 旋轉軸：半圓之垂直線。

(2) 角度：180 度，注意成形方向，必要時反轉旋轉方向，確定後完成(如圖 4-20 所示)。

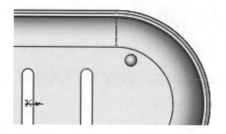

⏻ 圖 4-20

STEP 19　點選鏡射 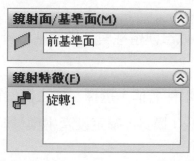，對話框中：

(1)　鏡射參考面：前基準面。

(2)　鏡射特徵：剛完成之旋轉特徵。

確定後完成(如圖 4-21 所示)。

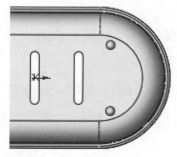

⏻ 圖 4-21

STEP 20　再次點選鏡射 ，對話框中：

(1)　鏡射參考面：右基準面。

(2)　鏡射特徵：剛完成之"鏡射特徵"。

確定後完成(如圖 4-22 所示)。

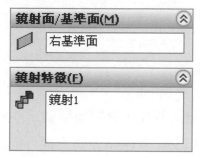

⏻ 圖 4-22

CHAPTER 4

STEP 21 存檔：肥皂盒底座。

STEP 22 產品外形已設計完成，接下來進行模具設計，首先檢視產品的外形：

(1) **分模線**：以 Y 方向為開模方向，肥皂盒底座外圍最大範圍邊線(如圖 4-23 所示)。

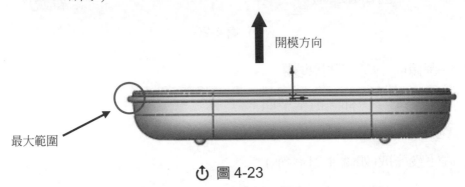

開模方向

最大範圍

⏻ 圖 4-23

(2) **靠破孔**：底部三個漏水孔，以母模留柱與公模面貼合。

(3) **倒勾**：無。

STEP 23 點選組態管理員 ，右鍵點選零件名稱，選擇 "加入模型組態"，在跳出的對話框中，模型組態名稱輸入：模具，確定後產生模具組態(如圖 4-24 所示)。

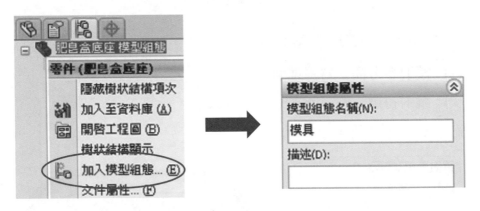

⏻ 圖 4-24

說明 為何要產生模具組態？因為在模具設計過程中，會對模型做一些修改，例如：增加縮水量、抑制某些特徵等，但又希望保留原始零件外形或尺寸，所以增加模具組態，將這些變更產生在模具組態。

STEP 24 點選縮放 ，在縮放的對話框中：

(1) 相對點：原點。

(2) 縮放率：1.005。

確定後完成(如圖 4-25 所示)。

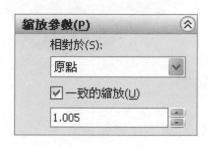
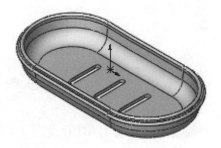

↻ 圖 4-25

STEP 25 設定產品的分模線。點選分模線 ，對話框中：

(1) 起模方向：點選上基準面。

(2) 將"分模面"選項打勾(如圖 4-26 所示)。

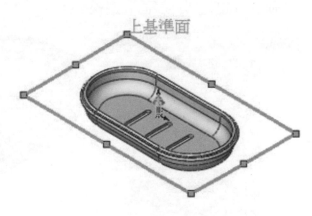

↻ 圖 4-26

STEP 26 接下來再按"拔模分析"按鈕,在分模線對話框中會再跳出分模線選項(如圖 4-27 所示),同時分模線會"自動選取"模型最大外圍邊線(如圖 4-27 所示),確定後完成。

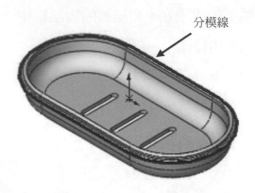

分模線

① 圖 4-27

說明 如步驟 25 之第 2 小項未設定,則分模線不會自動選取。

STEP 27 點選封閉曲面 [圖示],SolidWorks 會自動選取所有破孔邊線,如圖 4-28:自動選取破孔"外表面"邊線。

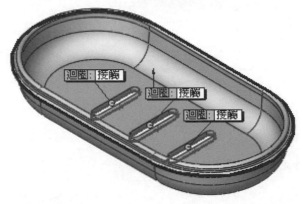

① 圖 4-28

STEP 28 靠破孔是以**母模留柱與公模面貼合**，所以目前自動選取之邊線爲錯誤的，
應選取破孔"內表面"邊線，所以右鍵點選對話框，跳出之輔助功能表選
擇"清除選擇"(如圖 4-29 所示)，清除所有已選擇之邊線。

🔄 圖 4-29

STEP 29 重新選取靠破孔"內表面"任一邊線，畫面中顯示 🔲 符號(如圖 4-30 所
示)，點一下此符號自動選取其他相連之邊線(如圖 4-31 所示)。

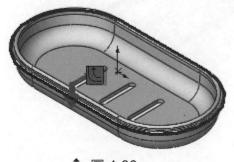

🔄 圖 4-30

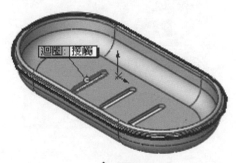

🔄 圖 4-31

STEP 30 同樣方法選取所有所有靠破孔邊線(如圖 4-32 所示)，點選確定按鈕後完成
封閉曲面(如圖 4-33 所示)。

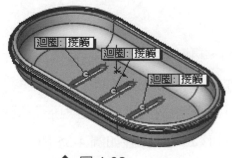

🔄 圖 4-32

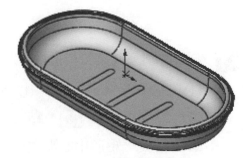

🔄 圖 4-33

STEP 31　點選分模曲面 ，SolidWorks 自動以先前所設定之分模線為邊線，以放射曲面方式產生，在對話框中：

(1)　模具參數：垂直於起模方向。

(2)　分模曲面：35mm。

(3)　勾選"縫織所有曲面"選項(內定選項)。

確定後完成(如圖 4-34 所示)。

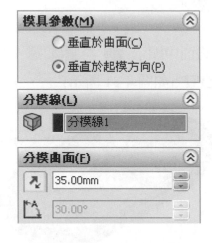

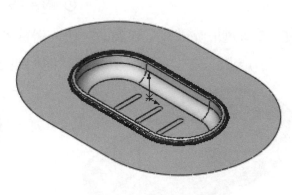

↻ 圖 4-34

STEP 32　先點選剛完成之分模面(如圖 4-35 所示)，再點選模具分割 ：

(1)　SolidWorks"自動"以所點選之平面進入"草圖繪製"狀態。

(2)　點選正視於 ，點選矩形 ，矩形類型設定"中心矩形"選項，繪製一矩形中心點與原點重合之矩形，尺寸標註如圖 4-35 所示。

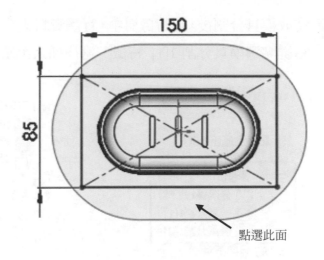

點選此面

⏻ 圖 4-35

33 尺寸標註完成後，"結束草圖繪製" SolidWorks 自動跳出模具分割對話框：

(1) 設定模塊尺寸厚度：

方向 1：20mm(正 Y 方向)

方向 2：30mm(負 Y 方向)

(2) 其他參數選項(公模、母模、分模曲面等)為 "自動" 抓取，無需設定，確定後完成公、母模分割動作(如圖 4-36 所示)。

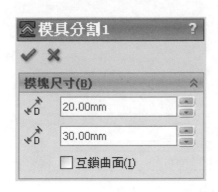

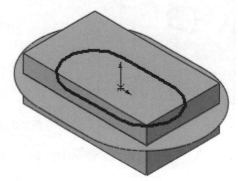

⏻ 圖 4-36

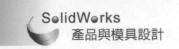

STEP 34　完成模具分割後，在特徵樹中，實體資料夾會有三個特徵(如圖 4-37 所示)，
右鍵點選模具分割 1[1] 特徵，選擇插入至新零件(如圖 4-38 所示)。

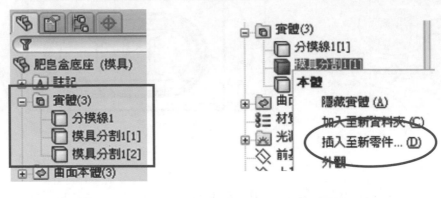

　　⟲ 圖 4-37　　　　　　　　　　　　　　　⟲ 圖 4-38

STEP 35　SolidWorks 會將模具分割 1[1] 開啓為一零件檔，同時跳出存檔對話框，存
檔名稱：肥皂盒底座-母模(如圖 4-39 所示)。

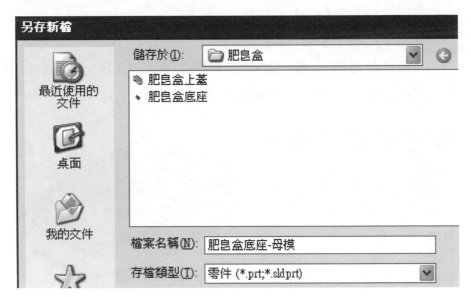

⟲ 圖 4-39

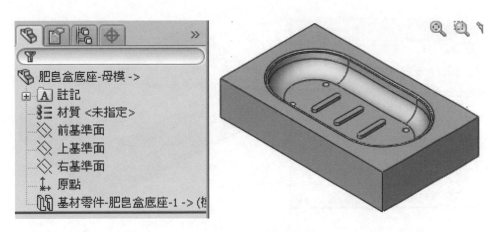

⟳ 圖 4-39　(續)

36 將顯示畫面切換回肥皂盒底座零件檔，**右鍵**點選模具分割 1[2] 特徵，重複上述步驟，存檔名稱：肥皂盒底座-公模(如圖 4-40 所示)。

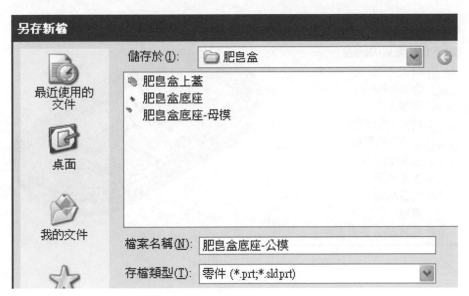

⟳ 圖 4-40

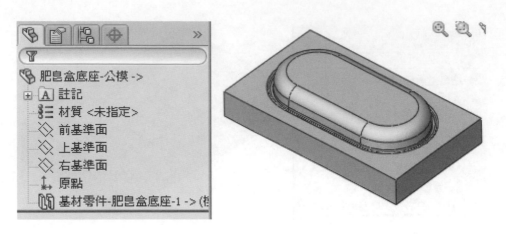

⟲ 圖 4-40　(續)

STEP 37 再將顯示畫面再切換回肥皂盒底座零件檔，**右鍵**點選分模線 1[1] 特徵，重複上述步驟，存檔名稱：肥皂盒底座-成形品(如圖 4-41 所示)。

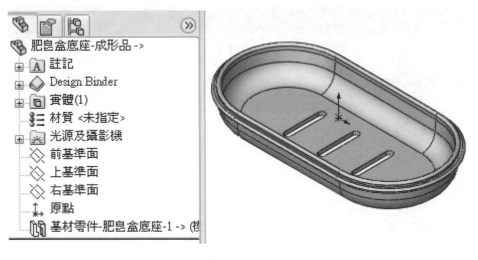

⟲ 圖 4-41

STEP 38 完成公、母模製作。

STEP 39 接下來製作肥皂盒上蓋部分，開啟新零件檔，點選**上基準面**，進入草圖繪製 ✎ 。

STEP 40 點選直狹槽 ▣ ，如同步驟 3 之設定，繪製如圖 4-42 所示之外形。

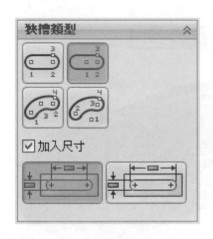 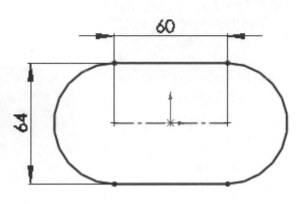

⟳ 圖 4-42

STEP 41 點選伸長填料 ，對話框中：

(1)　方向 1：伸長類型：給定深度；深度：18mm。

(2)　設定拔模角：1 度。

確定後完成(如圖 4-43 所示)。

 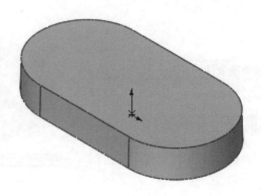

⟳ 圖 4-43

STEP 42 點選導角 ，對話框中：

(1)　導角類型：角度距離。

(2)　導角面：點選模型"頂面"。

(3)　距離：5；角度：60；方向箭頭：向下。

確定後完成(如圖 4-44 所示)。

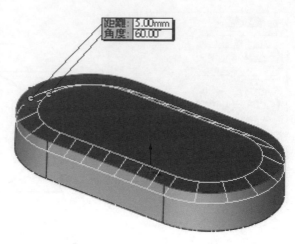

🔄 圖 4-44

STEP 43 點選圓角 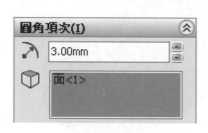，對話框中：

 (1) 圓角類型：固定半徑；半徑：R3。

 (2) 圓角面：點選如圖 4-45 所示之面。

 確定後完成。

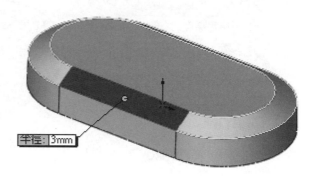

🔄 圖 4-45

STEP 44 點選薄殼 📋，對話框中：

 (1) 厚度：2mm。

 (2) 移除面：肥皂盒 "底面"。

 確定後完成(如圖 4-46 所示)。

 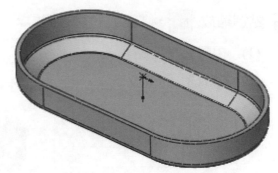

⬆ 圖 4-46

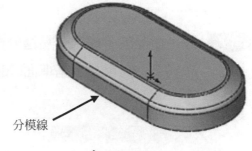

STEP 45 存檔：肥皂盒上蓋。

STEP 46 產品外形已設計完成，接下來進行模具設計，首先檢視產品的外形：

(1) **分模線：以 Y 方向為開模方向**，肥皂盒上蓋外表面邊線 (如圖 4-47 所示)。

(2) **靠破孔：**無。

(3) **倒勾：**無。

分模線

⬆ 圖 4-47

STEP 47 點選組態管理員 ，**右鍵**點選零件名稱，選擇 "加入模型組態"，在跳出的對話框中，模型組態名稱輸入：模具，確定後產生模具組態(如圖 4-48 所示)。

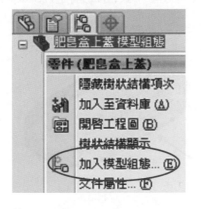 

⬆ 圖 4-48

STEP 48　點選縮放 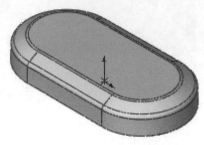，在縮放的對話框中：

  (1)　相對點：原點。

  (2)　縮放率：1.005。

縮放參數(P)

相對於(S):

原點

☑ 一致的縮放(U)

1.005

↻ 圖 4-49

STEP 49　設定產品的分模線。點選分模線 ，對話框中：

  起模方向：點選**上基準面**(如圖 4-50 所示)。

模具參數(M)

上基準面

1.00°

拔模分析(D)

☑ 用做公模/母模的分割(U)

上基準面

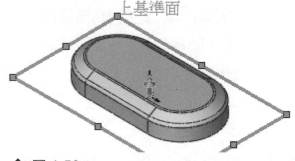

↻ 圖 4-50

STEP 50　接下來再按"拔模分析"按鈕，在分模線對話框中會再跳出分模線選項(如圖 4-51 所示)，同時分模線會"自動選取"模型外表面外圍邊線(如圖 4-51 所示)，確定後完成。

分模線(P)

邊線<1>
邊線<2>
邊線<3>
邊線<4>

分模線

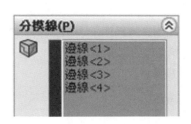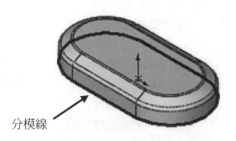

↻ 圖 4-51

51　點選分模曲面 ，SolidWorks 自動以先前所設定之分模線為邊線，以放射曲面方式產生，在對話框中：

(1) 模具參數：垂直於起模方向。

(2) 分模曲面：35mm。

(3) 勾選 "縫織所有曲面" 選項。

確定後完成(如圖 4-52 所示)。

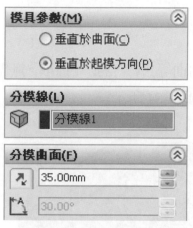
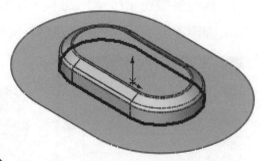

⏻ 圖 4-52

 52　先點選剛完成之分模面(如圖 4-53 所示)，再點選模具分割 🖾：

(1) SolidWorks "自動" 以所點選之平面進入 "草圖繪製" 狀態。

(2) 點選正視於 🔁，點選矩形 🔲，繪製一矩形，矩形中心點與原點重合，標註之尺寸如圖 4-53 所示。

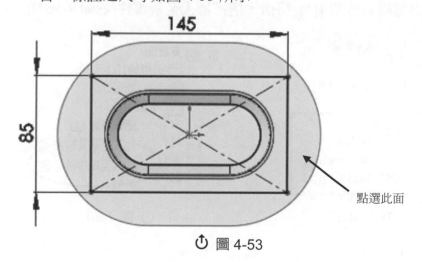

⏻ 圖 4-53

 SolidWorks
產品與模具設計

說明 上述之操作方式並非一定得這麼做，也可先不點選模具分割 功能，
直接繪製模板外形草圖(如上述之矩形)，標註完尺寸後直接"結束草圖繪
製"，然後在"模板外形草圖點選狀態下"，再點選模具分割 功能，
結果是一樣的。

STEP 53　尺寸標註完成後，"結束草圖繪製"SolidWorks 自動跳出模具分割對話框：

(1) 設定模塊尺寸厚度：
　　　方向 1：30mm(正 Y 方向)
　　　方向 2：20mm(負 Y 方向)

(2) 其他參數選項(公模、母模、分模曲面等)為"自動"抓取，無需設定，
　　　確定後完成公、母模分割動作(如圖 4-54 所示)。

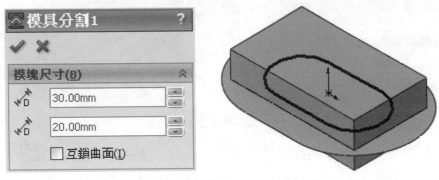

◍ 圖 4-54

STEP 54　完成模具分割後，在特徵樹中，實體資料夾會有三個特徵(如圖 4-55 所示)，
右鍵點選模具分割 1[1] 特徵，選擇插入至新零件(如圖 4-56 所示)。

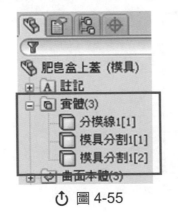

◍ 圖 4-55

◍ 圖 4-56

▲ 4-26

55 　SolidWorks 會將模具分割 1[1] 開啟為一零件檔,同時跳出存檔對話框,存檔名稱:肥皂盒上蓋-公模(如圖 4-57 所示)。

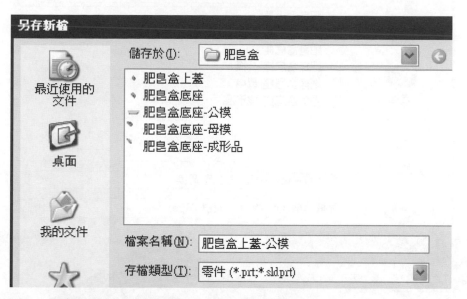

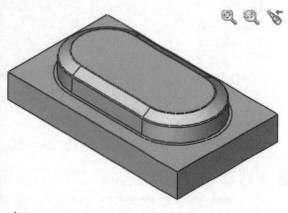

🔃 圖 4-57

 56 　將顯示畫面切換回肥皂盒上蓋零件檔,**右鍵**點選模具分割 1[2] 特徵,重複上述步驟,存檔名稱:肥皂盒上蓋-母模(如圖 4-58 所示)。

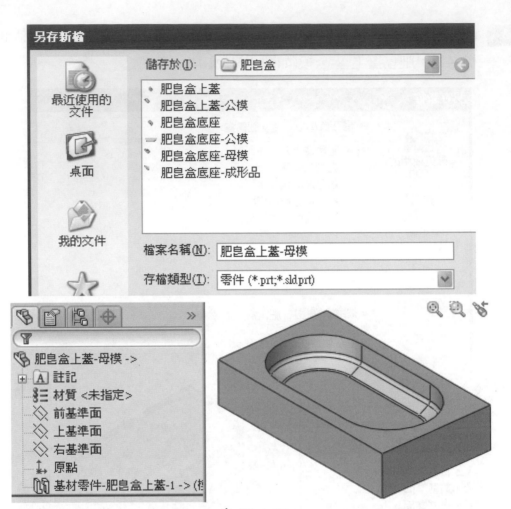

↺ 圖 4-58

STEP 57 再將顯示畫面再切換回肥皂盒上蓋零件檔，**右鍵**點選分模線 1[1] 特徵，重
複上述步驟，存檔名稱：肥皂盒上蓋-成形品(如圖 4-59 所示)。

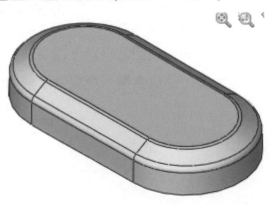

↺ 圖 4-59

58　完成公、母模製作。

 例題：蛋清分離器

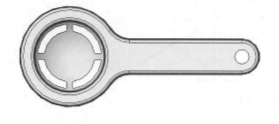

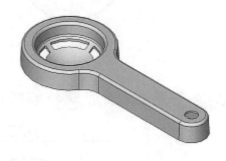

 1　開啓新零件檔，點選上**基準面**，進入草圖繪製 。

2　點選中心線 ，繪製一通過原點之水平中心線，點選圓 ，繪製如圖 4-60 所示之圓，直徑 75mm 之圓心點與原點"重合"，直徑 25mm 之圓心點與中心線"重合"點選標註尺寸 ，標註之尺寸如圖 4-60 所示。

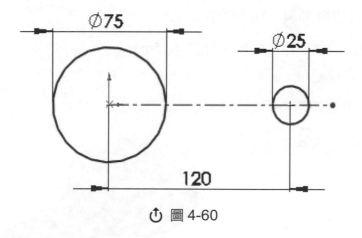

Ø75

Ø25

120

↻ 圖 4-60

3　點選直線 ，在中心線上下各繪製一水平直線，將直線與直徑 25mm 圓設定"互為相切"限制條件，如圖 4-61 所示。

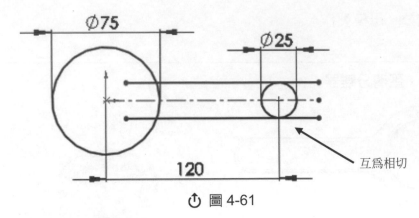

互為相切

↺ 圖 4-61

點選修剪圖元 ，修剪多餘線段(如圖 4-62 所示)。

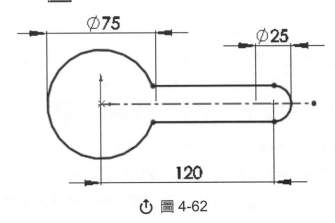

↺ 圖 4-62

點選伸長填料 ，對話框中：

(1) 伸長類型：給定深度；深度：15mm。

(2) 設定拔模角：3 度。

確定後完成(如圖 4-63 所示)。

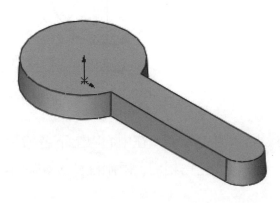

↺ 圖 4-63

6 　點選圓角 ，對話框中：

(1)　圓角類型：固定半徑；半徑：R15。

(2)　圓角邊線：點選如圖 4-64 所示之邊線。

確定後完成。

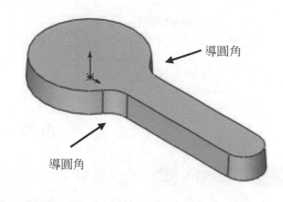

導圓角

導圓角

圖 4-64

 7 　點選**模型頂面**(如圖 4-65 所示)，點選正視於 ，點選圓 ，繪製直徑 50 之圓，圓心點與原點"重合"(如圖 4-65 所示)。

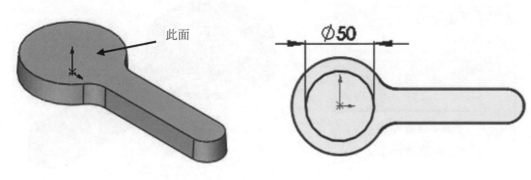

此面

Ø50

圖 4-65

 8 　點選伸長除料 ，對話框中：

(1)　除料類型：給定深度，深度：10mm。

(2)　設定拔模角：3 度，確定後完成(如圖 4-66 所示)。

CHAPTER 4

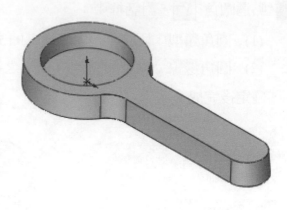

⟳ 圖 4-66

 點選圓角 ，對話框中：

　(1)　圓角類型：固定半徑；半徑：2mm。

　(2)　圓角面：點選模型頂面(如圖 4-67 所示)。

　確定後完成。

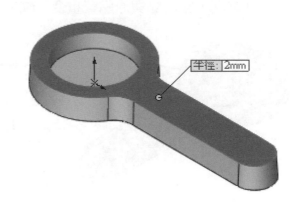

⟳ 圖 4-67

10 點選剛完成除料之底面(如圖 4-68 所示)，點選草圖繪製 ，"在模型底面抓取狀態下"點選參考圖元 ，將模型邊線複製爲草圖實線(如圖 4-68 所示)。

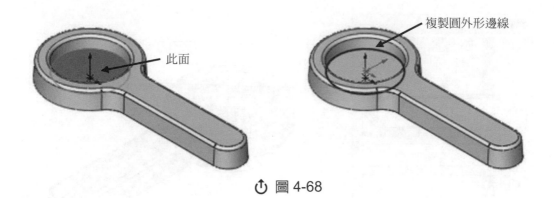

⟳ 圖 4-68

STEP 11　點選伸長填料 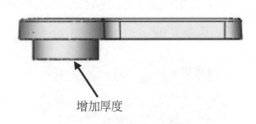，對話框中：

(1)　伸長類型：給定深度；深度：20mm。

(2)　伸長方向：向下(如圖 4-69 所示)。

確定後完成。

⟳ 圖 4-69

STEP 12　點選圓頂 ，在對話框中：

(1)　欲產生圓頂之面：點選凹陷底部之平面(如圖 4-70 所示)。

(2)　距離：10mm；方向：向下，產生一圓弧凹陷造型。

確定後完成。

CHAPTER 4

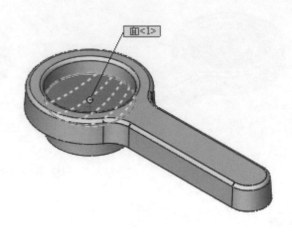

↻ 圖 4-70

STEP 13　點選圓角 ，對話框中：

(1)　圓角類型：固定半徑；半徑：2mm。

(2)　圓角面：點選剛完成之凹陷面(如圖 4-71 所示)。

確定後完成。

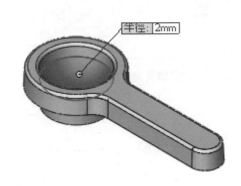

↻ 圖 4-71

STEP 14　點選薄殼，對話框中：

(1)　厚度：2mm。

(2)　移除面：模型底部所有的面(如圖 4-72 所示)。

確定後完成。

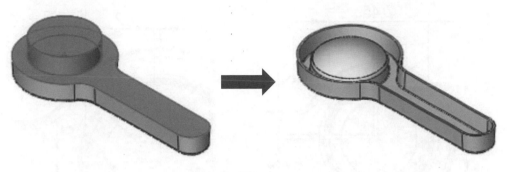

↻ 圖 4-72

STEP 15 點選如圖 4-73 所示之平面，進入草圖繪製 ✍ ：

(1) 點選中心線 ▦ ，繪製垂直及水平中心線。

(2) 點選圓 ⊙ ，繪製一封閉圓，圓心點與原點重合，直徑 45mm。

(3) 點選偏移圖圓 ⅃ ，將圓往內偏移 5mm(如圖 4-73 所示)。

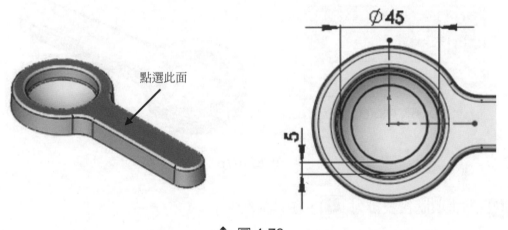

點選此面

↻ 圖 4-73

STEP 16 (1) 點選直線 ＼ ，在右上角繪製垂直及水平直線，距離中心線皆 2mm(如圖 4-74 所示) :

(2) 點選修剪圖元 ✂ ，修剪成如圖 4-75 所示之外形。

(3) 點選草圖圓角 ⌐ ，四個角落導圓角 R1。

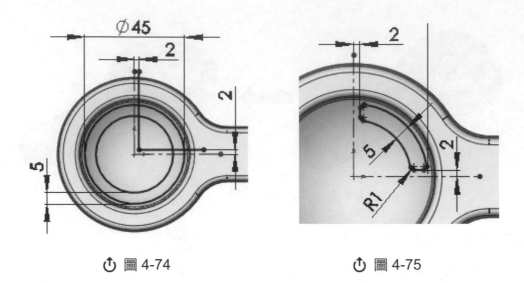

↻ 圖 4-74   ↻ 圖 4-75

 點選伸長除料 ，除料類型：完全貫穿，確定後完成(如圖 4-76 所示)。

方向 1

完全貫穿

□ 反轉除料邊(F)

↻ 圖 4-76

 點選環狀複製排列 ，在對話框中：

(1) 開啓暫存軸，點選通過原點之暫存軸爲旋轉軸。

(2) 角度：360；數量：4；勾選 "同等間距" 選項。

(3) 複製排列特徵：剛完成之除料特徵(如圖 4-77 所示)。

確定後完成。

圖 4-77

STEP 19　點選模型上平面，進入草圖繪製，點選正視於 ，繪製一直徑 10mm 圓，
"圓心點與模型圓弧中心點重合"(如圖 4-78 所示)點選伸長除料 ，伸
長類型：完全貫穿(如圖 4-78 所示)。

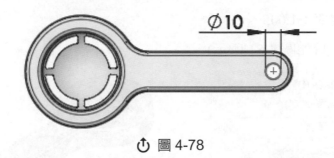

圖 4-78

STEP 20　產品外形已設計完成，接下來進行模具設計，首先檢視產品的外形：

(1) **分模線**：模型底部周圍邊線(模型外表面)(如圖 4-79 所示)。

(2) 靠破孔：5 個，以公模留柱與母模面貼合。

(3) **倒勾**：無。

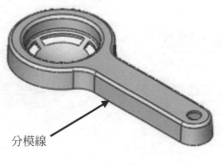

分模線

圖 4-79

STEP **21** 點選組態管理員 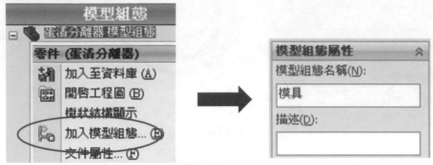，右鍵點選零件名稱，選擇"加入模型組態"，在跳出的對話框中，模型組態名稱輸入：模具，確定後產生模具組態(如圖 4-80 所示)。

 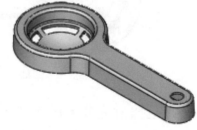

⟳ 圖 4-80

STEP **22** 點選縮放 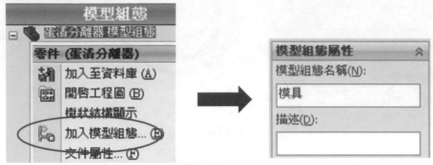，在縮放的對話框中：

(1) 相對點：原點。

(2) 縮放率：1.005。

確定後完成(如圖 4-81 所示)。

⟳ 圖 4-81

STEP **23** 設定產品的分模線。點選分模線 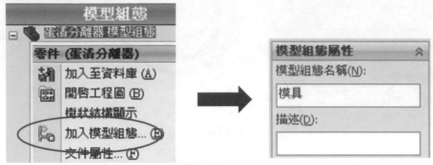，對話框中：

起模方向：點選**上基準面**(如圖 4-82 所示)。

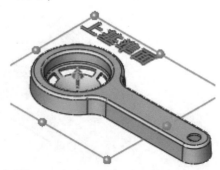

⟳ 圖 4-82

STEP **24** 接下來再按 "拔模分析" 按鈕,在分模線對話框中會再跳出分模線選項(如圖 4-83 所示),同時分模線會自動選取外殼外表面底部邊線(如圖 4-83 所示),確定後完成。

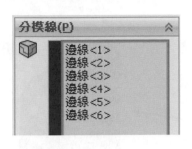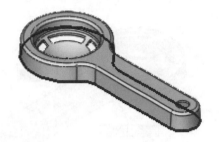

↻ 圖 4-83

STEP **25** 點選封閉曲面 ，SolidWorks 會自動選取所有破孔邊線,但有可能有重複選取、選取錯誤或未選的邊線,如圖 4-84 中:

選取錯誤部分:握柄後方圓孔應選取外表面邊線(因為設定是以**公模留柱與母模面貼合**)。

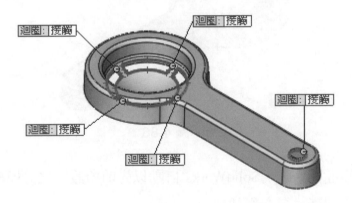

↻ 圖 4-84

CHAPTER 4

STEP 26 處理方式：

左鍵重覆點選錯誤之邊線，先取消錯誤選取，再點選外表面之圓孔邊線(如圖 4-85 所示)。

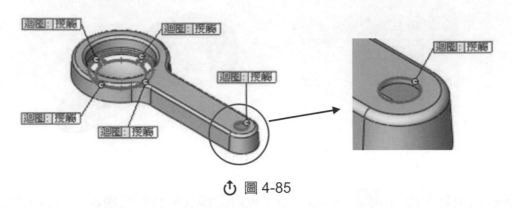

⏻ 圖 4-85

STEP 27 確定後完成封閉曲面(如圖 4-86 所示)。

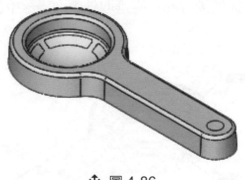

⏻ 圖 4-86

STEP 28 點選分模曲面 ，SolidWorks 自動以先前所設定之分模線為邊線，以放射曲面方式產生，在對話框中：

(1) 模具參數：垂直於起模方向。

(2) 分模曲面：50mm。

(3) 勾選"縫織所有曲面"選項。

確定後完成(如圖 4-87 所示)。

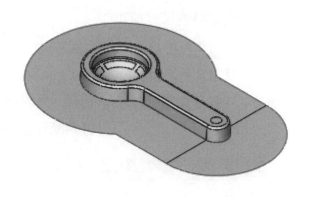

⟳ 圖 4-87

 先點選剛完成之分模面，再點選模具分割 ：

(1)　SolidWorks "自動" 以所點選之平面進入 "草圖繪製" 狀態。

(2)　點選正視於 ⬆，點選矩形 ▢，繪製一矩形，標註之尺寸如圖 4-88
　　 所示。

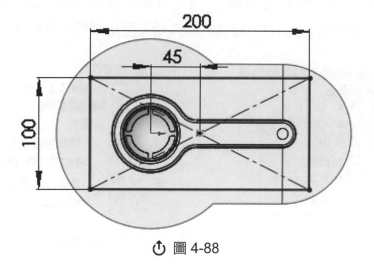

⟳ 圖 4-88

30　尺寸標註完成後，結束草圖繪製，SolidWorks 自動跳出模具分割對話框：

(1) 設定模塊尺寸厚度：

方向 1：30mm(正 Y 方向)

方向 2：20mm(負 Y 方向)

(2) 其他參數選項(公模、母模、分模曲面等)爲 "自動" 抓取，無需設定，確定後完成公、母模分割動作(如圖 4-89 所示)。

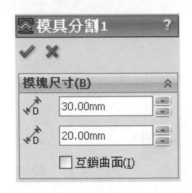
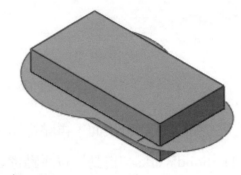

↻ 圖 4-89

31　完成模具分割後，在特徵樹中，實體資料夾會有三個特徵(如圖 4-90 所示)，**右鍵**點選模具分割 1[1] 特徵，選擇**插入至新零件**(如圖 4-91 所示)。

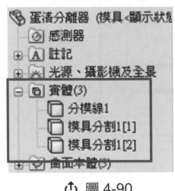
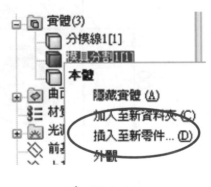

↻ 圖 4-90　　　　　　　　　　　　↻ 圖 4-91

32　SolidWorks 會將模具分割 1[1] 開啓爲一零件檔，同時跳出存檔對話框，存檔名稱：蛋清分離器-公模(如圖 4-92 所示)。

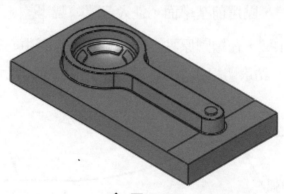

⏻ 圖 4-92

STEP 33　將顯示畫面切換回玩具飛機
零件檔，**右鍵**點選模具分割
1[2] 特徵，重複上述步驟，
存檔名稱：蛋清分離器-母模
(如圖 4-93 所示)。

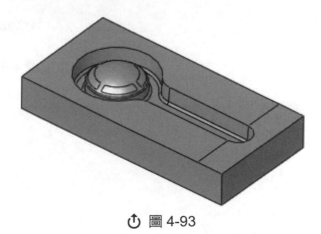

⏻ 圖 4-93

CHAPTER
4

 完成公、母模製作。

 例題：手機外殼

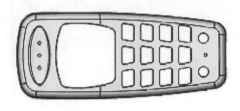

 開啟新零件檔，點選**前基準面**，進入草圖繪製 ⬚。

STEP 2 點選中心線 ⬚，在繪圖原點上方，繪製一水平中心線，中心線左邊端點與 Y 軸重合，點選切線弧 ⬚，繪製二條切線弧(如圖 4-94 所示)。

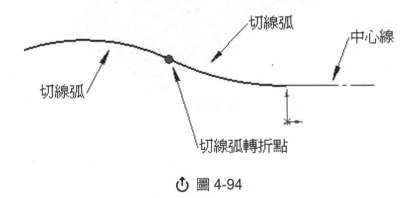

⟳ 圖 4-94

STEP 3 將中心線左邊端點與原點設定"垂直放置"之幾何限制(如圖 4-95 所示)。

⊕ 圖 4-95

STEP 4 點選標註尺寸 ，標註之尺寸如圖 4-96 所示，尺寸標註完成後，"結束草圖繪製"，完成草圖 1。

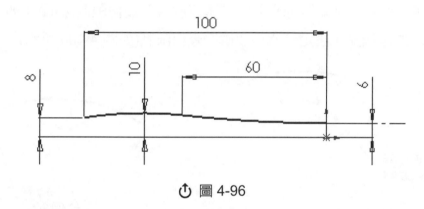

⊕ 圖 4-96

STEP 5 點選**右基準面**，進入草圖繪製 。

STEP 6 點選三點定弧 ，在原點上方繪製一弧形(如圖 4-97 所示)。

⊕ 圖 4-97

STEP 7 將圓弧線段與草圖 1 之中心線端點，設定"重合"之幾何限制(如圖 4-98 所示)。

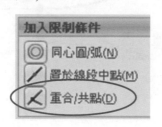
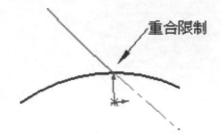

⟳ 圖 4-98

STEP 8 圓弧之圓心點與繪圖原點設定"垂直放置"幾何限制(如圖 4-99 所示)，圓弧之頭尾端點，設定"水平放置"幾何限制(如圖 4-100 所示)。

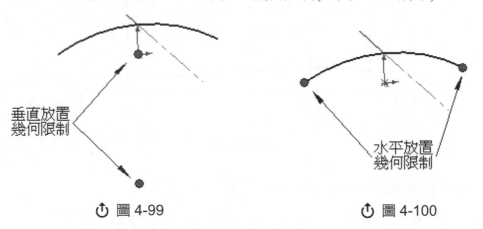

⟳ 圖 4-99　　　　　　　　　　⟳ 圖 4-100

STEP 9 點選標註尺寸 ◈ ，標註之尺寸如圖 4-101 所示，尺寸標註完成後，"結束草圖繪製"完成草圖 2。

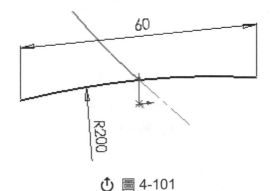

⟳ 圖 4-101

STEP 10 點選掃出曲面 ，點選草圖 2 為輪廓，草圖 1 為路徑(如圖 4-102 所示)，確定後完成掃出曲面。

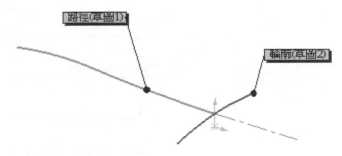

↺ 圖 4-102

STEP 11 點選**上基準面**，進入草圖繪製 。

STEP 12
(1) 點選正視於 ⬍，點選中心線 ⏐，繪製一水平且通過原點之中心線。

(2) 點選直線 ⬊，繪製一垂直線，一端點與原點重合。

(3) 點選三點定弧 ⌒，在中心線上方繪製一弧線。

(4) 點選圓心起終點畫弧 🔄，圓心點與中心線重合，圓弧起點與三點定弧之弧線端點重合，終點與中心線重合(如圖 4-103 所示)。

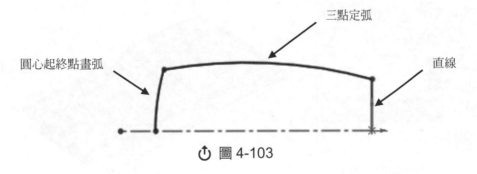

↺ 圖 4-103

STEP 13 點選鏡射圖元 ⚠，將中心線上方所有線段鏡射至下方(如圖 4-104 所示)。

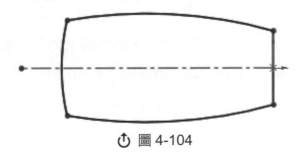

↺ 圖 4-104

STEP 14 點選標註尺寸 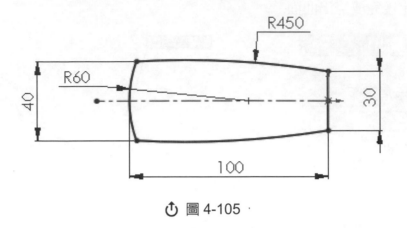，標註之尺寸如圖 4-105 所示。

↻ 圖 4-105

STEP 15 點選伸長填料 ，對話框中：

(1) 伸長類型：成形至某一面。

(2) 成形終止面：點選剛完成之掃出曲面。

(3) 設定拔模角：5 度。

確定後完成(如圖 4-106 所示)。

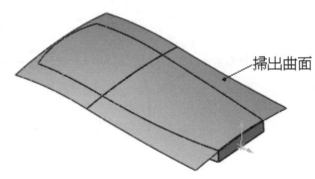

↻ 圖 4-106

STEP 16 **右鍵**點選特徵樹曲面本體資料夾中，曲面掃出特徵，選擇**隱藏**曲面本體，將掃出曲面隱藏，以方便後續作圖(如圖 4-107 所示)。

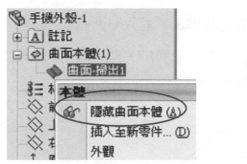
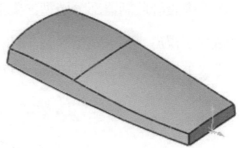

⟳ 圖 4-107

STEP 17　點選圓角 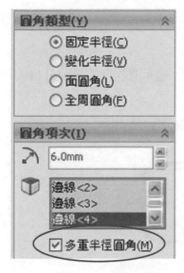，在圓角對話框中，勾選"多重半徑圓角"，四個頂角圓角半徑如圖 4-108 所示，確定後完成。

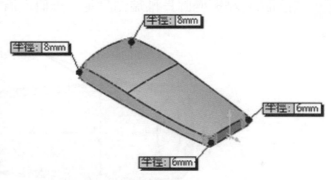

⟳ 圖 4-108

STEP 18　再點選圓角 ，圓角面點選模型頂面，圓角半徑：R3，確定後完成(如圖 4-109 所示)。

⟳ 圖 4-109

STEP 19 接下來設計收話器部分造型。點選上**基準面**，進入草圖繪製 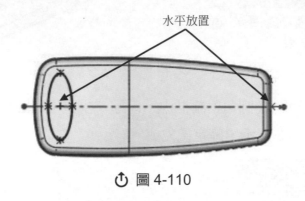。

STEP 20 點選正視於 ，點選橢圓 ，繪製一橢圓形，橢圓圓心點與原點設定 "水平放置"幾何限制(如圖 4-110 所示)。

水平放置

↺ 圖 4-110

STEP 21 橢圓圓心點與橢圓長軸端點設定"垂直放置"幾何限制(如圖 4-111 所示)。

垂直放置

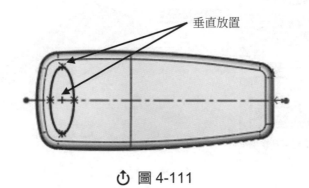

↺ 圖 4-111

STEP 22 點選標註尺寸 ，標註之尺寸如圖 4-112 所示。

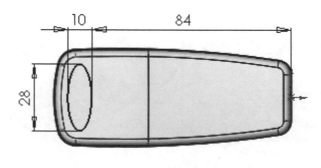

↺ 圖 4-112

STEP 23　點選分割線 ，對話框中：

(1)　分模類型：投影。

(2)　產生分模線之面：點選模型頂面(圖 4-113 所示之面)。

確定後完成。

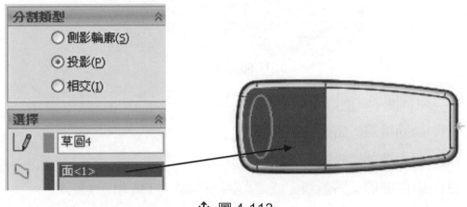

↻ 圖 4-113

STEP 24　點選前基準面，進入草圖繪製 。

STEP 25　點選三點定弧 ，在分模線內繪製一下凹弧線，弧線二端點分別與分模線設定"貫穿"之幾何限制(如圖 4-114 所示)。

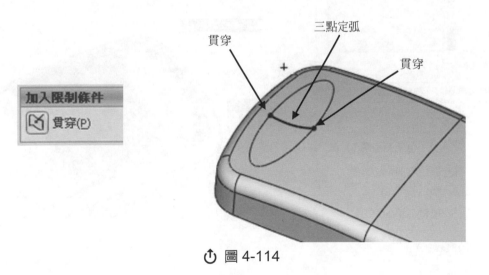

↻ 圖 4-114

STEP 26　點選標註尺寸 ，標註弧線半徑：R15(如圖 4-115 所示)，結束草圖繪製，完成草圖 5。

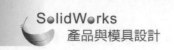
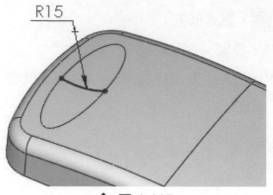

R15

⏻ 圖 4-115

STEP 27 點選填補曲面 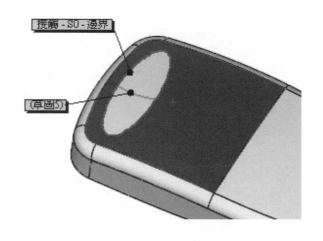，在填補曲面對話框中：

(1) 修補邊線：點選分模線。

(2) 曲面控制：設定為 "接觸"。

(3) 限制曲線：點選剛完成之草圖 5(如圖 4-116 所示)。

確定後完成填補曲面。

⏻ 圖 4-116

28 點選下拉式功能表，插入＞除料＞使用曲面(如圖 4-117 所示)。

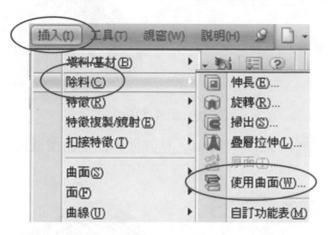

⏻ 圖 4-117

 29 對話框中：

(1) 除料曲面：點選剛完成之填補曲面。

(2) 除料箭頭：向上。

確定後完成(如圖 4-118 所示)。

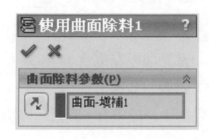 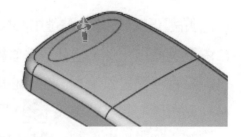

⏻ 圖 4-118

 30 同樣的，將填補曲面 **"隱藏"**，以方便後續作圖。

31 點選圓角 ，圓角面點選凹陷面，圓角半徑：R3，確定後完成(如圖 4-119 所示)。

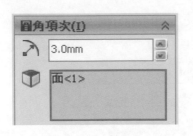
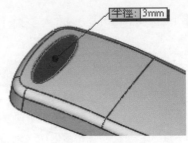

 圖 4-119

STEP 32 點選薄殼 ，厚度：1.5mm，移除面：點選模型底面，確定後完成(如圖 4-120 所示)。

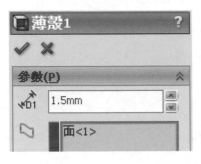

圖 4-120

STEP 33 接下來繪製螢幕面板部分。點選**上基準面**，進入草圖繪製 。

STEP 34

(1) 點選正視於 ，點選中心線 ，繪製一水平且通過原點之中心線。

(2) 點選直線 ，繪製一垂直線，一端點與原點重合。

(3) 點選三點定弧 ，在中心線上方繪製一弧線。

(4) 點選圓心起終點畫弧 ，圓心點與中心線重合，圓弧起點與三點定弧之弧線端點重合，終點與中心線重合(如圖 4-121 所示)。

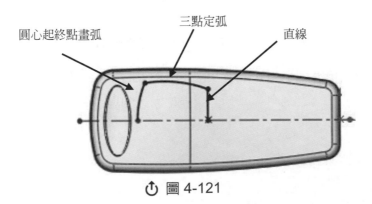

圖 4-121

STEP 35 點選鏡射圖元 ⟨⟨ ，將中心線上方所有線段鏡射至下方(如圖 4-122 所示)。

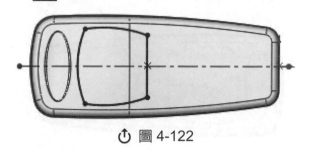

↻ 圖 4-122

STEP 36 點選標註尺寸 ⟨⟨ ，標註之尺寸如圖 4-123 所示，點選草圖角 ⟨⟨ 四個角
落導圓角 R3(如圖 4-123 所示)。

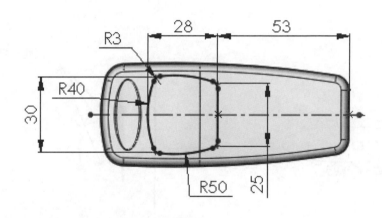

↻ 圖 4-123

STEP 37 點選伸長除料 ⟨⟨ ，除料類型：完全貫穿，確定後完成(如圖 4-124 所示)。

來自(F)	⟨⟨
草圖平面	⟨
方向 1	⟨⟨
⟨⟨ 完全貫穿	⟨

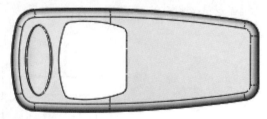

↻ 圖 4-124

STEP 38 接下來繪製功能鍵部分。點選**上基準面**，進入草圖繪製 ⟨⟨ 。

STEP 39 點選正視於 ⟨⟨ ，點選中心線 ⟨⟨ ，繪製一水平且通過原點之中心線，點
選直線 ⟨⟨ ，在螢幕孔下方繪製一梯形(如圖 4-125 所示)。

CHAPTER 4

梯形

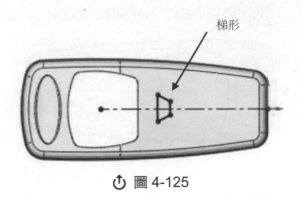

⚙ 圖 4-125

STEP 40 將梯形之二條斜線及中心線(如圖 4-126 之線段),設定"相互對稱"幾何限制。

選此三條線

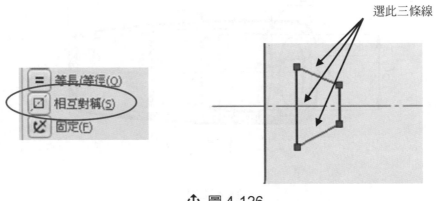

⚙ 圖 4-126

STEP 41 點選標註尺寸 ◈ ,標註之尺寸如圖 4-127 所示,點選草圖圓角 ⌐ ,將梯形四個角落導圓角:R1。

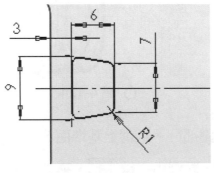

⚙ 圖 4-127

42 　點選伸長除料 ，除料類型：完全貫穿，確定後完成(如圖 4-128 所示)。

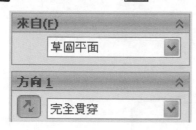

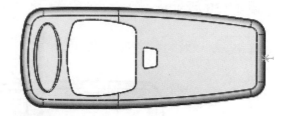

🔄 圖 4-128

 43 　在特徵管理員中，**右鍵**點選剛完成伸長除料動作之草圖，選擇 "顯示"，
　　　將草圖顯示於畫面中。

STEP 44 　點選直線複製排列 ，在對話框中：

(1) 排列方向：點選草圖中心線。

(2) 距離：9mm；數量：4。

(3) 複製排列特徵：功能鍵除料特徵(如圖 4-129 所示)。

　　確定後完成。

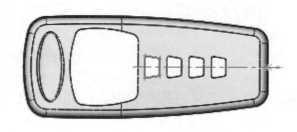

🔄 圖 4-129

 45 　複製排列完成後，將顯示之草圖隱藏。

 46 　接下來再繪製其他之功能鍵。點選**上基準面**，進入草圖繪製 。

CHAPTER 4

STEP 47　點選正視於 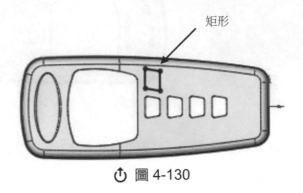，點選直線 ，在剛完成之功能鍵孔上方繪製一矩形(如圖 4-130 所示)。

矩形

⚙ 圖 4-130

STEP 48　點選矩形二條斜線及已完成孔之一邊線(如圖 4-131 之線段)，設定"相互平行"幾何限制。

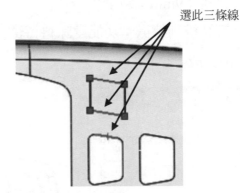

選此三條線

⚙ 圖 4-131

STEP 49　將矩形二垂直線，分別與已完成孔之垂直邊線，設定"共線／對齊"幾何限制(如圖 4-132 所示)。

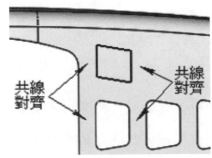

⚙ 圖 4-132

STEP 50 點選標註尺寸 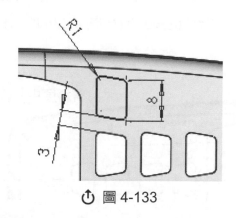，標註之尺寸如圖 4-133 所示，點選草圖圓角 將矩形四個角落導圓角：R1。

↻ 圖 4-133

STEP 51 點選伸長除料 ，除料類型：完全貫穿，確定後完成(如圖 4-134 所示)。

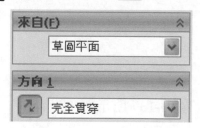

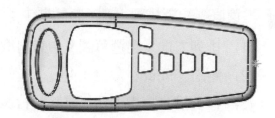

↻ 圖 4-134

STEP 52 接下來同樣使用直線複製排列，排列方向：點選如同**步驟 44** 所使用之中心線，複製排列結果如圖 4-135 所示，越底部之孔位越靠進外圍邊線，不僅造型不美觀，製作時也會產生問題，所以在使用直線複製排列功能之前，**需繪製一斜線作為直線複製排列之導引線**，透過斜線的導引，將底部之孔位向中間偏移。

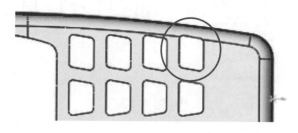

↻ 圖 4-135

STEP 53 刪除**步驟 52** 所完成之直線複製排列。點選上基準面，進入草圖繪製 ，點選中心線 ，繪製二條中心線，一條水平，一條有斜度，點選標註尺寸 ，標註二線之間角度：2 度(如圖 4-136 所示)，確定後結束草圖繪製，完成草圖 9。

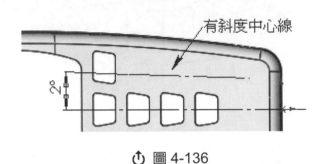

有斜度中心線

↻ 圖 4-136

STEP 54 點選直線複製排列 ，對話框中：

(1) 排列方向：點選草圖 9 中有斜度中心線。

(2) 距離：9mm；數量：4。

(3) 複製排列特徵：功能鍵除料特徵(如圖 4-137 所示)。

確定後完成。

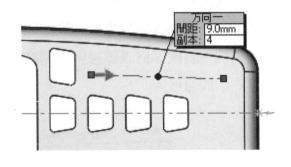

↻ 圖 4-137

55 點選鏡射 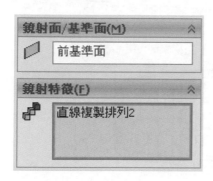，鏡射參考基準面：前基準面，鏡射特徵：點選剛完成之直線排列特徵，確定後完成(如圖 4-138 所示)。

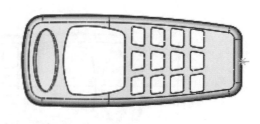

↻ 圖 4-138

 56 接下來再繪製其他功能鍵孔位。點選上**基準面**，進入草圖繪製，點選中心線 ，繪製一水平且通過原點之中心線，點選圓在中心線一邊繪製一圓形，標註尺寸如圖 4-139 所示，標註完成後將其鏡射至中心線另一邊。

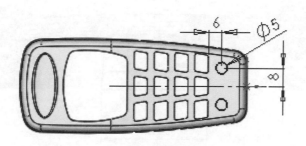

↻ 圖 4-139

57 點選伸長除料 ，除料類型：完全貫穿，確定後完成(如圖 4-140 所示)。

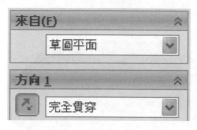

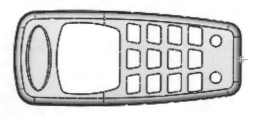

↻ 圖 4-140

STEP 58 接下來在收話器及發話器位置繪製通話孔。點選**上基準面**,進入草圖繪製,繪製之外形及尺寸如圖 4-141 所示,點選伸長除料 圖,除料類型:完全貫穿,確定後完成。

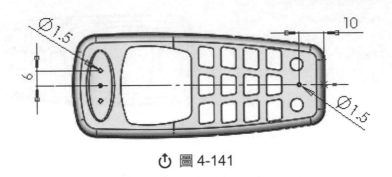

↻ 圖 4-141

STEP 59 接下來在底部繪製充電插頭孔位。點選**右基準面**,進入草圖繪製 圖,點選正視於 圖,繪製之外形及尺寸如圖 4-142 所示。

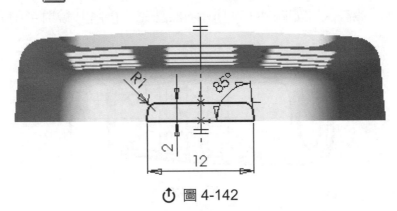

↻ 圖 4-142

STEP 60 點選伸長除料 圖,除料類型:給定深度,深度:10mm,確定後完成(如圖 4-143 所示)。

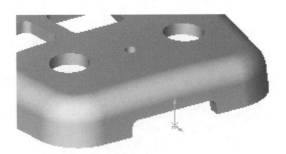

↻ 圖 4-143

61 產品外形已設計完成，接下來進行模具設計，首先檢視產品的外形：

(1) **分模線**：外殼底部周圍邊線(模型外表面)。

(2) **靠破孔**：功能鍵、螢幕面板及通話孔等孔位，以**公模留柱與母模面貼合**。

(3) **倒勾**：無。

62 檢視靠破孔部分。通話孔之直徑太小，以一體成型方式留在公模上並不妥，建議在設計公模時先忽略通話孔，等完成公模加工後，在通話孔位置鑽孔，再以⌀1.5 圓棒植入方式製作。

63 點選組態管理員 ，**右鍵**點選零件名稱，選擇 "加入模型組態" ，在跳出的對話框中，模型組態名稱輸入：模具，確定後產生模具組態(如圖 4-144 所示)。

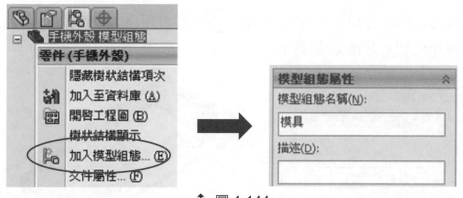

↻ 圖 4-144

64 點選特徵管理員 ，回到特徵樹顯示狀態，**左鍵**點選特徵樹中，通話孔除料特徵，選擇**抑制**(如圖 4-145 所示)。

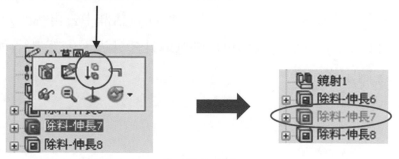

↻ 圖 4-145

STEP 65　點選縮放 ，在縮放的對話框中，相對點：原點，縮放率：1.005，確定後完成(如圖 4-146 所示)。儲存檔案：手機外殼。

↺ 圖 4-146

STEP 66　設定產品的分模線。點選分模線 ⊕，在分模線的對話框中，起模方向：點選模型**上基準面**(如圖 4-147 所示)。

↺ 圖 4-147

STEP 67　接下來再按"拔模分析"按鈕，在分模線對話框中會再跳出分模線選項(如圖 4-148 所示)，同時分模線會自動選取外殼外表面底部邊線(如圖 4-148 之邊線)，確定後完成。

分模線

⏻ 圖 4-148

說明　如 SolidWorks 未自動選取，或選取的邊線是錯的，則需自行刪除錯誤邊線，選取正確邊線。

STEP 68　點選封閉曲面 🥄，SolidWorks 會自動選取所有破孔邊線，但有可能有重複選取、選取錯誤或未選的邊線，如圖 4-149 中：

選取錯誤部分：螢幕面板及所有功能鍵應選取外表面邊線(因為設定是以**公模留柱與母模面貼合**)。

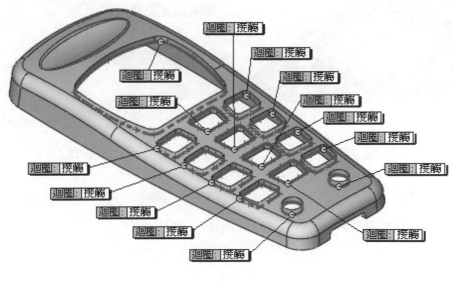

⏻ 圖 4-149

CHAPTER 4

STEP 69 處理方式：

右鍵點選對話框，跳出之輔助功能表選擇"清除選擇"(如圖 4-150 所示)，
清除所有邊線選項。

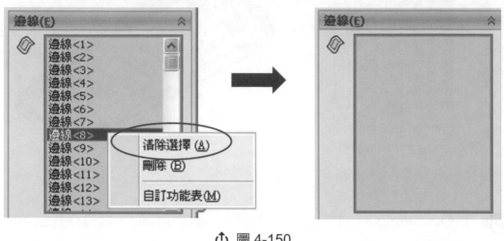

① 圖 4-150

STEP 70 重新選擇邊線，點選螢幕面板外表面任一邊線，畫面顯示 🔄 按鈕(如圖
4-151 所示)。

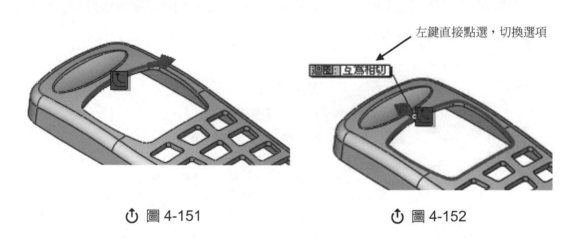

① 圖 4-151　　　　　　　　　　　　① 圖 4-152

STEP 71 點選 🔄 按鈕，自動選取其他邊線，因螢幕面板邊線位於弧面上，所以需
設定"互為相切"(如圖 4-152 所示)。

STEP 72　其他破孔皆同樣處理方式(如圖 4-153 所示)。

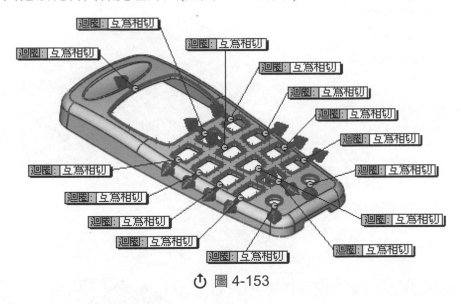

⏻ 圖 4-153

STEP 73　確定後完成封閉曲面(如圖 4-154 所示)。

⏻ 圖 4-154

STEP 74　點選分模曲面 ⟐，SolidWorks 自動以先前所設定之分模線為邊線，以放射曲面方式產生，在對話框中：

(1)　模具參數：垂直於起模方向。

(2)　分模曲面：30mm。

(3)　勾選"縫織所有曲面"選項。

確定後完成(如圖 4-155 所示)。

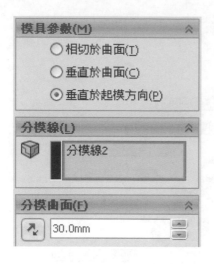

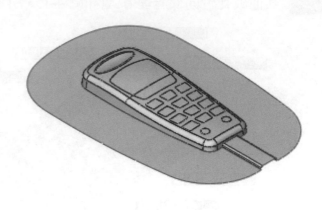

⏻ 圖 4-155

STEP 75 先點選剛完成之分模面任一平面(如圖 4-156 所示之平面)，再點選 模 具分割 ，SolidWorks "自動" 以所點選之平面進入 "草圖繪製" 狀態。

點選此面

⏻ 圖 4-156

STEP 76 點選上視 ⊞，點選矩形 □，繪製一矩形，尺寸標註如圖 4-157 所示。

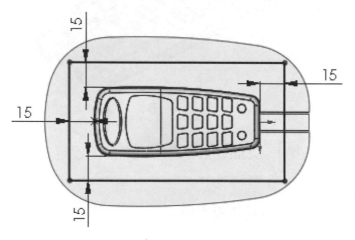

⏻ 圖 4-157

STEP 77　尺寸標註完成後，"結束草圖繪製" SolidWorks 自動跳出模具分割對話框：

(1) 設定模塊尺寸厚度：

　　方向 1：20mm(公模方向)

　　方向 2：30mm(母模方向)

(2) 其他參數選項(核心、模塑、分模曲面等)為 "自動" 抓取，無需設定，確定後完成公、母模分割動作(如圖 4-158 所示)。

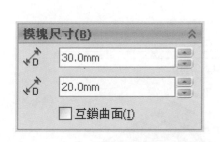
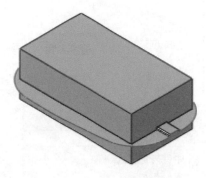

↻ 圖 4-158

STEP 78　完成模具分割後，在特徵樹中，實體資料夾會有三個特徵(如圖 4-159 所示)，**右鍵**點選模具分割 1[1] 特徵，選擇**儲存至檔案**(如圖 4-160 所示)。

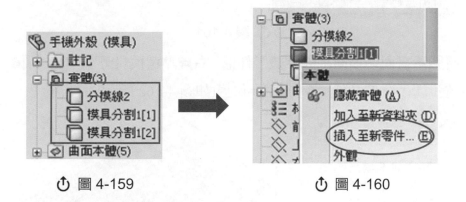

↻ 圖 4-159　　　　　↻ 圖 4-160

STEP 79　SolidWorks 會將模具分割 1[1] 開啟為一零件檔，同時跳出存檔對話框，存檔名稱：手機外殼-公模(如圖 4-161 所示)。

↻ 圖 4-161

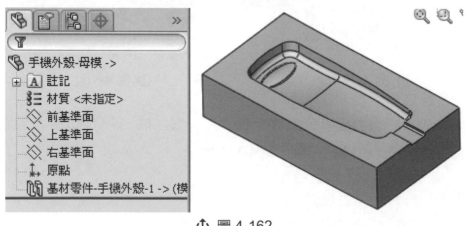 將顯示畫面切換回手機外殼零件檔,**右鍵**點選模具分割 1[2] 特徵,重複上
述步驟,存檔名稱:手機外殼-母模(如圖 4-162 所示)。

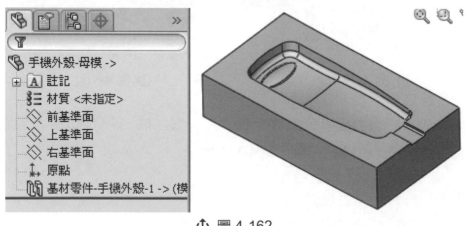

↻ 圖 4-162

81 再將顯示畫面再切換回手機外殼零件檔，**右鍵**點選分模線特徵，重複上述步驟，存檔名稱：手機外殼-成形品。

 82 完成公、母模製作。

4-2　分模線為弧形線

以產品之側視圖來看，兩側之線型為弧形線時，則判斷產品分模線為弧形線(如圖 4-163 所示)。

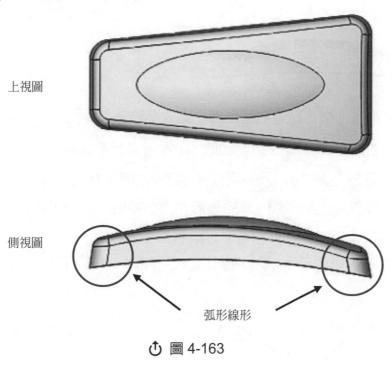

上視圖

側視圖

弧形線形

⏻ 圖 4-163

如果產品分模線為弧形線時，產生之分模曲面應順著弧形做延伸(如圖 4-164 所示)。

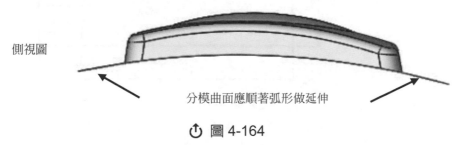

側視圖

分模曲面應順著弧形做延伸

⏻ 圖 4-164

CHAPTER 4

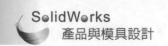
 例題：外罩 1

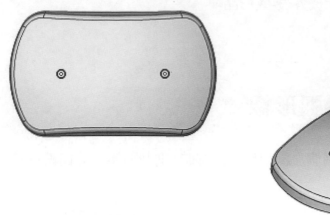

開啓新零件檔，點選**右基準面**，進入草圖繪製 。

(1) 點選直線 ，繪製如圖 4-165 所示之草圖外型。

(2) 點選三點定弧 ，繪製一弧形(如圖 4-165 所示)。

(3) 點選中心線 ，草圖外形左上角繪製一水平中心線，中心線與三點定弧設定"互爲相切"之限制條件。

(4) 點選標註尺寸 ，標註之尺寸如圖 4-165 所示。

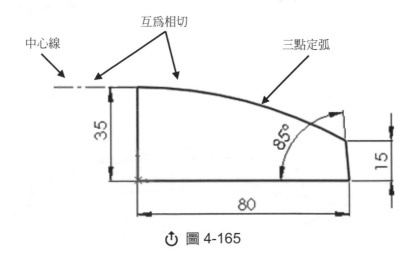

↻ 圖 4-165

3 點選旋轉填料 ，對話框中：

(1) 旋轉軸：尺寸 35mm 之垂直線。

(2) 角度：180 度。

確定後完成(如圖 4-166 所示)。

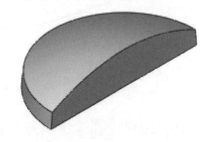

↻ 圖 4-166

 4 點選**前基準面**，進入草圖繪製 。

 5 點選正視於 ，點選直線 ，繪製如圖 4-167 所示之斜線，標註之尺寸如圖 4-167 所示。

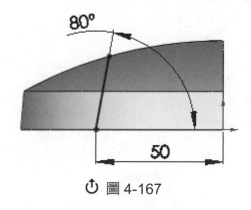

↻ 圖 4-167

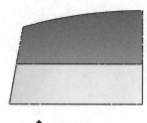

↻ 圖 4-168

 6 點選伸長除料 ，除料類型：完全貫穿(切除左邊)，確定後完成(如圖 4-168 所示)。

 7 點選**右基準面**，進入草圖繪製，點選正視於 ，點選三點定弧 ，繪製一弧形(如圖 4-169 所示)，弧頭尾端點與模型邊線重合，並設定"水平放置"之限制條件，標註之尺寸如圖 4-169 所示。

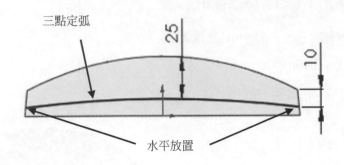

三點定弧

25

10

水平放置

↻ 圖 4-169

 點選伸長除料 ▣，除料類型：完全貫穿(切除下邊)，確定後完成(如圖 4-170 所示)。

↻ 圖 4-170

 點選圓角 ▣，對話框中：

(1) 圓角類型：固定半徑；半徑：R20。

(2) 圓角邊線：點選如圖 4-171 所示之邊線。

確定後完成(如圖 4-171 所示)。

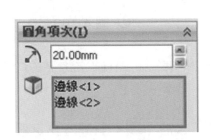 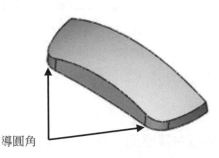

導圓角

↻ 圖 4-171

10 點選鏡射 ，對話框中：

(1) 鏡射參考面：點選右基準面。

(2) 使用"鏡射本體"選項：點選特徵管理員中"實體"資料夾之"圓角1"(或直接點選畫面中任一模型表面)。

(3) 勾選"合併實體"選項。

確定後完成(如圖 4-172 所示)。

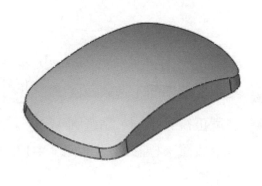

🔄 圖 4-172

11 點選圓角 ，對話框中：

(1) 圓角類型：固定半徑；半徑：R5。

(2) 圓角面：點選如圖 4-173 所示之弧面。

確定後完成。

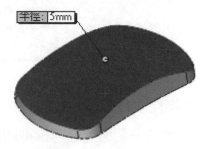

🔄 圖 4-173

STEP 12　點選薄殼 ，對話框中：

(1)　厚度：1.5mm。

(2)　移除面：模型底部弧面。

確定後完成(如圖 4-174 所示)。

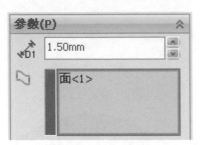

↻ 圖 4-174

STEP 13　點選**上基準面**，進入草圖繪製 。

STEP 14　點選正視於 📤，點選圓 ⊙，繪製如圖 4-175 所示之圓，圓心點與原點水平放置，標註之尺寸如圖 4-175 所示，"結束草圖繪製"完成螺栓柱定位草圖。

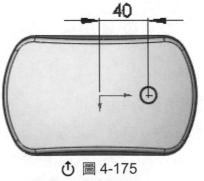

↻ 圖 4-175

STEP 15　點選螺柱填料 ，對話框中：

(1)　選擇一個面：點選模型內部弧面(如圖 4-176 所示之弧面)。

(2)　選擇方向：因為螺柱填料位於一弧面上，所以需選擇一平面來調整方向，點選"上基準面"來調整方向，如有需要，可點選 🔁 按鈕來調整上下方向。

(3)　選擇環形邊線：點選草圖圓形邊線(如圖 4-176 所示之邊線)。

(4)　填料高度參數設定如圖 4-176 所示。

(5)　翅片對正基準面選擇右基準面，數量：4，其他參數如圖 4-176 所示。

(6)　螺栓孔深度設定為 0(如圖 4-176 所示)。

確定後產生螺栓柱。

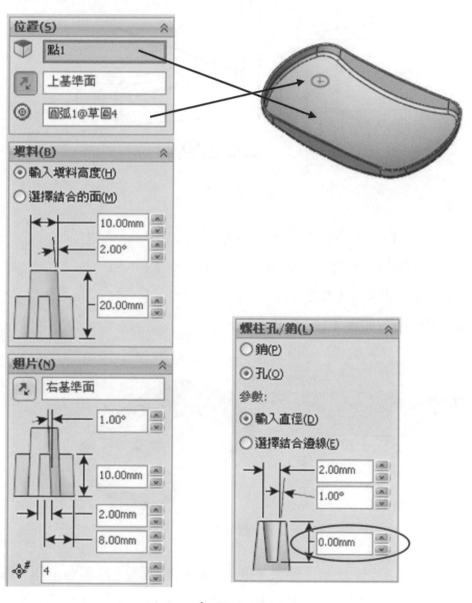

○ 圖 4-176

STEP 16　點選右基準面，進入草圖繪製 。

STEP 17　點選正視於 ，點選線架構 ，開啟 "暫存軸" ，點選直線 ，繪製如圖 4-177 所示之外形，尺寸及限制條件如圖 4-177 所示。

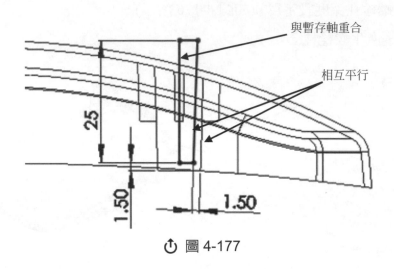

與暫存軸重合

相互平行

25

1.50

1.50

⏻ 圖 4-177

STEP 18　點回塗彩模式，點選旋轉除料 ，對話框中：

(1)　旋轉軸：點選尺寸 25mm 之垂直線。

(2)　單一方向；360 度。

確定後完成(如圖 4-178 所示)。

螺栓孔除料

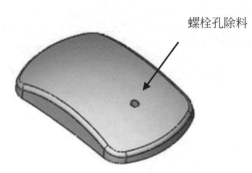

旋轉參數(R)

直線1

單一方向

360.00°

⏻ 圖 4-178

STEP 19　點選如圖 4-179 所示之平面，進入草圖繪製 ，點選圓 ，繪製一封閉圓，圓心點與螺栓柱中心重合，直徑 2.5mm(如圖 4-179 所示)。

點選此面

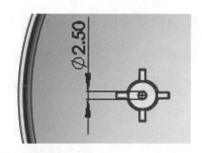

⌀2.50

🔁 圖 4-179

STEP 20 點選伸長除料 ，除料類型：完全貫穿，確定後完成(如圖 4-180 所示)。

螺栓孔除料

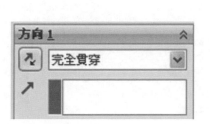

方向 1 ∧

完全貫穿

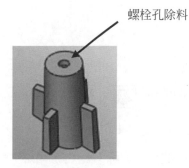

🔁 圖 4-180

STEP 21 點選鏡射 ，對話框中：

(1) 鏡射參考面：點選前基準面。

(2) 鏡射特徵：點選螺栓柱及剛完成之兩個除料特徵確定後完成(如圖 4-181 所示)。

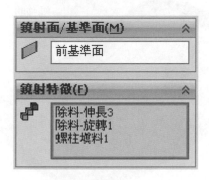

鏡射面/基準面(M) ∧

前基準面

鏡射特徵(F) ∧

除料-伸長3
除料-旋轉1
螺柱填料1

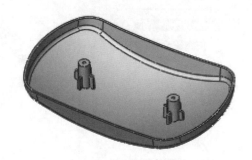

🔁 圖 4-181

CHAPTER 4

STEP 22 點選**前基準面**，進入草圖繪製 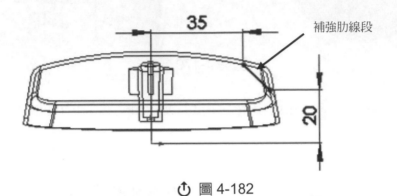。

STEP 23 點選正視於 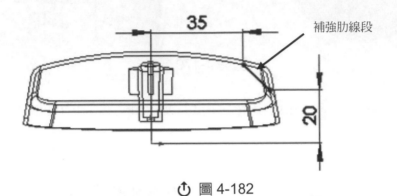，點選線架構 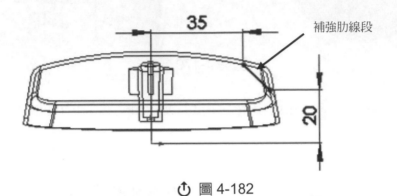，點選直線 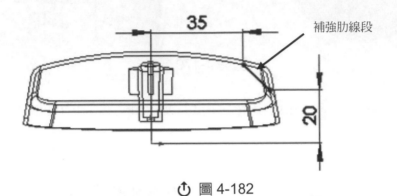，繪製如圖 4-182 所示之補強肋線段，尺寸及限制條件如圖 4-182 所示。

補強肋線段

⏻ 圖 4-182

STEP 24 點選肋材 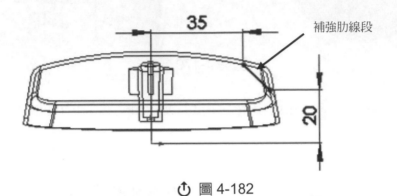，對話框中：

(1) 厚度：1.5mm。

(2) 伸長方向：平行於草圖。

(3) 拔模角：3 度。

確定後完成(如圖 4-183 所示)。

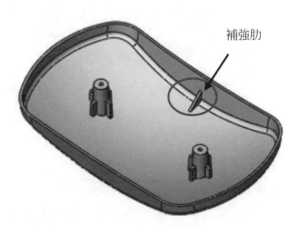

補強肋

⏻ 圖 4-183

25 點選鏡射 ，對話框中：

(1) 鏡射參考面：點選右基準面。

(2) 鏡射特徵：剛完成之補強肋特徵。

確定後完成(如圖 4-184 所示)。

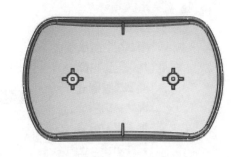

↻ 圖 4-184

 26 存檔：外罩 1。

 27 產品外形已設計完成，接下來進行模具設計，首先檢視產品的外形：

(1) **分模線：以 Y 方向為開模方向**，外罩外表面底部邊線(如圖 4-185 所示)。

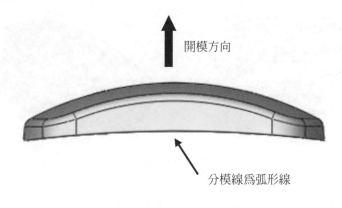

↻ 圖 4-185

(2) 靠破孔：兩處螺栓孔，以母模留柱與公模面貼合。

(3) 倒勾：無。

STEP 28　點選組態管理員 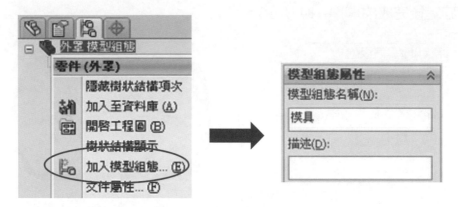，**右鍵**點選零件名稱，選擇"加入模型組態"，在跳出的對話框中，模型組態名稱輸入：模具，確定後產生模具組態(如圖 4-186 所示)。

⏻ 圖 4-186

STEP 29　點選縮放 ，在縮放的對話框中：

(1) 相對點：原點。

(2) 縮放率：1.005。

確定後完成(如圖 4-187 所示)。

⏻ 圖 4-187

STEP 30　設定產品的分模線。點選分模線 ，對話框中：

起模方向：點選**上基準面**(如圖 4-188 所示)。

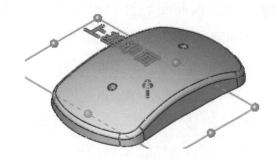

↺ 圖 4-188

STEP 31 接下來再按"拔模分析"按鈕，在分模線對話框中會再跳出分模線選項(如圖 4-189 所示)，同時分模線會"自動選取"模型外表面外圍邊線(如圖 4-189 所示)，確定後完成。

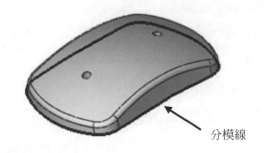

分模線

↺ 圖 4-189

STEP 32 點選封閉曲面 ，SolidWorks 會自動選取所有破孔邊線，如圖 4-190：自動選取破孔"內表面"邊線，靠破孔是以**母模留柱與公模面貼合**，所以目前自動選取之邊線為正確的，確定後完成。

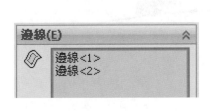

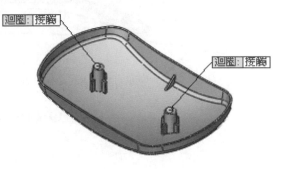

↺ 圖 4-190

^{STEP}33 點選分模曲面 ⊕，SolidWorks 自動以先前所設定之分模線為邊線，以放射曲面方式產生，在對話框中：

(1) 模具參數：相切於曲面。

(2) 分模曲面：50mm。

(3) 勾選 "縫織所有曲面" 選項。

確定後完成(如圖 4-191 所示)。

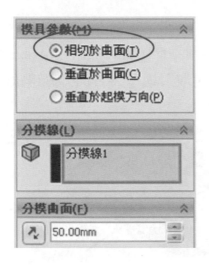

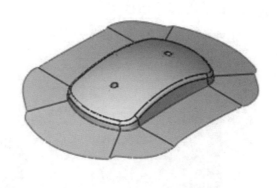

⟳ 圖 4-191

說明 步驟 33 之分模曲面對話框中，"模具參數" 選項設定是相當重要的，以目前的例子，由於分模線為弧形線，在產生分模曲面時，分模曲面應順著弧形做延伸(如圖 4-192 所示)，所以需設定為 "相切於曲面" 選項。

分模曲面應順著弧形做延伸

⟳ 圖 4-192

34 先點選"上基準面",再點選模具分割 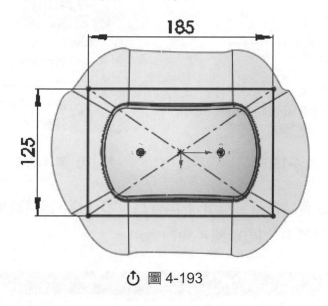:

(1) SolidWorks"自動"以所點選之平面進入"草圖繪製"狀態。

(2) 點選正視於 ,點選矩形 ,繪製一矩形,矩形中心點與原點重合,標註之尺寸如圖 4-193 所示。

○ 圖 4-193

 35 尺寸標註完成後,結束草圖繪製,SolidWorks 自動跳出模具分割對話框:

(1) 設定模塊尺寸厚度:

方向 1:50mm(正 Y 方向)

方向 2:20mm(負 Y 方向)

(2) 其他參數選項(公模、母模、分模曲面等)為"自動"抓取,無需設定,確定後完成公、母模分割動作(如圖 4-194 所示)。

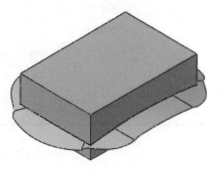

○ 圖 4-194

STEP 36 完成模具分割後，在特徵樹中，實體資料夾會有三個特徵(如圖 4-195 所示)，右鍵點選模具分割 1[1] 特徵，選擇**插入至新零件**(如圖 4-196 所示)。

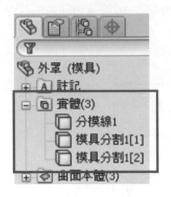

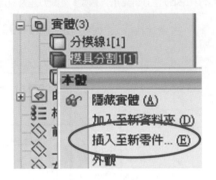

⟳ 圖 4-195   ⟳ 圖 4-196

STEP 37 SolidWorks 會將模具分割 1[1] 開啟為一零件檔，同時跳出存檔對話框，存檔名稱：外罩 1-公模(如圖 4-197 所示)。

⟳ 圖 4-197

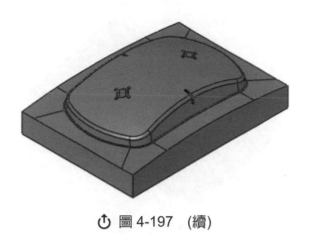

↻ 圖 4-197　(續)

STEP 38　將顯示畫面切換回外罩零件檔，**右鍵**點選模具分割 1[2] 特徵，重複上述步驟，存檔名稱：外罩 1-母模(如圖 4-198 所示)。

↻ 圖 4-198

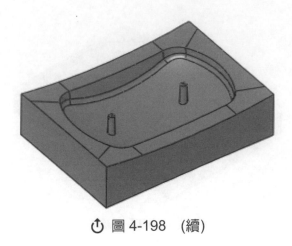

⟳ 圖 4-198 （續）

 39 完成公、母模製作。

🌱 例題：外罩 2

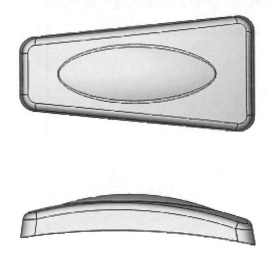
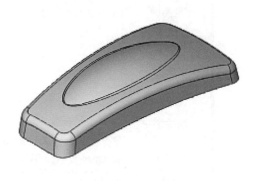

 1 開啓新零件檔，點選**右基準面**，進入草圖繪製 ✏。

 2
    (1) 點選直線 ＼，左右各繪製一斜線(如圖 4-199 所示)。

    (2) 點選三點定弧 ⌒，上下各繪製一弧形(如圖 4-199 所示)。

    (3) 點選中心線 ┊ ，繪製兩中心線，一條垂直通過原點，另一條垂直與
           左邊斜線重合。

    (4) 點選標註尺寸 ◇，標註之尺寸如圖 4-199 所示。

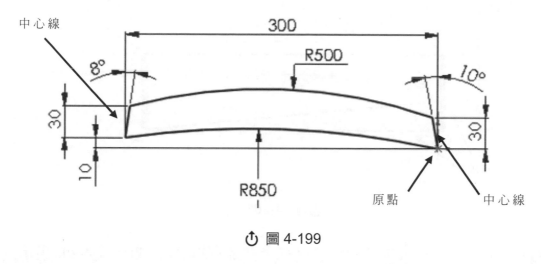

中心線

300

R500

8°

10°

30

30

10

R850

原點

中心線

↻ 圖 4-199

STEP 3 點選伸長填料 ，對話框中：

　(1)　伸長類型：給定深度。

　(2)　深度：75mm。

確定後完成(如圖 4-200 所示)。

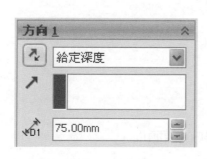

方向 1

給定深度

75.00mm

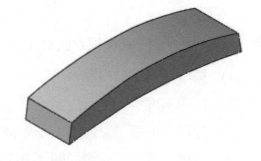

↻ 圖 4-200

STEP 4 點選上基準面，進入草圖繪製 。

STEP 5 點選正視於 ，點選直線 ，繪製如圖 4-201 所示之線段，標註之尺寸如圖 4-201 所示。

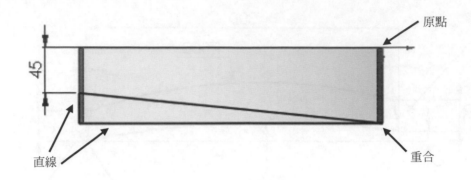

$\circlearrowleft$ 圖 4-201

STEP 6 點選伸長除料 ，除料類型：完全貫穿，確定後完成(如圖 4-202 所示)。

 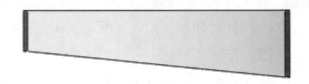

$\circlearrowleft$ 圖 4-202

STEP 7 點選拔模 ⬜，在拔模對話框中：

(1) 拔模類型：分模線。

(2) 拔模角度：5 度。

(3) 起模方向選項：點選上基準面，灰色箭頭向上。

(4) 分模線選項：點選如圖 4-203 之邊線，黃色箭頭向上。

確定後完成。

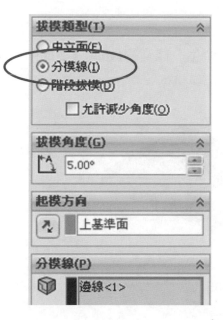

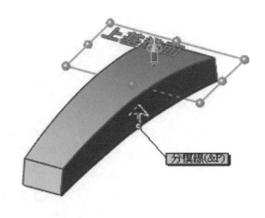

⏏ 圖 4-203

STEP 8　點選鏡射 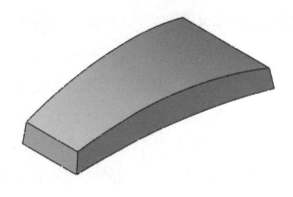，對話框中：

(1)　鏡射參考面：點選右基準面。

(2)　使用"鏡射本體"選項：點選特徵管理員中"實體"資料夾之"拔模1"(或直接點選畫面中任一模型表面)。

(3)　勾選"合併實體"選項。

確定後完成(如圖 4-204 所示)。

⏏ 圖 4-204

STEP 9 　點選**右基準面**，進入草圖繪製 。

STEP 10 　點選相交曲線 ，點選內部弧面，產生一條交線(如圖 4-205 所示)。

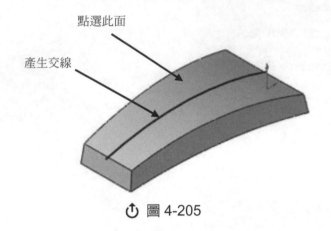

點選此面

產生交線

↻ 圖 4-205

STEP 11 　點選正視於 ⊞，點選中心線 ⫴，繪製如圖 4-206 所示之中心線，將相
交曲線延伸至中心線如圖 4-206 所示，"結束草圖繪製"，完成草圖 3。

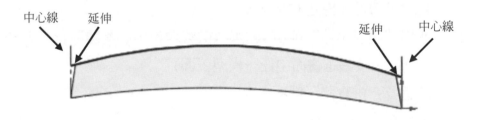

中心線　延伸　　　　　　　　　　　　　延伸　中心線

↻ 圖 4-206

STEP 12 　點選**前基準面**，進入草圖繪製 ⬚。

STEP 13 　(1) 點選正視於 ⊞，點選直線 ＼，在原點下方繪製如圖 4-207 所示之
線段，設定之限制條件如圖 4-207 所示。

　(2) 點選三點定弧 ⌒，繪製一弧形(如圖 4-207 所示)。

　(3) 點選點 ＊，在三點定弧中心點位置設定一點。

　(4) 點選標註尺寸 ◇，標註之尺寸如圖 4-207 所示。

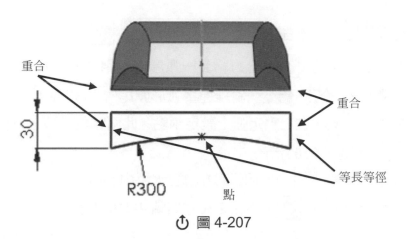

⏻ 圖 4-207

STEP 14 調整視角，將三點定弧上之點與相交曲線線段，設定"貫穿"之限制條件 (如圖 4-208 所示)，"結束草圖繪製"完成草圖 4。

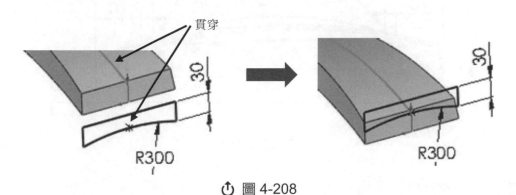

⏻ 圖 4-208

STEP 15 點選下拉式功能表：插入＞除料＞掃出，對話框中：

(1) 輪廓：點選草圖 4。

(2) 路徑：點選草圖 3。

確定後完成(如圖 4-209 所示)。

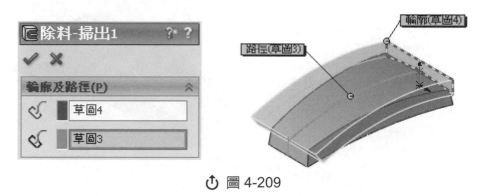

⏻ 圖 4-209

 16 開啓新零件檔，點選右基準面，進入草圖繪製 ▣。

 17
(1) 點選三點定弧 ⌒，上方繪製一弧形(如圖 4-210 所示)。

(2) 點選直線 ╲，繪製一斜線連接弧形頭尾端點(如圖 4-210 所示)。

(3) 點選點 ✳，在三點定弧上設定兩點，此兩點與模型上方側影輪廓線
重合(如圖 4-210 所示)。

(4) 點選中心線 ┆，在原點下方繪製水平中心線。

(5) 點選標註尺寸 ◆，標註之尺寸如圖 4-210 所示。

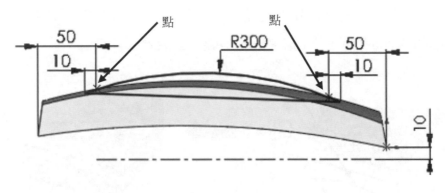

🔄 圖 4-210

 18 點選旋轉填料 ⌀，對話框中：

(1) 旋轉軸：中心線。

(2) 旋轉類型：對稱中間面。

(2) 角度：60 度。

確定後完成(如圖 4-211 所示)。

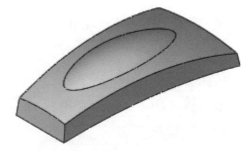

🔄 圖 4-211

19　點選圓角 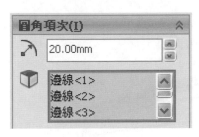，對話框中：

(1)　圓角類型：固定半徑；半徑：R20。

(2)　圓角邊線：點選模型四個角落邊線。

確定後完成(如圖 4-212 所示)。

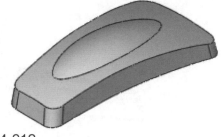

 圖 4-212

 20　再點選圓角 ，對話框中：

(1)　圓角類型：固定半徑；半徑：R10。

(2)　圓角面：點選模型弧面。

確定後完成(如圖 4-213 所示)。

圓角面

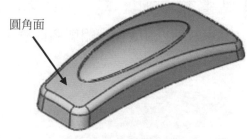

 圖 4-213

 21　點選薄殼 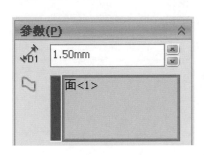，厚度：1.5mm，移除面：點選模型底面，確定後完成(如圖 4-214 所示)。

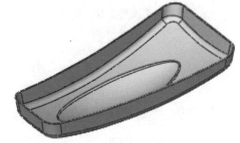

 圖 4-214

C
H
A
P
T
E
R

4

STEP 22 存檔：外罩 2。

STEP 23 產品外形已設計完成，接下來進行模具設計，首先檢視產品的外形：

(1) **分模線：以 Y 方向為開模方向**，外罩外表面底部邊線(如圖 4-215 所示)。

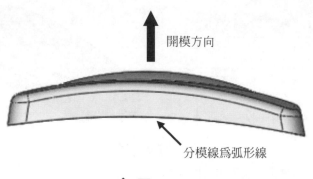

⏻ 圖 4-215

(2) **靠破孔**：無。

(3) **倒勾**：無。

STEP 24 點選組態管理員 ，**右鍵**點選零件名稱，選擇"加入模型組態"，在跳出的對話框中，模型組態名稱輸入：模具，確定後產生模具組態(如圖 4-216 所示)。

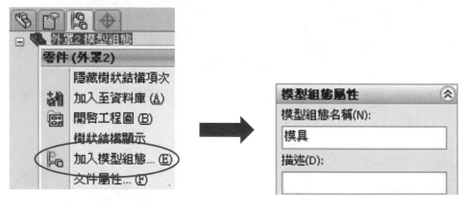

⏻ 圖 4-216

STEP 25 點選縮放 ，在縮放的對話框中：

(1) 相對點：原點。

(2)　縮放率：1.005。

確定後完成(如圖 4-217 所示)。

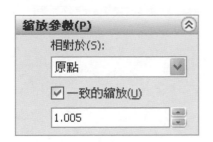
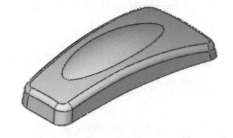

⏻ 圖 4-217

STEP 26　設定產品的分模線。點選分模線 ⊖，對話框中：

起模方向：點選上基準面(如圖 4-218 所示)。

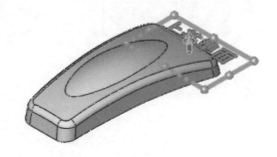

⏻ 圖 4-218

STEP 27　接下來再按"拔模分析"按鈕，在分模線對話框中會再跳出分模線選項(如圖 4-219 所示)，同時分模線會"自動選取"模型外表面外圍邊線(如圖 4-219 所示)，確定後完成。

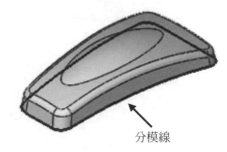

分模線

⏻ 圖 4-219

STEP 28 點選分模曲面 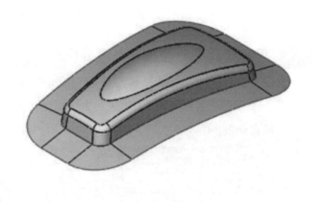，SolidWorks 自動以先前所設定之分模線為邊線，以放射曲面方式產生，在對話框中：

    (1)   模具參數：相切於曲面。

    (2)   分模曲面：60mm。

    (3)   勾選"縫織所有曲面"選項。

    確定後完成(如圖 4-220 所示)。

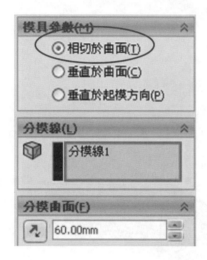

    ↻ 圖 4-220

說明 步驟 25 之分模曲面對話框中，"模具參數"選項設定是相當重要的，以目前的例子，由於分模線為弧形線，在產生分模曲面時，分模曲面應順著弧形做延伸(如圖 4-221 所示)，所以需設定為"相切於曲面"選項。

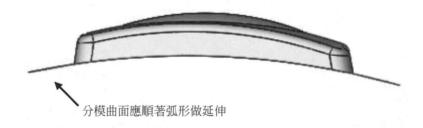

分模曲面應順著弧形做延伸

    ↻ 圖 4-221

29 先點選上基準面，再點選模具分割 ：

(1) SolidWorks "自動" 以所點選之平面進入 "草圖繪製" 狀態。

(2) 點選正視於 ，點選矩形 ，繪製一矩形，標註之尺寸如圖 4-222 所示。

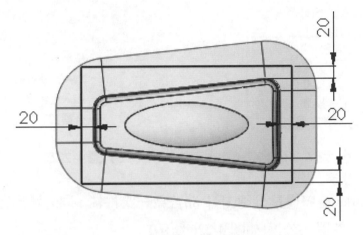

↻ 圖 4-222

 30 尺寸標註完成後，結束草圖繪製，SolidWorks 自動跳出模具分割對話框：

(1) 設定模塊尺寸厚度：

方向 1：90mm(正 Y 方向)

方向 2：20mm(負 Y 方向)

(2) 其他參數選項(公模、母模、分模曲面等)為 "自動" 抓取，無需設定，確定後完成公、母模分割動作(如圖 4-223 所示)。

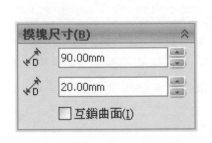

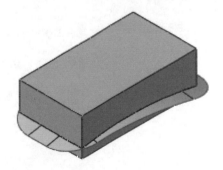

↻ 圖 4-223

31 完成模具分割後，在特徵樹中，實體資料夾會有三個特徵(如圖 4-224 所示)，**右鍵**點選模具分割 1[1] 特徵，選擇**插入至新零件**(如圖 4-225 所示)。

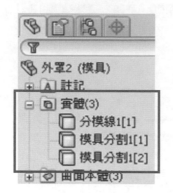

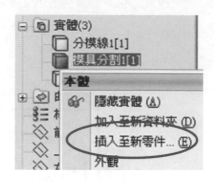

⏻ 圖 4-224   ⏻ 圖 4-225

32 SolidWorks 會將模具分割 1[1] 開啟為一零件檔，同時跳出存檔對話框，存檔名稱：外罩 2-公模(如圖 4-226 所示)。

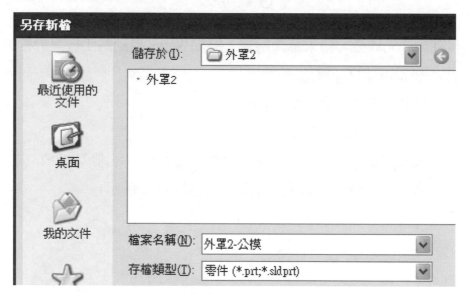

⏻ 圖 4-226

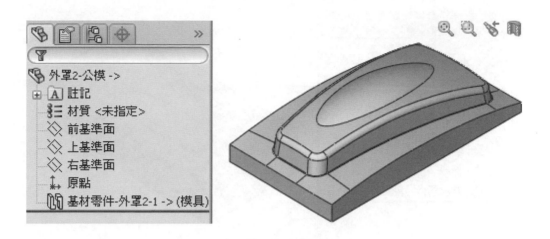

⏻ 圖 4-226　(續)

STEP 33　將顯示畫面切換回外罩零件檔,**右鍵**點選模具分割 1[2] 特徵,重複上述步驟,存檔名稱:外罩 2-母模(如圖 4-227 所示)。

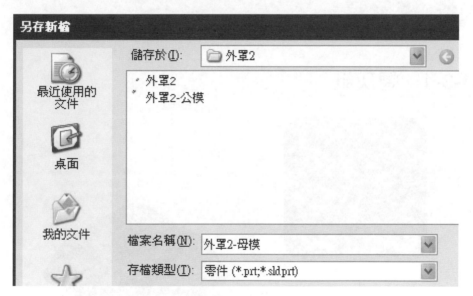

⏻ 圖 4-227

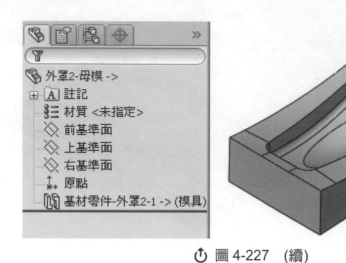

↻ 圖 4-227　（續）

STEP 34　完成公、母模製作。

4-3　練習題

4-3-1　煙灰缸

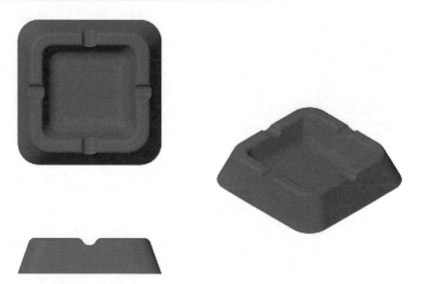

拆模步驟

1. 開啟光碟片：\第 4 章\煙灰缸(練習題)\煙灰缸.sldprt。

2. 使用功能：

    (1) 分模線 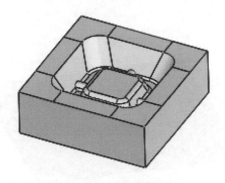。

    (2) 分模曲面 。

    (3) 模具分割 。

3. 完成圖(如下圖所示)。

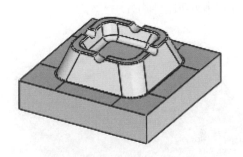

煙灰缸 – 母模　　　　　　　　　煙灰缸 – 公模

4-3-2　肥皂盒

拆模步驟

1. 開啓光碟片：\第 4 章\肥皂盒(練習題)\肥皂盒.sldprt。

2. 使用功能：

    (1) 分模線 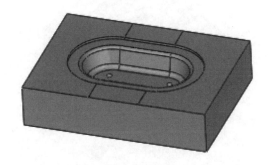。

    (2) 封閉曲面 。

    (3) 分模曲面 。

    (4) 模具分割 。

3. 完成圖(如下圖所示)。

肥皂盒 – 母模   肥皂盒 – 公模

🔍 4-3-3　手機面板

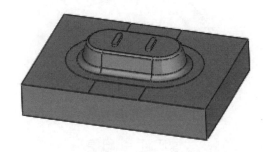

拆模步驟

1.　開啓光碟片：\第 4 章\手機面板(練習題)\手機面板.sldprt。

2.　使用功能：

　　(1)　分模線 ⊖。

　　(2)　封閉曲面 ⬢。

　　(3)　分模曲面 ⊖。

　　(4)　模具分割 ⬛。

3.　完成圖(如下圖所示)。

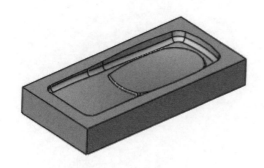

手機面板 – 母模

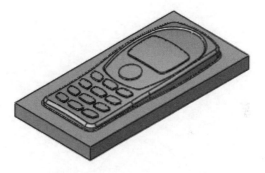

手機面板 – 公模

5

其他拆模方式

5-1　**手動設定選項及參數**

　　5-1-1　分模線處理

　　5-1-2　分模曲面處理

5-2　**多本體操作**

　　5-2-1　結合：

5-3　**組合件操作**

　　5-3-1　模塑：

5-4　**練習題**

　　5-4-1　杯子

　　5-4-2　聽筒上蓋

5-1 手動設定選項及參數

在 SolidWorks 中拆模是採自動化方式，使用者只要設定相關選項及參數即可，但有時模具較為複雜，有些設定無法使用或產生之結果並不滿意，此時使用者可採手動方式，產生符合需要之結果。

以下介紹在拆模過程中常碰到之分模線及分模曲面問題。

5-1-1 分模線處理

使用分模線功能 ⊕ 設定產品分模線時，軟體會自動以起模方向所設定之視角，自動選取產品最大外形輪廓線為分模線。

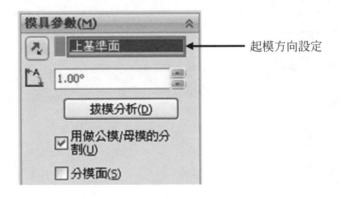

起模方向設定

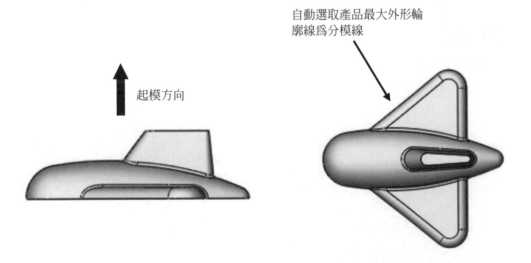

起模方向

自動選取產品最大外形輪廓線為分模線

如果以起模方向之視角所看到之產品最大外形線有重疊的話，則軟體便無法判斷應選取那一條做為分模線。

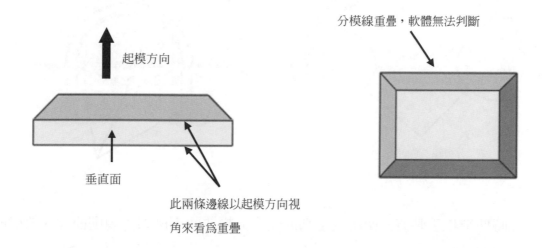

此時便須以手動方式設定分模線，在分模線對話框中，手動點選產品外表面底部邊線做為分模線。

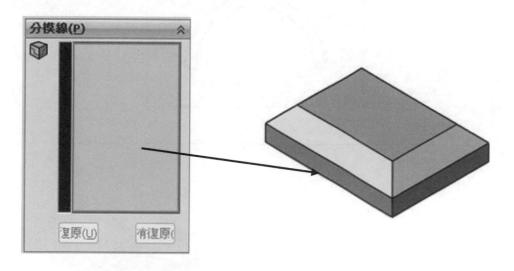

5-1-2　分模曲面處理

軟體按照先前所設定之分模線，以"放射狀方式"產生分模曲面，有時分模線有內凹之部分，在產生分模曲面時分模面可能會交錯或變形。

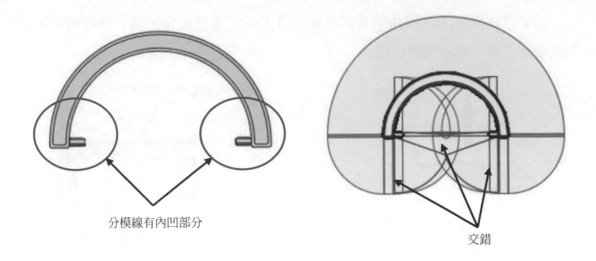

分模線有內凹部分

交錯

此時便須以手動方式使用其他功能產生分模曲面，例如：規則曲面、放射曲面、平坦曲面等。

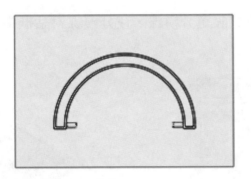

 例題：糖果桶蓋

桶蓋

提把

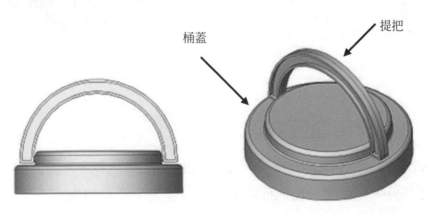

我們以提把為例，開啟新零件檔，點選上**基準面**，進入草圖繪製。

(1) 點選圓 ，繪製一封閉圓，圓心點與原點重合。

(2) 點選中心線 ，繪製一水平通過原點之中心線(如圖 5-1 所示)。

(3) 點選修剪圖元 ，修剪成半圓。

(4) 點選直線 ，半圓形端點各繪製一垂直線段，兩垂直線段設定 "等長等徑" 之限制條件(如圖 5-2 尺寸 3mm 之線段)。

(5) 點選標註尺寸，標註之尺寸如圖 5-2 所示。

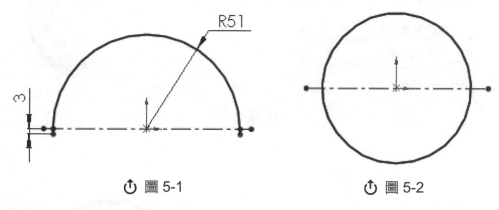

⟳ 圖 5-1　　　　　　　　　　⟳ 圖 5-2

 點選伸長填料 ，對話框中：

(1) 伸長類型：給定深度；深度：4mm。

(2) 設定拔模角度：1 度。

(3) 因為是非封閉草圖，所以需設定薄件特徵選項，厚度：10mm，厚度增加方向：對稱中間面(如圖 5-3 所示)。

 點選模型上平面(如圖 5-4 所示)，點選草圖繪製 ，點選正視於 ，"在模型上平面抓取狀態下" 點選偏移圖元 ，將上平面外圍邊線往內偏移 1.5mm(如圖 5-5 所示)。

CHAPTER 5

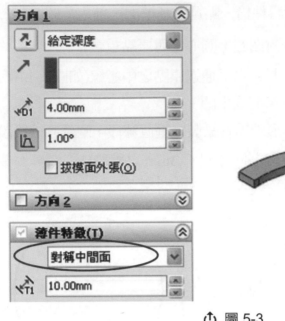

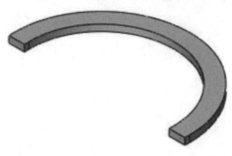

⏻ 圖 5-3

此面

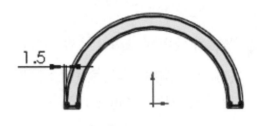

⏻ 圖 5-4

⏻ 圖 5-5

 點選伸長除料 ▣，對話框中：

(1) 伸長類型：給定深度；深度：3mm。

(2) 設定拔模角：1 度。

確定後完成(如圖 5-6 所示)。

 圖 5-6

點選圓角 ，對話框中：

(1) 圓角類型：固定半徑；半徑：1mm。

(2) 導圓角之邊線：提把角落內外垂直邊線(共 8 條邊線)。

確定後完成(如圖 5-7 所示)。

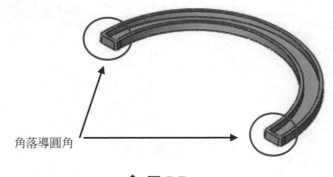

角落導圓角

 圖 5-7

STEP 7 點選鏡射 ，對話框中：

(1) 鏡射參考面：點選上基準面。

(2) 使用"鏡射本體"選項：點選特徵管理員中"實體"資料夾之"圓角
1"(或直接點選畫面中任一模型表面)。

(3) 勾選"合併實體"選項。

確定後完成(如圖 5-8 所示)。

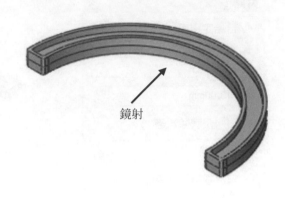

↻ 圖 5-8

STEP
8 點選基準面 ◇，將右基準面往負 X 方向偏移 38mm，產生平面 1(如圖 5-9 所示)。

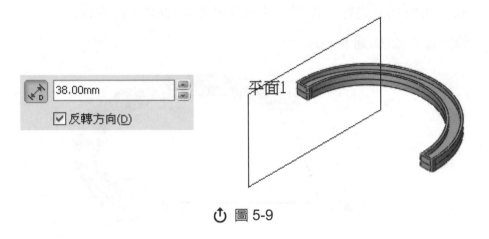

↻ 圖 5-9

STEP
9 點選平面 1，進入草圖繪製，點選正視於 ⬍，點選圓 ⊙，繪製一封閉 圓，"圓心點與原點重合"標註之尺寸如圖 5-10 所示。

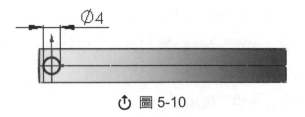

↻ 圖 5-10

STEP 10　點選伸長填料 ，對話框中：

伸長類型：成形至下一面。

確定後完成(如圖 5-11 所示)。

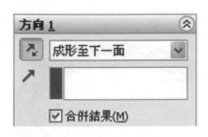 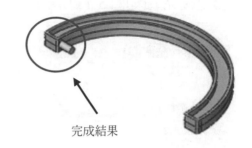

完成結果

⏻ 圖 5-11

STEP 11　點選圓角 ，對話框中：

(1)　圓角類型：固定半徑；半徑：0.5mm。

(2)　導圓角之面：剛完成之伸長填料圓柱面(如圖 5-12 所示)。

確定後完成(如圖 5-12 所示)。

此面導圓角

⏻ 圖 5-12

CHAPTER 5

STEP 12 點選鏡射 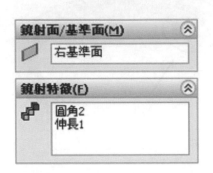，對話框中：

(1) 鏡射參考面：點選右基準面。

(2) 使用"鏡射特徵"選項:點選步驟 10 及 11 所完成之長料及圓角特徵。

確定後完成(如圖 5-13 所示)。

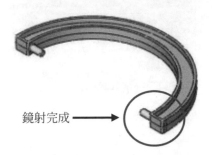

↻ 圖 5-13

STEP 13 存檔：提把。

STEP 14 產品外形已設計完成，接下來進行模具設計，首先檢視產品的外形：

(1) **分模線**：以 **Y** 方向為開模方向，提把模型中間周圍邊線(如圖 5-14 所示)。

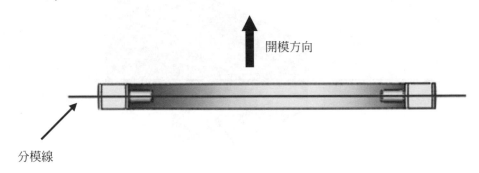

↻ 圖 5-14

(2) **靠破孔**：無。

(3) **倒勾**：無。

STEP 15　點選組態管理員 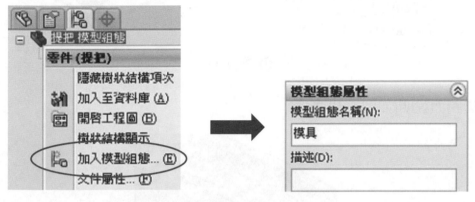，**右鍵**點選零件名稱，選擇"加入模型組態"，在跳
　　　出的對話框中，模型組態名稱輸入：模具，確定後產生模具組態(如圖 5-15
　　　所示)。

↻ 圖 5-15

STEP 16　點選縮放 ，在縮放的對話框中：
　　　(1)　相對點：原點。
　　　(2)　縮放率：1.005。
　　　確定後完成(如圖 5-16 所示)。

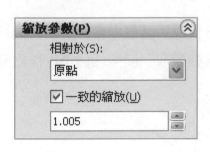
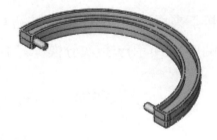

↻ 圖 5-16

STEP 17　設定產品的分模線。點選分模線 ，對話框中：
　　　(1)　起模方向：點選上基準面(如圖 5-17 所示)。
　　　(2)　因分模線上有"跨面"(步驟 10 所完成之圓柱體)，所以勾選"分模
　　　　　面"選項(如圖 5-17 所示)。

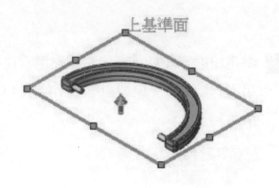

↻ 圖 5-17

說明 跨面說明(如圖 5-18 所示)。

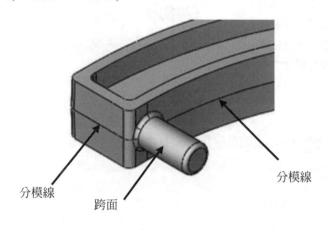

分模線 跨面 分模線

↻ 圖 5-18

STEP 18 接下來再按"拔模分析"按鈕,在分模線對話框中會再跳出分模線選項(如圖 5-19 所示),這次分模線"不會自動選取"模型任何邊線作為分模線。

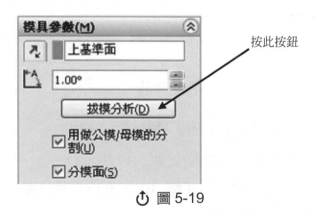

按此按鈕

↻ 圖 5-19

19 原因是分模線上有垂直面(如圖 5-20 所示)。

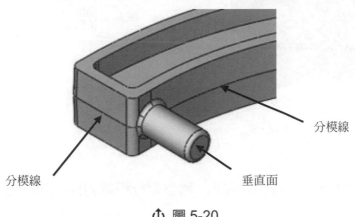

分模線

分模線　　　　　　　　　　　垂直面

⏻ 圖 5-20

 20 手動設定分模線，先設定提把外側分模線，點選步驟 11 所完成之圓角邊線
(如圖 5-21 所示)，畫面中顯示 🔲 符號(如圖 5-22 所示)，點一下此符號自
動選取其他相連之邊線。

此邊線　　　　　　　　　　　　　　　　　　　此按鈕

⏻ 圖 5-21　　　　　　　　　　　　　⏻ 圖 5-22

21 同樣方式設定提把內側分模線，接下來設定垂直面部分，在分模線對話框
最底部 "分割之圖元" 選項，點選如圖 5-23 所示之兩端點。

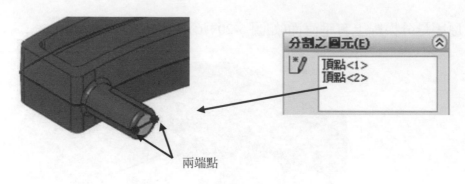

兩端點

↻ 圖 5-23

STEP **22** 同樣方式點選另一邊之兩端點，將整個分模線封閉，確定後完成(如圖 5-24
所示)。

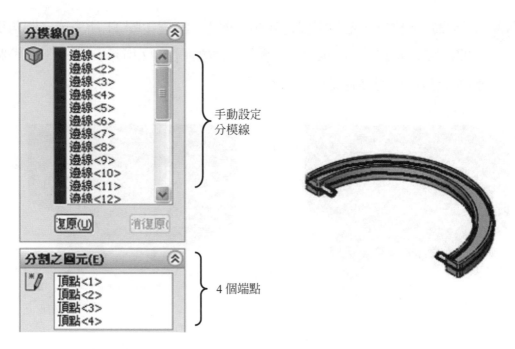

↻ 圖 5-24

STEP **23** 由於沒有靠破孔，故省略封閉曲面 。

STEP **24** 點選分模曲面 ，SolidWorks 自動以先前所設定之分模線為邊線，以放
射曲面方式產生，在對話框中：

(1) 模具參數：垂直於起模方向。

(2) 分模曲面：30mm。

(3) 勾選"縫織所有曲面"選項(內定選項)。

確定後完成(如圖 5-25 所示)。

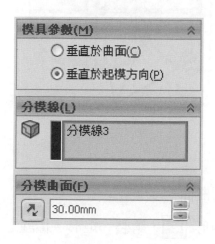
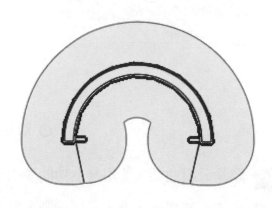

↻ 圖 5-25

STEP 25 檢視所完成之分模曲面，內部有凹陷形狀(如圖 5-26 所示)，使用模具分割功能在繪製模塊矩形時會產生分模面未超過矩形之問題。

凹陷

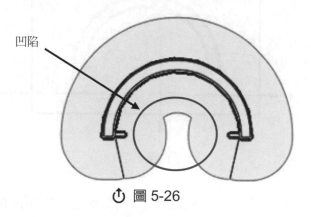

↻ 圖 5-26

STEP 26 若不想有凹陷情形發生則重新編輯分模曲面特徵，將距離改為 50mm，則產生交錯之曲面(如圖 5-27 所示)，同樣在使用模具分割功能時會有問題。

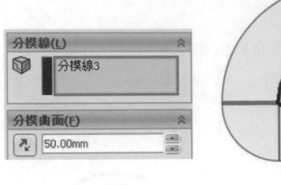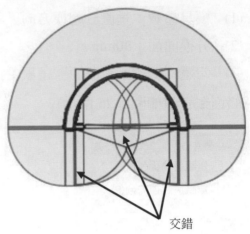

交錯

⟳ 圖 5-27

STEP 27 刪除分模曲面，使用其他功能產生分模曲面。

STEP 28 點選上**基準面**，進入草圖繪製，點選矩形 ⬚，繪製一矩形，標註之尺寸如圖 5-28 所示。

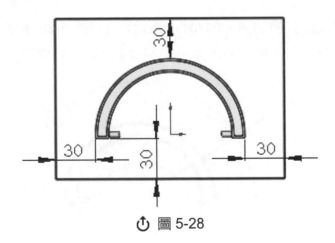

⟳ 圖 5-28

STEP 29 點選平坦曲面 ⬚，以目前之矩形草圖產生一平坦曲面(如圖 5-29 所示)。

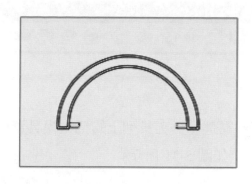

○ 圖 5-29

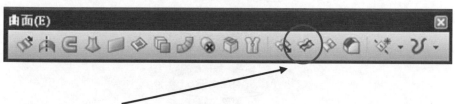

STEP 30　點選修剪曲面 ，對話框中：

(1) 修剪工具：選擇特徵樹中公模曲面本體資料夾內之曲面(如圖 5-30 所示)。

(2) 保留部分：直接點選矩形平面之任一表面。

確定後完成。

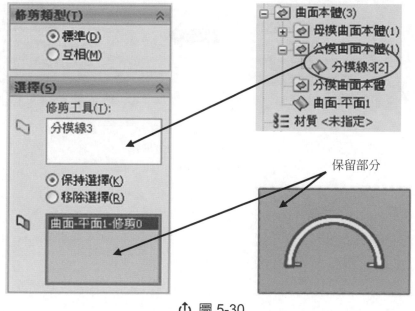

○ 圖 5-30

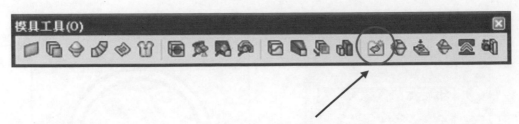

STEP 31 點選模具工具列上的插入模具資料夾 ，產生"分模曲面本體資料夾"
(如圖 5-31 所示)。

○ 圖 5-31

STEP 32 將以產生之修剪曲面"拖曳"至分模曲面本體資料夾(如圖 5-32 所示)。

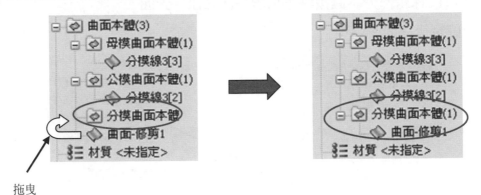

拖曳

○ 圖 5-32

33 先點選剛完成之分模面，再點選模具分割 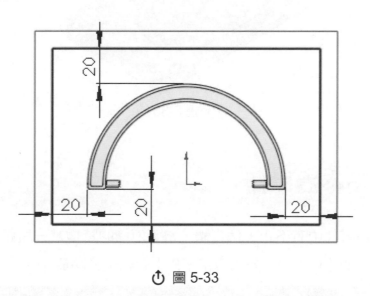：

(1) SolidWorks "自動" 以所點選之平面進入 "草圖繪製" 狀態。

(2) 點選正視於 ，點選矩形 ，繪製一矩形，標註之尺寸如圖 5-33 所示。

🔄 圖 5-33

 34 尺寸標註完成後 "結束草圖繪製"，SolidWorks 自動跳出模具分割對話框：

(1) 設定模塊尺寸厚度：

　　方向 1：20mm(正 Z 方向)

　　方向 2：20mm(負 Z 方向)

(2) 其他參數選項(公模、母模、分模曲面等)為 "自動" 抓取，無需設定，確定後完成公、母模分割動作(如圖 5-34 所示)。

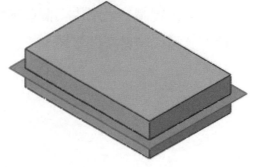

🔄 圖 5-34

STEP 35 同樣方式另存公、母模(如圖 5-35 所示)。

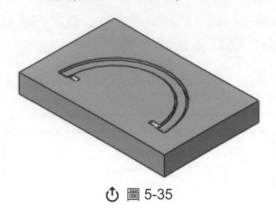

↺ 圖 5-35

5-2 多本體操作

多本體是指零件中有不止一個實體,當不連續的特徵被一段距離分開時,多本體可說是設計零件時十分有效的方法。以下介紹結合功能:

結合

5-2-1 結合:

透過結合多個實體,來產生一個單本體零件或另一個多本體零件。

有三種方式可以結合多個本體:

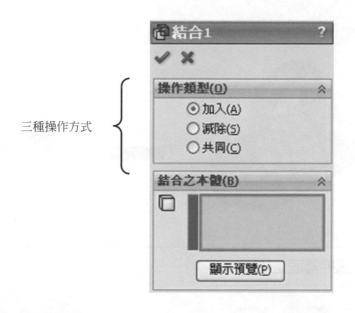

三種操作方式

1. **加入**：結合所有選取的本體來產生單一的本體。

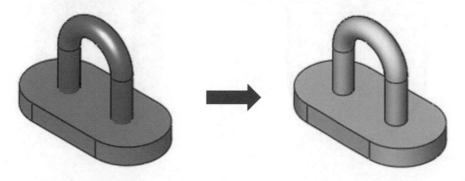

2. **減除**：從所選的主要本體中移除重複的材質。

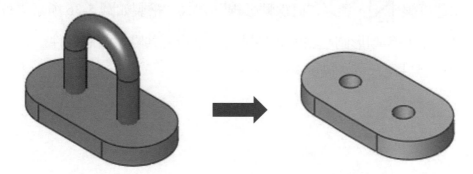

CHAPTER 5

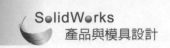

3. 共同：移除重複外的所有材質。

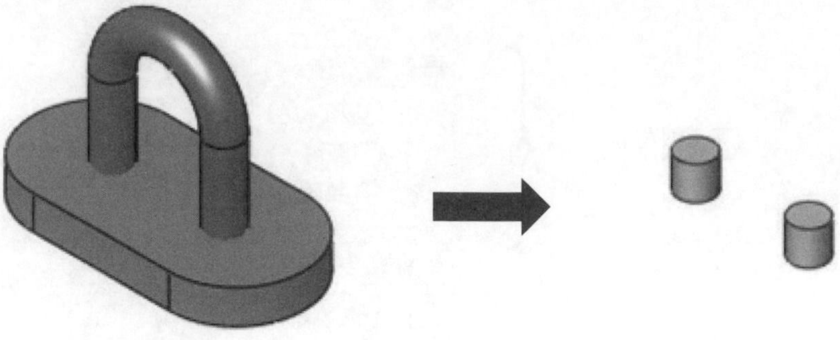

例題：遙控器固定架

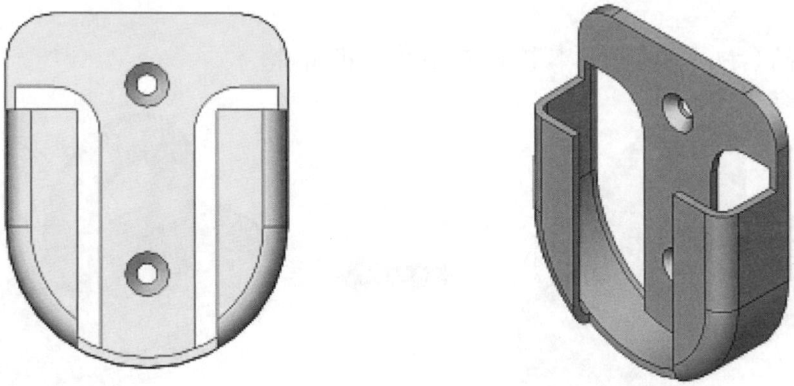

STEP 1 開啟新零件檔，點選上基準面，進入草圖繪製 。

STEP 2 點選直線 ，透過"直線轉弧線"方式，繪製如圖 5-36 所示之外形。

(1) 並將半圓形圓心點與原點設定"重合／共點"限制條件。

(2) 標註之尺寸如圖 5-36 所示。

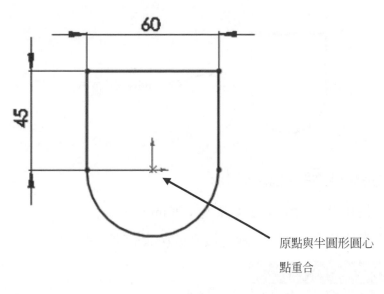

原點與半圓形圓心
點重合

🔄 圖 5-36

補充說明：直線轉弧線畫法

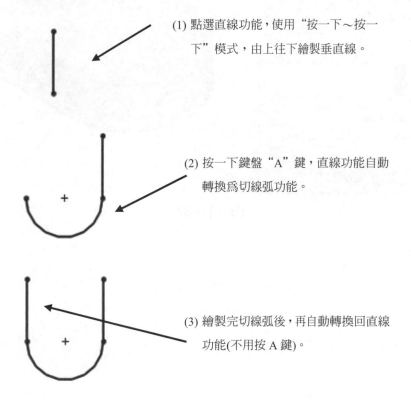

(1) 點選直線功能，使用"按一下～按一
下"模式，由上往下繪製垂直線。

(2) 按一下鍵盤"A"鍵，直線功能自動
轉換為切線弧功能。

(3) 繪製完切線弧後，再自動轉換回直線
功能(不用按 A 鍵)。

CHAPTER
5

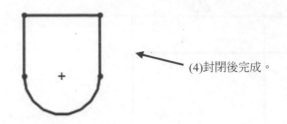

(4)封閉後完成。

STEP 3 點選伸長填料 ，對話框中：

(1) 伸長類型：給定深度；深度：20mm。

(2) 設定拔模角：1 度；確定後完成(如圖 5-37 所示)。

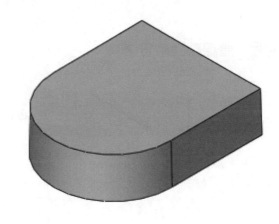

 圖 5-37

STEP 4 點選圓角 ，對話框中：

(1) 圓角類型：固定半徑；半徑：10mm。

(2) 導圓角之邊線：角落垂直邊線。

確定後完成(如圖 5-38 所示)。

角落導圓角

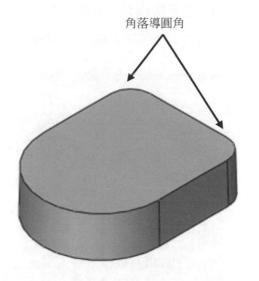

⟳ 圖 5-38

 5　點選等角視 ，點選模型底部平面(如圖 5-39 所示)，點選草圖繪製 ，
點選正視於 ，"在模型底部平面抓取狀態下"點選偏移圖元 ，將
模型底部平面外圍邊線往內偏移 2mm(如圖 5-39 所示)。

點選底部平面

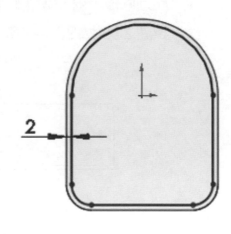

⟳ 圖 5-39

6　點選伸長除料 ，對話框中：

(1)　伸長類型：給定深度；深度：1.5mm。

(2) 設定拔模角：1度。

(如圖 5-40 所示)，確定後完成。

⟳ 圖 5-40

STEP 7 點選右基準面，進入草圖繪製 。

STEP 8 點選正視於 ，點選顯示線架構 ⊞ ：

(1) 點選直線 ＼，繪製如圖 5-41 所示之直線。

(2) 標註之尺寸如圖 5-41 所示。

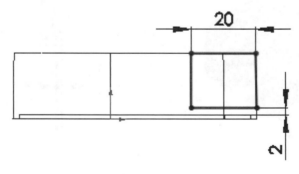

⟳ 圖 5-41

STEP 9 點選伸長除料 ⬛ ，對話框中：

(1) 方向 1：伸長類型：完全貫穿。

(2) 方向 2：伸長類型：完全貫穿。

確定後完成(如圖 5-42 所示)。

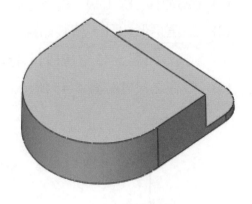

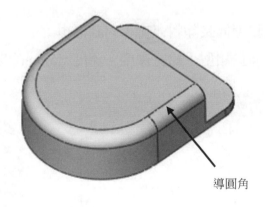

↻ 圖 5-42

STEP 10　再點選圓角 ，對話框中：

(1)　圓角類型：固定半徑；半徑：5mm。

(2)　導圓角之邊線：外表面邊線。

確定後完成(如圖 5-43 所示)。

導圓角

↻ 圖 5-43

STEP 11 點選模型上平面(如圖 5-44 之平面)，進入草圖繪製 ✏。點選正視於 ⬆：

 (1) 點選中心線 ┆，繪製垂直通過原點之中心線。

 (2) 點選矩形 ▢，繪製如圖 5-45 所示矩形，將矩形之二條垂直線及中心線(如圖 5-45 之線段)，設定"相互對稱"幾何限制。

 (3) 標註之尺寸如圖 5-45 所示。

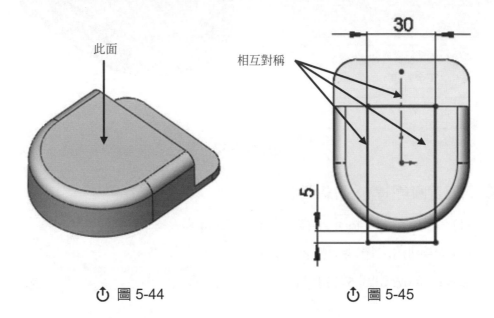

此面

相互對稱

30

5

↻ 圖 5-44   ↻ 圖 5-45

STEP 12 點選伸長除料 ▣，對話框中：

伸長類型：給定深度；深度：5mm(如圖 5-46 所示)，確定後完成。

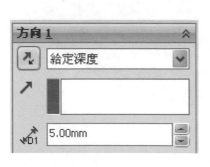

方向 1

給定深度

5.00mm

D1

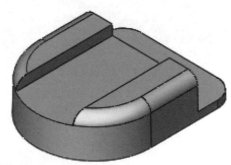

↻ 圖 5-46

STEP 13 點選薄殼 ▣，厚度：2mm，移除面：點選如圖 5-47 所示之面，確定後完成(如圖 5-47 所示)。

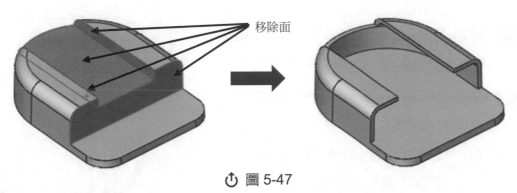

（🔄）圖 5-47

點選如圖 5-48 所示之平面，進入草圖繪製 ，使用參考圖元 ，將如圖 5-49 所示之邊線，複製為目前之草圖線段。

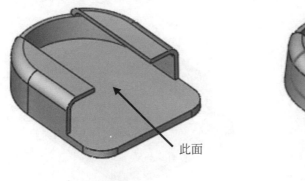

此面

（🔄）圖 5-48

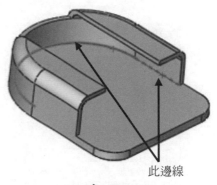

此邊線

（🔄）圖 5-49

點選正視於 ：

(1) 點選直線 ，繪製如圖 5-50 所示之線段。

(2) 點選修剪圖元 ，修剪如圖 5-51 所示之線段，並將線段延伸(如圖 5-51 之線段)。

修剪

（🔄）圖 5-50

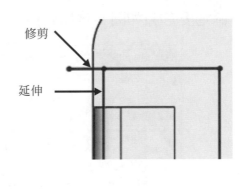

修剪

延伸

（🔄）圖 5-51

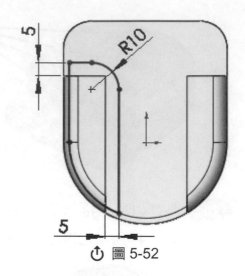

STEP 16　點選草圖圓角 ⬜ ，右上角導圓角 R10。標註之尺寸如圖 5-52 所示。

STEP 17　點選伸長除料 ⬛ ，對話框中：

(1) 伸長類型：完全貫穿。

(2) 拔模角：1 度；勾選 "拔模面外張" 選項(如圖 5-53 所示)。

確定後完成。

⟳ 圖 5-52

⟳ 圖 5-53

STEP 18　點選鏡射 ⬛ ，對話框中：

(1) 鏡射參考面：點選右基準面。

(2) 使用 "鏡射特徵" 選項：點選特徵樹中剛完成之除料選項。

確定後完成(如圖 5-54 所示)。

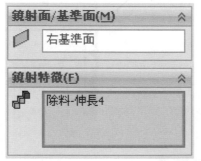

⟳ 圖 5-54

19 點選如圖 5-55 所示之平面，進入草圖繪製 ，點選正視於 ，點選圓 ，繪製兩封閉圓，圓心點與原點垂直放置，標註之尺寸如圖 5-56 所示。

⟳ 圖 5-55　　　　　　　　　　　⟳ 圖 5-56

 20 點選伸長填料 ，對話框中
伸長類型：給定深度；深度：1.5mm。
確定後完成(如圖 5-57 所示)。

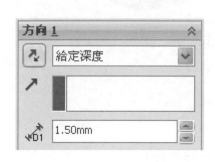　　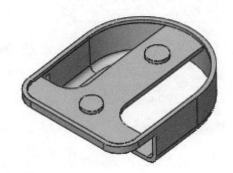

⟳ 圖 5-57

 21 點選上視 ，先點選鑽孔平面，再點選異型孔精靈 ，在對話框中：

(1) 鑽孔類型：錐孔；標準：ISO；螺釘類型：CTSK 平頭 ISO7046-1；大小：M4；終止類型：完全貫穿(如圖 5-58 所示)。

(2) 參數設定完成後，點選"位置"按鈕；將鑽孔點定位於剛完成之圓形中心點(如圖 5-58 所示)。

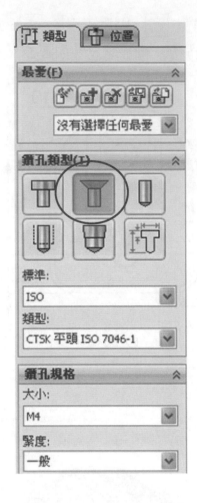

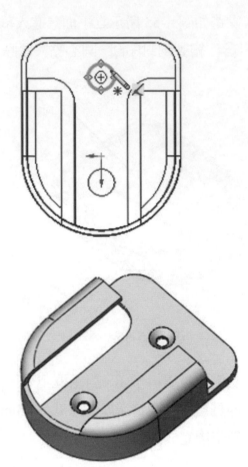

⏏ 圖 5-58

STEP 22 　存檔：遙控器固定架。

STEP 23 　檢視產品的外形：

(1) 分模線：模型底部周圍邊線(模型外表面)。

(2) 靠破孔：4 處。以公模留柱與母模面貼合。

(3) 倒勾：無。

靠破孔

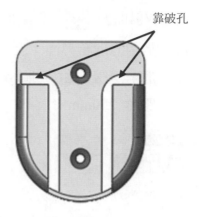

分模線

↻ 圖 5-59

STEP 24 先製作公模部分，點選組態管理員 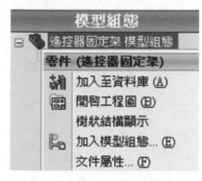 ，右鍵點選零件名稱，選擇 "加入模型組態"，在跳出的對話框中，模型組態名稱輸入：公模，確定後產生公模組態(如圖 5-60 所示)。

↻ 圖 5-60

STEP 25 組態設定在 "公模" 狀態下，點選平坦曲面 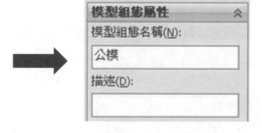 ，對話框中：修補邊線：底部外表面邊線，確定後完成(如圖 5-61 所示)。

選擇之邊線

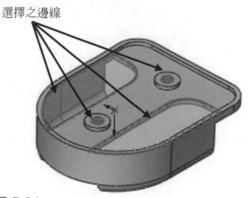

↻ 圖 5-61

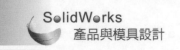

STEP 26 　點選放射曲面 ，對話框中：

(1) 放射方向參考面：上基準面。

(2) 放射邊線：點選如圖 5-62 所示之邊線，勾選"延相切面行進"選項。

(3) 距離：50mm。

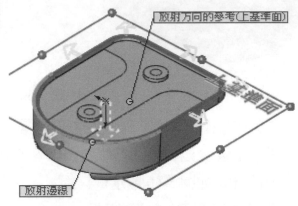

↻ 圖 5-62

STEP 27 　點選縫織曲面 ，將放射曲面與"模型內部"曲面縫織為一個曲面(如圖 5-63 所示)，確定後完成。

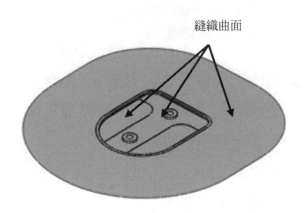

↻ 圖 5-63

說明 在選擇欲縫織的曲面時需將模型內部表面皆需選取。

28 點選上**基準面**，進入草圖繪製 ，點選正視於 ，點選矩形 ，繪製一矩形，標註之尺寸如圖 5-64 所示。

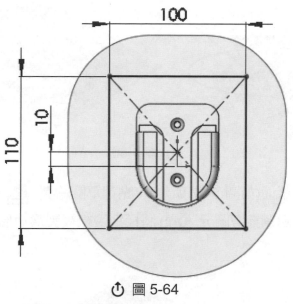

⏻ 圖 5-64

29 點選修剪曲面 ，對話框中：

(1) 修剪工具：自動選取目前繪製之草圖。

(2) 保留部分：點選矩形草圖內部。

確定後完成(如圖 5-65 所示)。

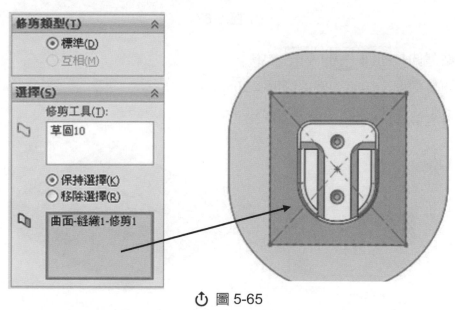

⏻ 圖 5-65

STEP 30　先將成品本體隱藏(如圖 5-66 所示)，以方便後續作圖。

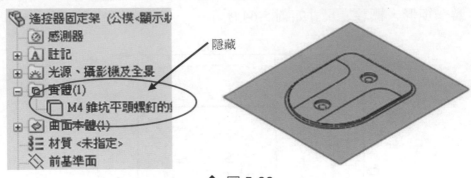

⟳ 圖 5-66

STEP 31　點選模型上平面(如圖 5-67 所示)，點選草圖繪製 [圖]，"在模型上平面抓取狀態下"點選參考圖元 [圖]，將模型邊線複製為矩形草圖實線(如圖 5-67 所示)。

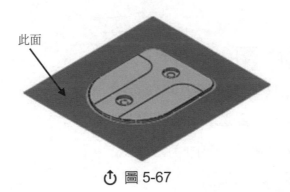

⟳ 圖 5-67

STEP 32　點選伸長曲面 [圖]，對話框中：

伸長類型：給定深度；深度：20mm。

確定後完成(如圖 5-68 所示)。

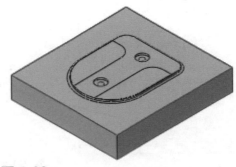

⟳ 圖 5-68

33　將模型底部封閉，點選平坦曲面 ，對話框中：

修補邊線：底部外表面邊線，確定後完成(如圖 5-69 所示)。

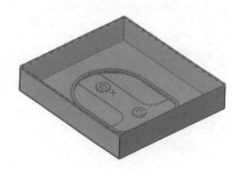

↻ 圖 5-69

 34　點選縫織曲面 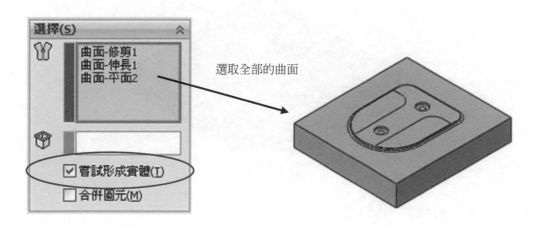，對話框中：

(1)　縫織的曲面：修剪曲面、伸長曲面與平坦曲面(如圖 5-70 所示)。

(2)　勾選"嘗試成實體選項"，將縫織完之曲面轉換為實體。

選取全部的曲面

↻ 圖 5-70

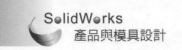

STEP 35　再將先前隱藏之成品本體恢復成顯示狀態(如圖 5-71 所示)。

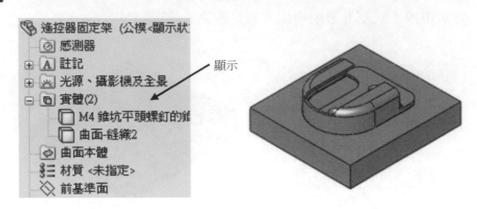

顯示

⟳ 圖 5-71

STEP 36　點選模型上平面(如圖 5-72 所示)，點選草圖繪製 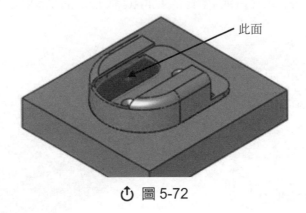 ，"在模型上平面抓取狀態下"點選參考圖元 ，將模型邊線複製為草圖實線(如圖 5-72 所示)。

此面

⟳ 圖 5-72

STEP 37　點選伸長填料 ，對話框中：

(1) 伸長類型：成形至某一面；終止面：如圖 5-73 所示之面。

(2) 設定拔模角：1 度。

(3) 取消"合併結果"選項。

 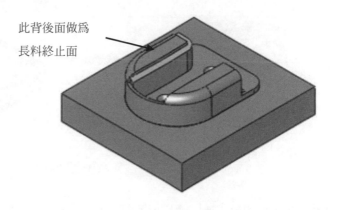

此背後面做爲
長料終止面

↻ 圖 5-73

STEP 38 再將成品本體隱藏(如圖 5-74 所示)，以方便後續作圖。

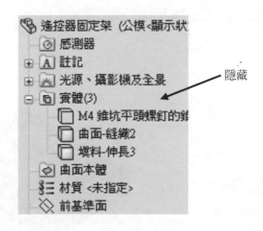

隱藏

↻ 圖 5-74

STEP 39 點選圓角 🔲，對話框中：

　(1)　圓角類型：固定半徑；半徑：3mm。

　(2)　導圓角之邊線：如圖 5-75 所示之邊線。

確定後完成(如圖 5-75 所示)。

C H A P T E R

5

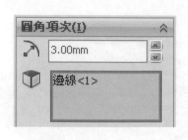

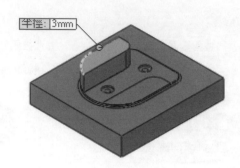

↻ 圖 5-75

STEP 40　點選鏡射 ，對話框中：

(1)　鏡射參考面：點選右基準面。

(2)　使用"鏡射本體"選項：點選特徵管理員中"實體"資料夾之"圓角3"(或直接點選畫面中凸出之模型表面)。

確定後完成(如圖 5-76 所示)。

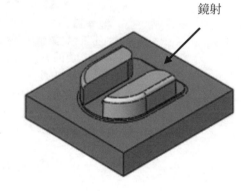

鏡射

↻ 圖 5-76

STEP 41　將先前隱藏之成品本體再恢復成顯示狀態(如圖 5-77 所示)。

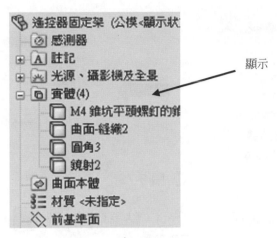

顯示

◑ 圖 5-77

STEP 42　點選縮放 ，在縮放的對話框中：

(1) 縮放之本體：直接點選畫面所有本體(共 4 個)。

(2) 相對點：原點。

(3) 縮放率：1.005。

確定後完成(如圖 5-78 所示)。

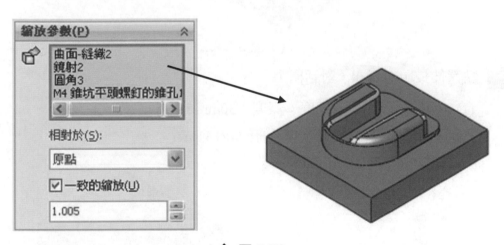

◑ 圖 5-78

STEP 43　再製作母模部分，點選組態管理員 ，右鍵點選零件名稱，選擇 "加入模型組態"，在跳出的對話框中，模型組態名稱輸入：母模，確定後產生母模組態(如圖 5-79 所示)。

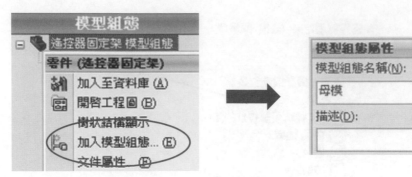

🔃 圖 5-79

STEP 44 點選模型上平面(如圖 5-80 所示)，點選草圖繪製 ✏️，"在模型上平面抓取狀態下"點選參考圖元 🔲，將模型邊線複製為矩形草圖實線(如圖 5-80 所示)。

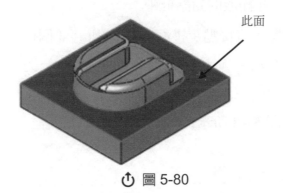

此面

🔃 圖 5-80

STEP 45 點選伸長填料 🔲，對話框中：

(1) 伸長類型：給定深度；深度：30mm。

(2) 取消"合併結果"選項(如圖 5-81 所示)。

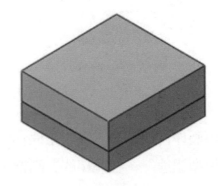

🔃 圖 5-81

46 點選結合 ，對話框中：

(1) 操作類型：減除。

(2) 主要本體：剛完成之伸長填料本體。

(3) 結合之本體：縮放比例 1 至 4(如圖 5-82 所示)。

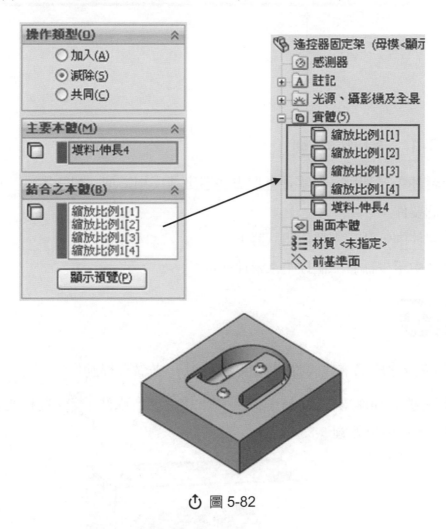

↻ 圖 5-82

5-3　組合件操作

　　在 SolidWorks 中拆模是採自動化方式，使用者只要設定相關選項及參數即可，但有時模具較為複雜(尤其是有倒勾問題)，在單一零件狀態下可能無法完成拆

模動作，此時可透過組合件組裝其他零件做為輔助，來完成拆模動作。以下介紹模塑功能：

5-3-1　模塑：

在組合件中，利用一個零件外形去塑造出其反相造型之另一零件。使用模塑功能有二個要件：

◆　在組合件中，某一零件編輯狀態下。

◆　組合件中至少需有二個以上之零件。

操作步驟

STEP 1　將完成之成品零件放置於"組合件"中，並做存檔動作。

STEP 2　將完成之模座零件放置於組合件中，透過結合條件　，將模座零件放置於適當位置(如圖 5-83 所示)。

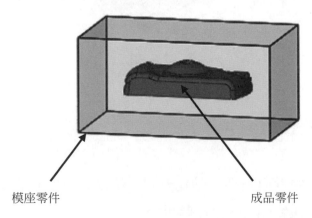

模座零件　　　　　　　　　　　　　成品零件

🔄 圖 5-83

STEP 3　先點選模座零件，再點選編輯零件 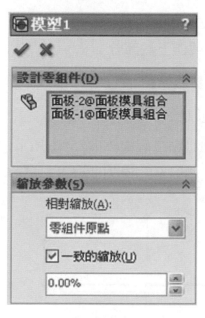，進入模座零件"編輯狀態"，點選模塑 （只有在組合件中，某一零件編輯狀態下，才能使用此功能）。

STEP 4　在模塑對話框中(如圖 5-84 所示)：

(1)　設計零組件選項：點選成品零件。

(2)　縮放參數選項與縮放 功能相同(請參閱 3-1-1、縮放比例功能說明)。

STEP 5　確定後完成模塑功能，同時在模座零件特徵樹中產生模塑特徵(如圖 5-85 所示)。

① 圖 5-84

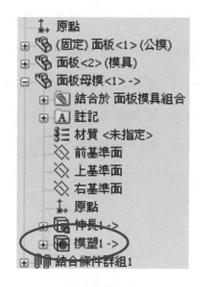

① 圖 5-85

 例題：弧形肥皂盒

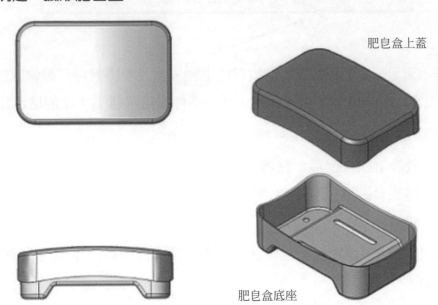

肥皂盒上蓋

肥皂盒底座

 弧形肥皂盒分底座及上蓋兩部分，先製作上蓋部分。

 開啓新零件檔，點選前基準面，進入草圖繪製 ✐。

(1) 點選中心線 ┃，繪製垂直通過原點之中心線。

(2) 點選直線 ＼，繪製垂直通過圓心點之直線(如圖 5-86 所示)。

(3) 點選鏡射圖元 ⚠，將右邊線段鏡射至左邊(如圖 5-87 所示)。

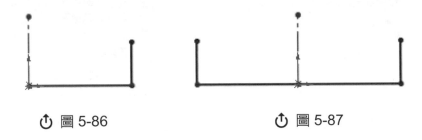

⟳ 圖 5-86   ⟳ 圖 5-87

(1) 點選三點定弧 ⌒，在原點上方繪製一弧形(如圖 5-88 所示)。

(2) 點選標註尺寸，標註之尺寸如圖 5-88 所示。

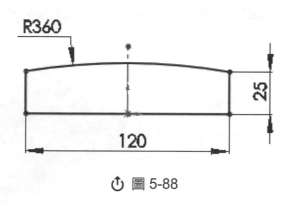

⏻ 圖 5-88

 點選伸長填料 ⬚，對話框中：

(1) 伸長類型：兩側對稱。

(2) 深度：80mm。

確定後完成(如圖 5-89 所示)。

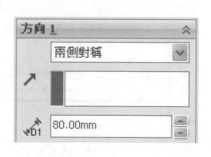 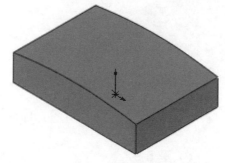

⏻ 圖 5-89

 再點選前基準面，進入草圖繪製。

 (1) 點選三點定弧 ⬚，在原點上方繪製一弧形，弧形端點與模型角落點
重合(如圖 5-90 所示)。

(2) 點選標註尺寸，標註之尺寸如圖 5-90 所示。

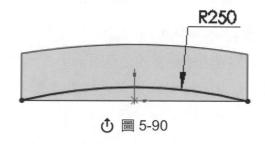

⏻ 圖 5-90

8 點選伸長除料 ，除料類型：完全貫穿，將三點定弧下方切除確定後完成(如圖 5-91 所示)。

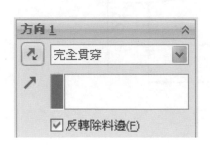

↻ 圖 5-91

9 點選如圖 5-92 所示之面，進入草圖繪製。

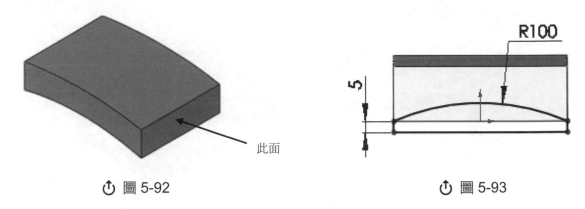

↻ 圖 5-92

↻ 圖 5-93

10 (1) 點選正視於 ⬆，點選三點定弧 ⌒，在原點上方繪製一弧形，弧形端點與模型角落點重合(如圖 5-93 所示)。

　　 (2) 點選直線 ＼，在三點定弧下方繪製一凵字型。

　　 (3) 點選標註尺寸，標註之尺寸如圖 5-93 所示。

　　確定後"結束草圖繪製"，完成掃出之輪廓草圖。

11 點選掃出除料 ，對話框中：

　　 (1) 輪廓草圖：點選剛繪製完成之草圖。

　　 (2) 路徑草圖：點選如圖 5-94 所示之模型邊線。

　　確定後完成。

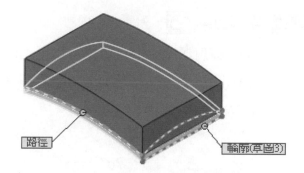

↺ 圖 5-94

STEP 12　點選拔 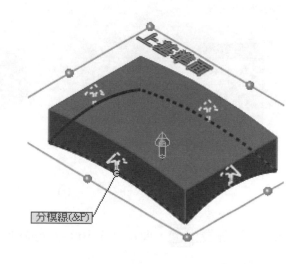，對話框中：

(1) 拔模類型：分模線。

(2) 拔模角度：1 度。

(3) 中立面選項：點選上基準面。

(4) 分模線選項：點選模型下方 4 個弧形邊線(如圖 5-95 之面)。

(5) 灰色箭頭向上。

確定後完成。

↺ 圖 5-95

STEP 13　點選圓角 ，對話框中：

(1)　圓角類型：固定半徑；半徑：R15。

(2)　圓角邊線：點選模型角落 4 個邊線。

確定後完成(如圖 5-96 所示)。

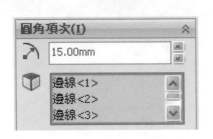

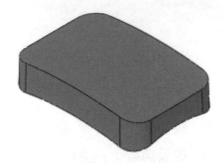

↻ 圖 5-96

STEP 14　點選圓角 ，對話框中：

(1)　圓角類型：固定半徑；半徑：R3。

(2)　圓角面：點選模型上方弧面。

確定後完成(如圖 5-97 所示)。

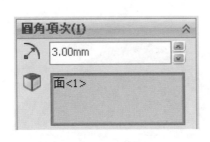

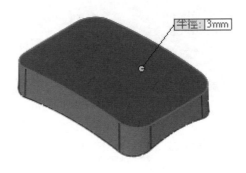

↻ 圖 5-97

STEP 15　點選薄殼 ，厚度：1.5mm，移除面：點選模型底面，確定後完成(如圖 5-98 所示)。

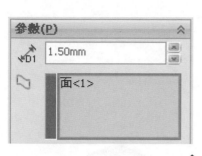

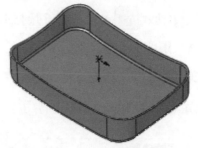

⟳ 圖 5-98

STEP 16 產品外形已設計完成，接下來進行模具設計，首先檢視產品的外形：

(1) **分模線**：以 Y 方向爲開模方向，肥皂盒底座外圍最大範圍邊線(如圖 5-99 所示)。

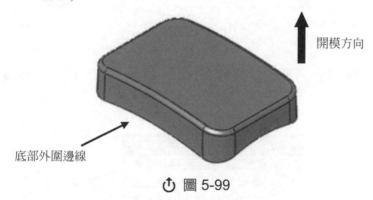

開模方向

底部外圍邊線

⟳ 圖 5-99

(2) **靠破孔**：無。

(3) **倒勾**：無。

STEP 17 點選組態管理員 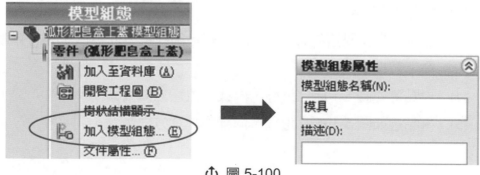，右鍵點選零件名稱，選擇"加入模型組態"，在跳出的對話框中，模型組態名稱輸入：模具，確定後產生模具組態(如圖 5-100 所示)。

⟳ 圖 5-100

STEP 18　點選縮放 ，在縮放的對話框中：

(1)　相對點：原點。

(2)　縮放率：1.005。

確定後完成(如圖 5-101 所示)。

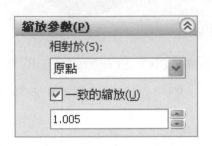

↻ 圖 5-101

STEP 19　先製作公模部分，再點選組態管理員 ，再產生一"公模"組態(如圖 5-102 所示)。

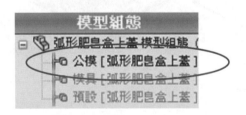

↻ 圖 5-102

STEP 20　點選規則曲面 ，在對話框中：

(1)　類型：相切於曲面。

(2)　距離：35mm。

(3)　邊線選擇：點選如圖 5-103 之邊線，須注意方向箭頭，如有錯誤，點選"替換面"按鈕。

(4)　再點選如圖 5-104 之邊線，同樣須注意方向箭頭。

(5)　再點選如圖 5-105 之邊線，同樣須注意方向箭頭。

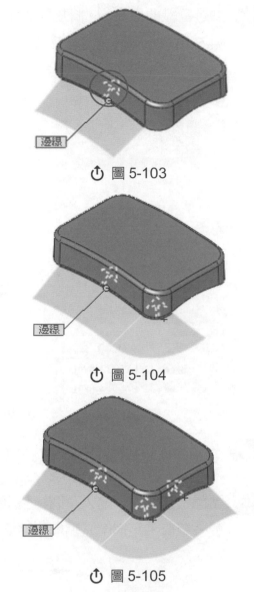

↻ 圖 5-103

↻ 圖 5-104

↻ 圖 5-105

 同樣方式選取所有邊線，確定後完成
(如圖 5-106 所示)。

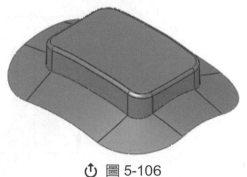

↻ 圖 5-106

CHAPTER 5

STEP 22 點選縫織曲面 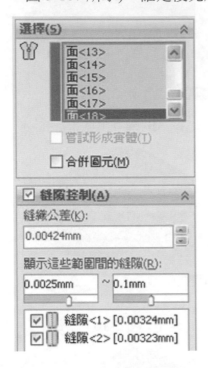，將規則曲面與 "模型內部" 曲面縫織為一個曲面，(如圖 5-107 所示)，確定後完成。

縫織曲面

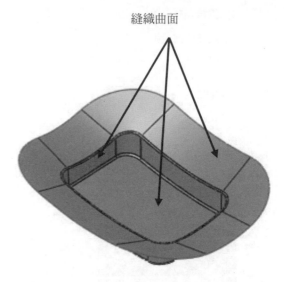

↻ 圖 5-107

說明 在選擇欲縫織的曲面時需將模型內部表面皆需選取。

STEP 23 點選上**基準面**，進入草圖繪製 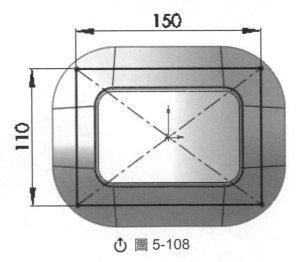，點選正視於 ，點選矩形 ，繪製一矩形，矩形中心點與原點重合，標註之尺寸如圖 5-108 所示。

↻ 圖 5-108

STEP 24 點選伸長填料 ，對話框中：

  (1)　方向 1：伸長類型：給定深度；深度：40mm。

  (2)　方向 2：伸長類型：給定深度；深度：20mm。

確定後完成(如圖 5-109 所示)。

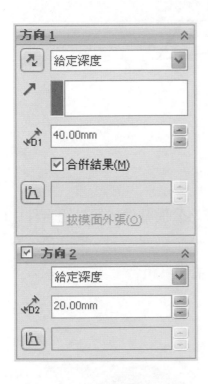
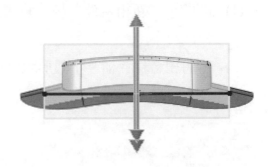

↻ 圖 5-109

STEP 25 點選下拉式功能表：插入＞除料＞使用曲面除料，在對話框中，除料曲面：
點選步驟 22 所完成之縫織曲面，除料方向箭頭：向外，確定後完成(如圖
5-110 所示)。

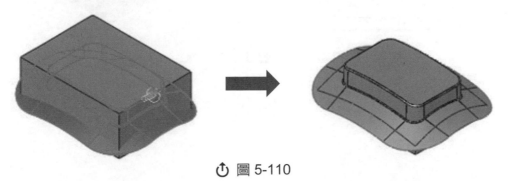

↻ 圖 5-110

STEP 26 除料完成後，**左鍵**點選除料之縫織曲面，選擇"隱藏"，將曲面隱藏以便於後續作圖(如圖 5-111 所示)。

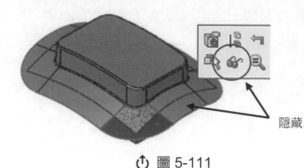

隱藏

⏻ 圖 5-111

STEP 27 存檔：弧形肥皂盒底座。

STEP 28 接下來製作母模部分。

(1) 開啟一"新組合件"檔，將剛完成之公模零件放置於組合件中(如圖 5-112 所示)。

(2) "將組合件存檔"：弧形肥皂盒上蓋模具組合。

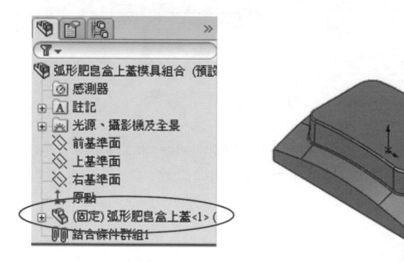

⏻ 圖 5-112

STEP 29　點選插入零組件 （或點選下拉式功能表：插入＞零組件＞現有的零件／組合件），將公模零件再放置一次於組合件中(如圖 5-113 所示)。

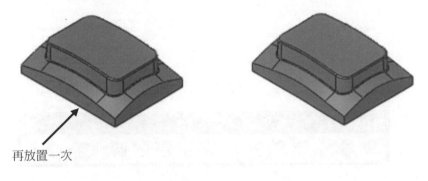

再放置一次

↻ 圖 5-113

STEP 30　右鍵點選點左邊公模零件任一表面，跳出之輔助功能表選擇 "零組件屬性" 或 "組態零組件" 皆可(如圖 5-114 所示)。

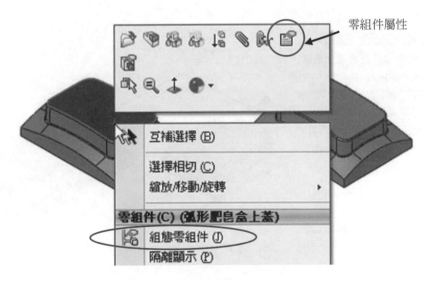

零組件屬性

↻ 圖 5-114

CHAPTER 5

STEP 31　選擇 "零組件屬性" ，對話框中屬性對話框中將組態切換成 "模具" 組態
(如圖 5-115 所示)。

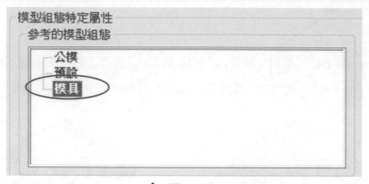

⟳ 圖 5-115

STEP 32　點選結合 🖈 ：
點選組態公模零件前基準面及組態模具零件前基準面，設定：重合／共線
／共點(如圖 5-116 所示)。

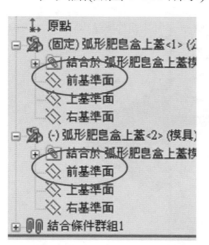
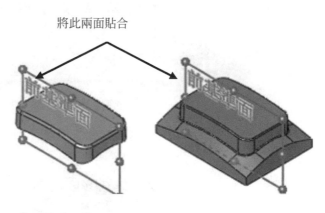

⟳ 圖 5-116

STEP 33　(1) 點選組態公模零件右基準面及組態模具零件右基準面，設定：重合／
共線／共點。

(2)　點選組態公模零件上基準面及組態模具零件上基準面，設定：重合／
　　　共線／共點。

確定後完成(如圖 5-117 所示)。

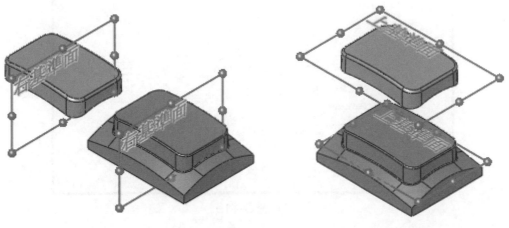

↻ 圖 5-117

34　下拉式功能表：工具＞選項，對話框中 "組合件" 選項中，勾選 "將新零
　　　組件儲存至外部檔案" 選項(如圖 5-118 所示)。

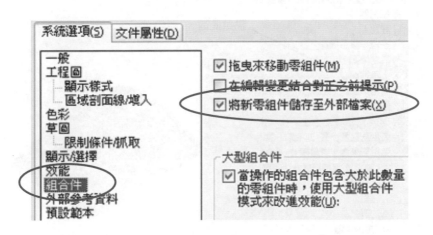

↻ 圖 5-118

35　點選下拉式功能表：插入＞零組件＞新零件，同時跳出存檔對話框，存檔
　　　名稱：弧形肥皂盒上蓋-母模(如圖 5-119 所示)。

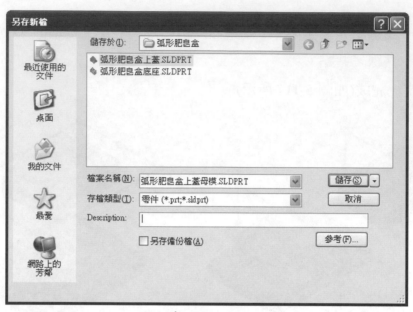

⚓ 圖 5-119

STEP
36 將游標移至組合件上基準面時，游標變為 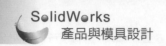，點選組合件上基準面(如圖 5-120 所示)，以此平面作為新零件之前基準面，且以此平面"自動"進入草圖繪製狀態。

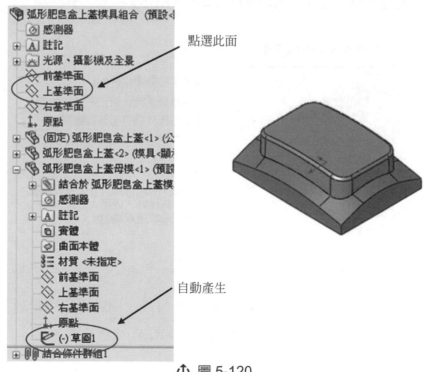

⚓ 圖 5-120

說明　若其他零件變爲透明狀態時，可由下拉式功能表：工具＞選項，對話框中
"顯示／選擇"選項中將"對關聯編輯時開啓組合件透明"設定爲"不
透明組合件"(如圖 5-121 所示)。

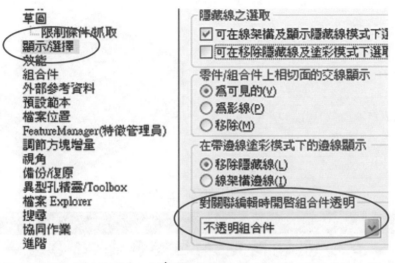

↻ 圖 5-121

STEP 37　點選正視於 ⬙，點選矩形 ▢，繪製一矩形，矩形大小與組態公模零件
大小相同(如圖 5-122 所示)。

矩形草圖

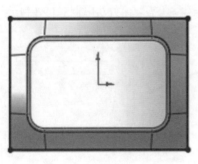 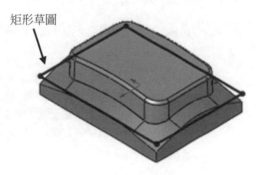

↻ 圖 5-122

STEP 38　點選伸長塡料 ▨，在對話框中：

(1) 方向 1：類型：給定深度；距離：35mm。

(2) 方向 2：類型：給定深度；距離：15mm。

確定後完成(如圖 5-123 所示)。

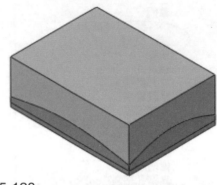

🔂 圖 5-123

STEP 39　點選模塑 🔲，在模塑對話框中：

(1)　設計零組件選項：點選上蓋、公模零件。

(2)　縮放參數：設定為零。

確定完成後，在特徵管理員母模零件產生模塑特徵(如圖 5-124 所示)。

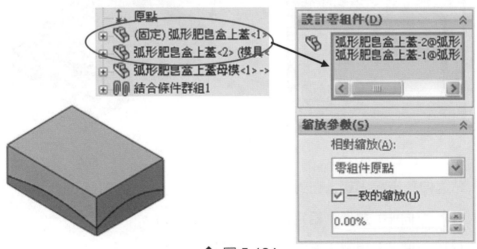

🔂 圖 5-124

STEP 40 點選編輯零件 ，結束母模零件編輯，回到組合件狀態。

STEP 41 從組合件中，開啟母模零件，完成母模零件製作(如圖 5-125 所示)。

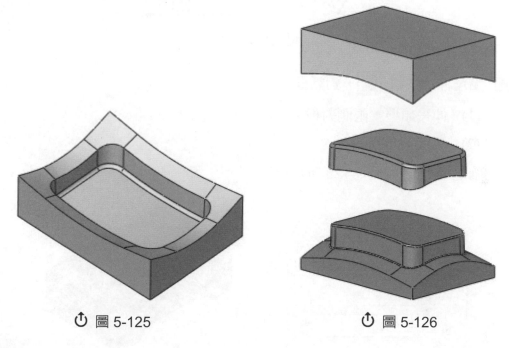

○ 圖 5-125   ○ 圖 5-126

STEP 42 模具完成圖(如圖 5-126 所示) 。

STEP 43 接下來先製作底座部分。

STEP 44 開啟新零件檔，點選前基準面，進入草圖繪製 。

STEP 45

(1) 點選中心線 ，繪製垂直通過原點之中心線。

(2) 點選直線 ，繪製垂直通過圓心點之直線。

(3) 點選鏡射圖元 ，將右邊線段鏡射至左邊(如圖 5-127 所示)，點選
標註尺寸，標註之尺寸如圖 5-127 所示。

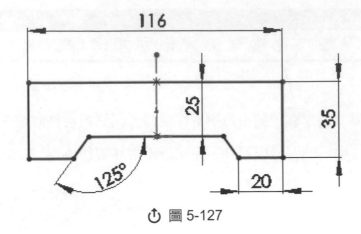

⏻ 圖 5-127

 46　點選伸長填料 ▣ ，對話框中：

　(1)　伸長類型：兩側對稱。

　(2)　深度：76mm。

　確定後完成(如圖 5-128 所示)。

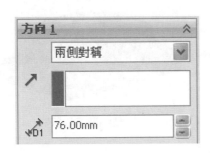

⏻ 圖 5-128

 47　再點選前基準面，進入草圖繪製。

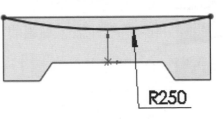

 48　(1)　點選三點定弧 ⌒ ，在原點上方
　　　　繪製一弧形，弧形端點與模型角
　　　　落點重合(如圖 5-129 所示)。

⏻ 圖 5-129

　(2)　點選標註尺寸，標註之尺寸如圖
　　　　5-129 所示。

49 　點選伸長除料 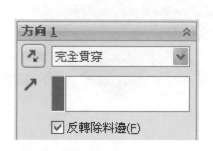，除料類型：完全貫穿，將三點定弧上方切除確定後完成(如圖 5-130 所示)。

ひ 圖 5-130

 50 　點選模型右側垂直面(如圖 5-131 所示)，進入草圖繪製。

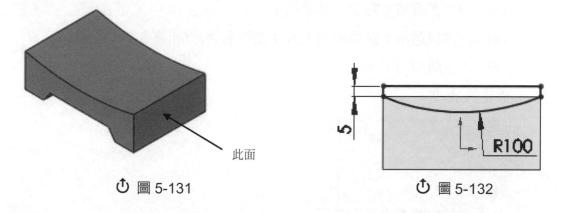

此面

ひ 圖 5-131　　　　　　　　　　　　　　ひ 圖 5-132

51 　(1) 點選正視於 ，點選三點定弧 ，在原點上方繪製一弧形，弧形端點與模型角落點重合(如圖 5-132 所示)。

(2) 點選直線 ，在三點定弧上方繪製一ㄇ字型。

(3) 點選標註尺寸，標註之尺寸如圖 5-132 所示。

確定後 "結束草圖繪製"，完成掃出之輪廓草圖。

52 　點選掃出除料 ，對話框中：

(1) 輪廓草圖：點選剛繪製完成之草圖。

(2) 路徑草圖：點選如圖 5-133 所示之模型邊線。

確定後完成。

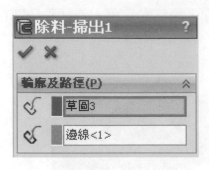

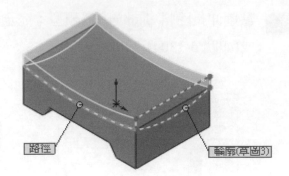

STEP 53 點選拔 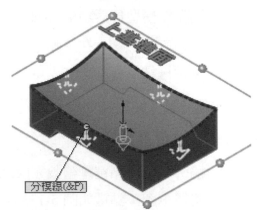，對話框中：

(1) 拔模類型：分模線。

(2) 拔模角度：1 度。

(3) 中立面選項：點選上基準面。

(4) 分模線選項：點選模型上方 4 個弧形邊線(如圖 5-134 之面)。

(5) 灰色箭頭向下。

確定後完成。

⊕ 圖 5-134

點選圓角 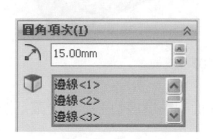，對話框中：

(1)　圓角類型：固定半徑；半徑：R15。

(2)　圓角邊線：點選模型角落 4 個邊線。

確定後完成(如圖 5-135 所示)。

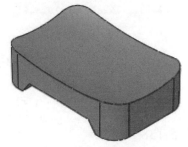

↻ 圖 5-135

 點選圓角 ，對話框中：

(1)　圓角類型：固定半徑；半徑：R3。

(2)　圓角邊線：點選模型底部 4 個邊線。

確定後完成(如圖 5-136 所示)。

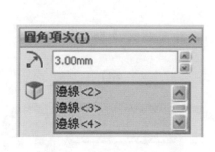

圓角

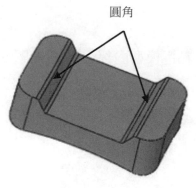

↻ 圖 5-136

 點選圓角 ，對話框中：

(1)　圓角類型：固定半徑；半徑：R3。

(2)　圓角邊線：如圖 5-137 所示之邊線。

確定後完成。

CHAPTER
5

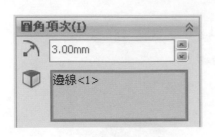

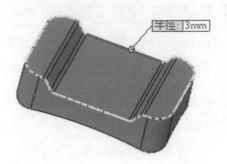

⏻ 圖 5-137

STEP 57 點選薄殼 ▣，厚度：1.5mm，移除面：點選模型上弧面，確定後完成(如圖 5-138 所示)。

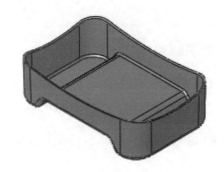

⏻ 圖 5-138

STEP 58 點選模型內部上平面(如圖 5-139 所示)，進入草圖繪製。

此面

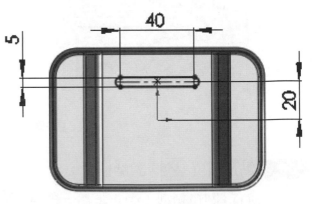

⏻ 圖 5-139

⏻ 圖 5-140

STEP 59 點選正視於 ，點選直狹槽 ，繪製如圖 5-140 所示之外形。

60 點選伸長除料 ，伸長類型：完全貫穿，確定後完成(如圖 5-141 所示)。

⏻ 圖 5-141

 61 點選鏡射 ，對話框中：

(1) 鏡射參考面：點選前基準面

(2) 鏡射特徵：步驟 60 剛完成之除料特徵，確定後完成(如圖 5-142 所示)。

⏻ 圖 5-142

 62 再點選模型內部上平面(如圖 5-143 所示)，進入草圖繪製。

 63 (1) 繪製一水平通過原點之中心線，在中心線上方繪製一封閉圓，並將其鏡射至中心線下方。

此面

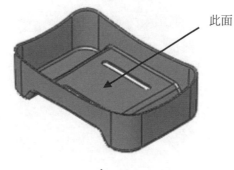

⏻ 圖 5-143

CHAPTER
5

(2) 點選標註尺寸，標註之尺寸如圖 5-144 所示。

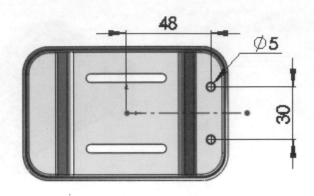

↻ 圖 5-144

STEP 64 點選伸長除料 ，伸長類型：完全貫穿，確定後完成(如圖 5-145 所示)。

 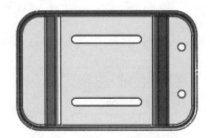

↻ 圖 5-145

STEP 65 點選鏡射 ，對話框中：

(1) 鏡射參考面：點選右基準面。

(2) 鏡射特徵：步驟 64 剛完成之除料特徵，確定後完成(如圖 5-146 所示)。

 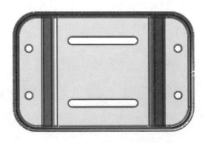

↻ 圖 5-146

66 產品外形已設計完成，接下來進行模具設計，首先檢視產品的外形：

(1) **分模線**：以 **Y** 方向為開模方向，肥皂盒底座上面外圍最大範圍邊線(如圖 5-147 所示)。

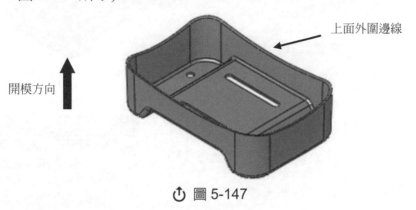

上面外圍邊線

開模方向

◯ 圖 5-147

(2) **靠破孔**：內部 4 個孔洞。

(3) **倒勾**：無。

 67 點選組態管理員 📇，**右鍵**點選零件名稱，選擇"加入模型組態"，在跳出的對話框中，模型組態名稱輸入：模具，確定後產生模具組態(如圖 5-148 所示)。

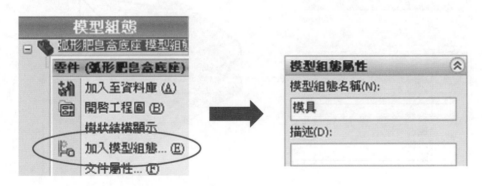

◯ 圖 5-148

 68 點選縮放 📊，在縮放的對話框中：

(1) 相對點：原點。

(2) 縮放率：1.005。

確定後完成(如圖 5-149 所示)。

CHAPTER 5

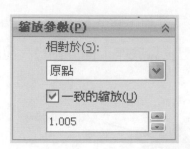

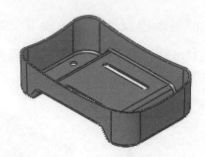

 69　先製作公模部分，再點選組態管理員
　　　，再產生一"公模"組態(如圖 5-150
　　　所示)。

① 圖 5-150

70　組態設定在"公模"狀態下，點選平坦
　　　曲面 ，對話框中：
　　　修補邊線：底部外表面邊線。
　　　確定後完成(如圖 5-151 所示)。

修補邊線

① 圖 5-151

71　點選規則曲面 ，在對話框中：

(1) 類型：相切於曲面。

(2) 距離：35mm。

(3) 邊線選擇：點選如圖 5-152 之邊線，須注意方向箭頭，如有錯誤，點選 "替換面" 按鈕。

(4) 再點選如圖 5-153 之邊線，同樣須注意方向箭頭。

(5) 再點選如圖 5-154 之邊線，同樣須注意方向箭頭。

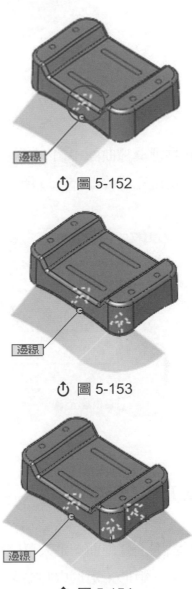

↻ 圖 5-152

↻ 圖 5-153

↻ 圖 5-154

STEP 72　同樣方式選取所有邊線，確定後完成(如圖 5-155 所示)。

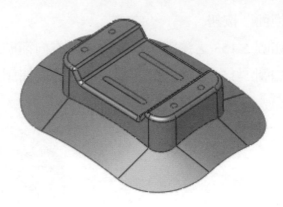

⟳ 圖 5-155

STEP 73　點選縫織曲面 ，將規則曲面與"模型內部"曲面縫織為一個曲面，確定後完成(如圖 5-156 所示)。

縫織曲面

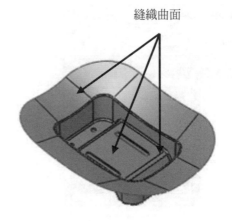

⟳ 圖 5-156

說明　在選擇欲縫織的曲面，需將模型內部表面全部選取。

STEP 74　點選上基準面，進入草圖繪製 ，點選正視於 ，點選矩形 ，繪製一矩形，矩形中心點與原點重合，標註之尺寸如圖 5-157 所示。

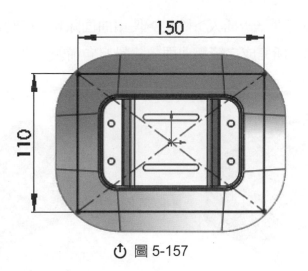

⏻ 圖 5-157

STEP 75 點選伸長填料 ，對話框中：

(1) 方向 1：伸長類型：給定深度；深度：50mm。

(2) 方向 2：伸長類型：給定深度；深度：20mm。

確定後完成(如圖 5-158 所示)。

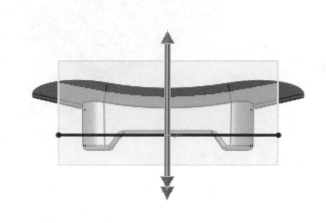

⏻ 圖 5-158

STEP 76 點選下拉式功能表：插入＞除料＞使用曲面除料，在對話框中，除料曲面：
點選步驟 73 所完成之縫織曲面，除料方向箭頭：向外，確定後完成(如圖
5-159 所示)。

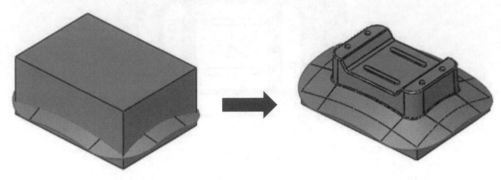

↻ 圖 5-159

STEP 77 除料完成後，左鍵點選除料之縫織曲面，選擇"隱藏"，將曲面隱藏以便
於後續作圖(如圖 5-160 所示)。

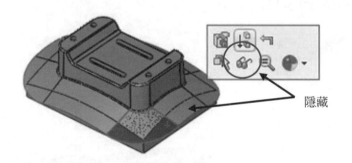

隱藏

↻ 圖 5-160

STEP 78 存檔：弧形肥皂盒底座。

STEP 79 接下來製作母模部分。

(1) 開啓一"新組合件"檔，將剛完成之公模零件放置於組合件中(如圖
5-161 所示)。

(2) "將組合件存檔"：弧形肥皂盒底座模具組合。

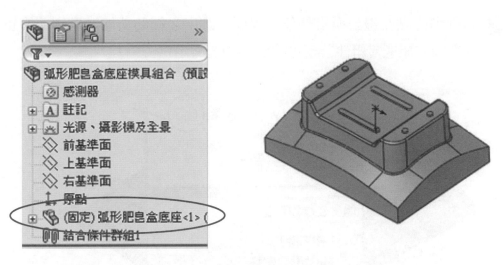

⏻ 圖 5-161

STEP 80 點選插入零組件 ，(或點選下拉式功能表：插入＞零組件＞現有的零件／組合件)，將將公模零件再放置一次於組合件中(如圖 5-162 所示)。

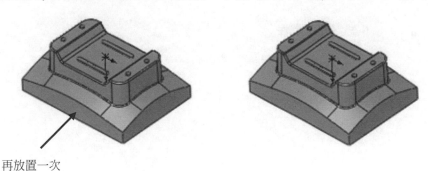

再放置一次

⏻ 圖 5-162

STEP 81　右鍵點選點左邊公模零件任一表面，跳出之輔助功能表選擇"零組件屬性"或"組態零組件"皆可(如圖 5-163 所示)。

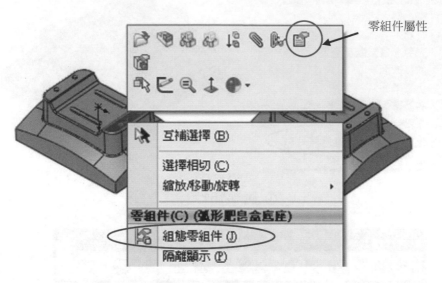

零組件屬性

① 圖 5-163

STEP 82　選擇"零組件屬性"，對話框中屬性對話框中將組態切換成"模具"組態(如圖 5-164 所示)。

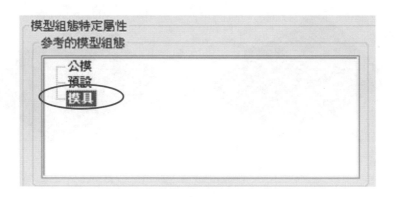

① 圖 5-164

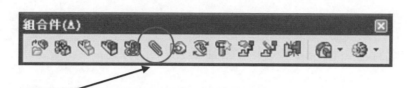

點選結合 ：

點選組態公模零件前基準面及組態模具零件前基準面，設定：重合／共線
／共點(如圖 5-165 所示)。

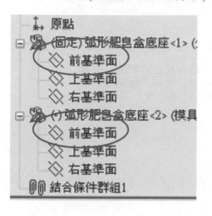

將此兩面貼合

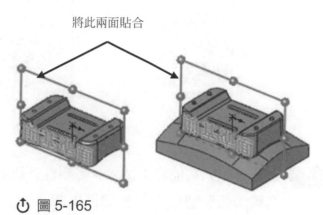

↻ 圖 5-165

(1) 點選組態公模零件右基準面及組態模具零件右基準面，設定：重合／
　　共線／共點。

(2) 點選組態公模零件上基準面及組態模具零件上基準面，設定：重合／
　　共線／共點。

確定後完成(如圖 5-166 所示)。

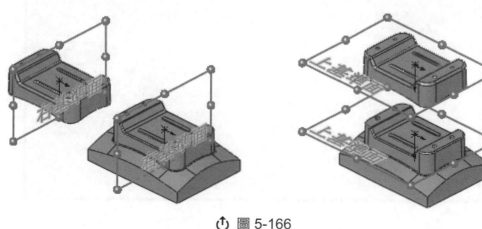

↻ 圖 5-166

CHAPTER 5

STEP 85 下拉式功能表：工具＞選項，對話框中"組合件"選項中，勾選"將新零組件儲存至外部檔案"選項(如圖 5-167 所示)。

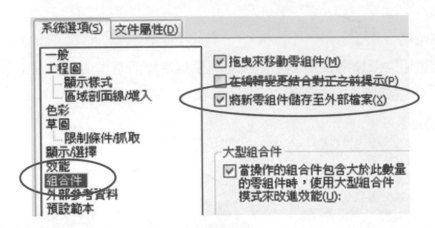

↻ 圖 5-167

STEP 86 點選下拉式功能表：插入＞零組件＞新零件，同時跳出存檔對話框，存檔名稱：弧形肥皂盒底座-母模(如圖 5-168 所示)。

↻ 圖 5-168

STEP 87　將游標移至組合件上基準面時，游標變爲 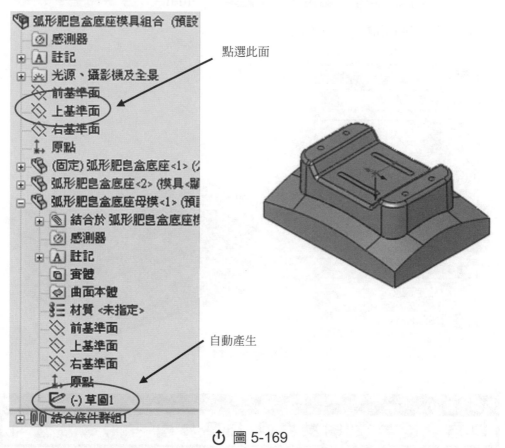，點選組合件上基準面(如圖 5-169 所示)，以此平面作爲新零件之前基準面，且以此平面"自動"進入草圖繪製狀態。

點選此面

自動產生

① 圖 5-169

STEP 88　點選正視於 ，點選矩形 ，繪製一矩形，矩形大小與公模零件大小相同(如圖 5-170 所示)。

矩形草圖

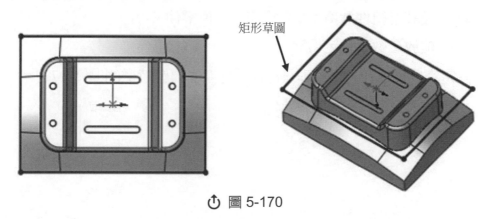

① 圖 5-170

CHAPTER 5

STEP 89　點選伸長填料 ，在對話框中：

(1)　方向 1：類型：給定深度；距離：40mm。

(2)　方向 2：類型：給定深度；距離：25mm。

確定後完成(如圖 5-171 所示)。

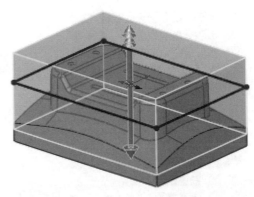

↻ 圖 5-171

STEP 90　點選模塑 ，在模塑對話框中：

(1)　設計零組件選項：點選底座、公模零件。

(2)　縮放參數：設定為零。

確定完成後，在特徵管理員母模零件產生模塑特徵(如圖 5-172 所示)。

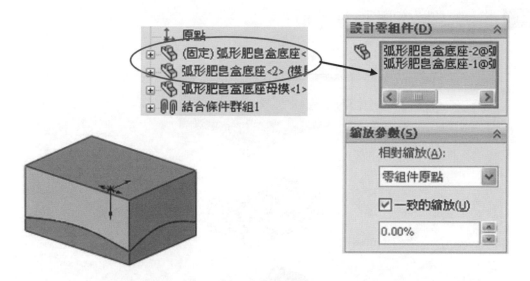

↻ 圖 5-172

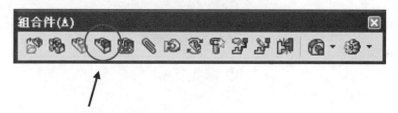

STEP 91　點選編輯零件 🗗，結束母模零件編輯，回到組合件狀態。

STEP 92　從組合件中，開啟母模零件，完成母模零件製作(如圖 5-173 所示)。

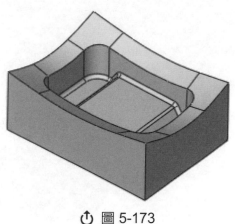

↻ 圖 5-173

CHAPTER 5

STEP 93　模具完成圖(如圖 5-174 所示)。

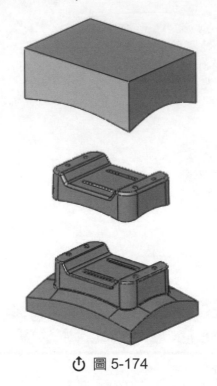

⏻ 圖 5-174

5-4　練習題

5-4-1　杯子

拆模步驟

1. 開啟光碟片：\第 5 章\杯子(練習題)\杯子.sldprt。

2. 使用本章節 5-1、手動設定選項及參數之方式。

3. 使用分模線 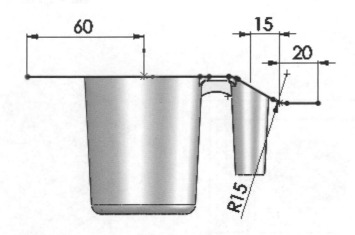 設定分模線。

4. 使用封閉曲面 封閉靠破孔。

5. 使用伸長曲面產生分模面。

    (1) 繪製草圖

    (2) 伸長曲面

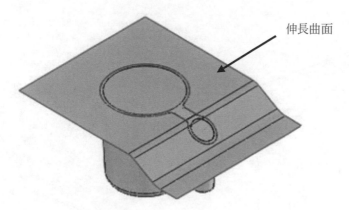

伸長曲面

(3) 修剪曲面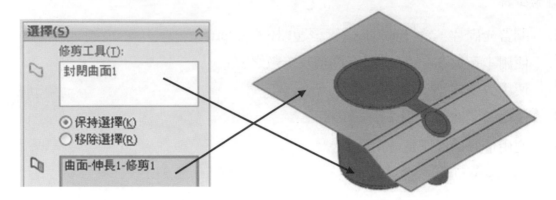

6. 模具分割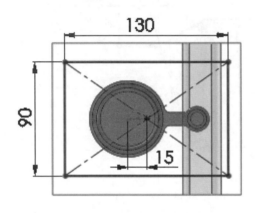

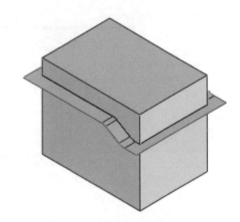

7. 公母模分離

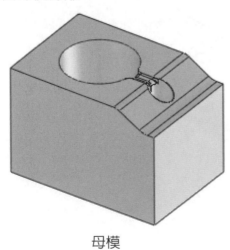

母模

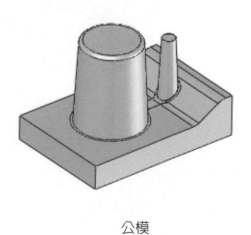

公模

5-4-2　聽筒上蓋

拆模步驟

1. 開啟光碟片：\第 5 章\聽筒上蓋(練習題)\聽筒上蓋.sldprt。

2. 使用本章節 5-3、組合件操作之方式。

3. 使用功能：

　　(1)　規則曲面 🖉

　　(2)　縫織曲面 👕

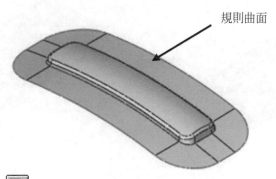

規則曲面

　　(3)　伸長填料 🔲

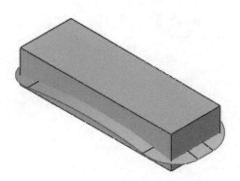

(4) 曲面除料

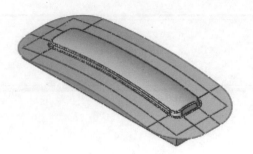

(5) 開啓組合件及組態切換

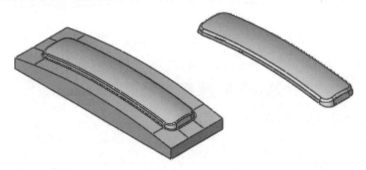

(6) 零件結合  及產生新零件

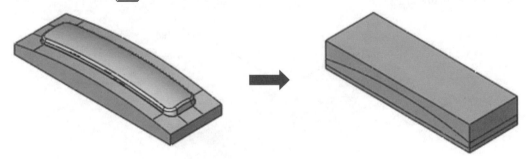

(7) 模塑功能

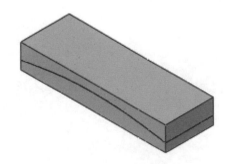

4. 完成圖(如下圖所示)

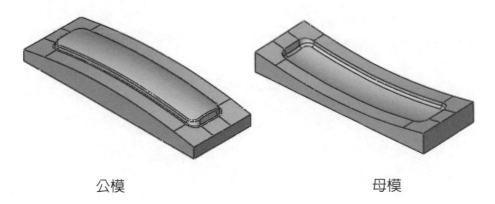

公模 母模

倒勾的處理

6-1　成形品外側有倒勾部分

　　6-1-1　模穴分割方式

　　6-1-2　倒勾部分分割方式

6-2　成形品內側有倒勾部分

6-3　練習題

　　6-3-1　馬克杯

　　6-3-2　支架

成形品有倒勾部分時，模具結構將較為複雜，並且倒勾部分在成形品內側或外側不同位置時，在模具上之結構也有所不同。

說明 倒勾在模具上稱謂很多，例如：嵌角、死角、凹割等等。

6-1 成形品外側有倒勾部分

成形品外側側壁有螺栓孔、散熱孔或凸出之造型等(如圖 6-1 所示)，以致於在成形品外側產生倒勾部分。為了使成形品在不損傷的狀況下，順利自模具中取出，在有倒勾的部分，需在模具上設計滑塊機構，以避開倒勾問題。以下介紹兩種常用之方式：

⏻ 圖 6-1　外側倒勾之產品

6-1-1　模穴分割方式

外有螺紋之零件、帶有握柄之杯狀物，或成形品外側側壁多處有凸出凹陷之造型時，必須將模具的模穴部分一分為二，或分割為好幾個部分，開模時移動這些分割部分，以避開倒勾問題(如圖 6-2、6-3 所示)。

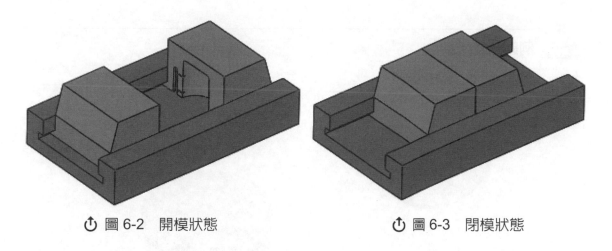

⏻ 圖 6-2　開模狀態　　　　　⏻ 圖 6-3　閉模狀態

　　在滑塊的中間適當位置以傾斜銷(牛角)穿過，而在模具打開時，固定在模板上的傾斜銷會撥動滑塊往側面移動，使得倒勾的地方在產品被頂出前得以脫離(如圖 6-4 所示)。

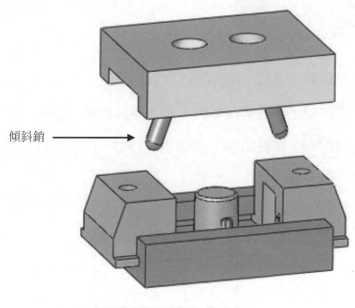

傾斜銷

⏻ 圖 6-4　傾斜銷機構

CHAPTER
6

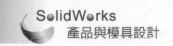

 例題：調味罐

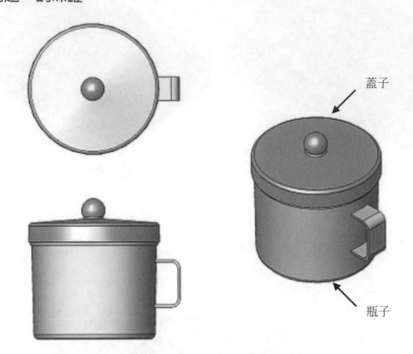

蓋子

瓶子

 調味罐分為蓋子及瓶子兩部分，先製作蓋子部分。

 開啟新零件檔，點選**前基準面**，進入草圖繪製 🖉。

 點選直線 ⬛，繪製如圖 6-5 所示之外形，點選標註尺寸 ⬛，標註之尺寸如圖 6-5 所示。

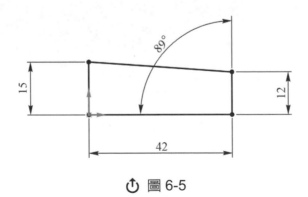

⏻ 圖 6-5

4 點選旋轉填料 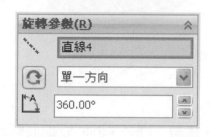，對話框中：

(1) 旋轉軸：通過原點之垂直線。

(2) 單一方向；360 度。

確定後完成(如圖 6-6 所示)。

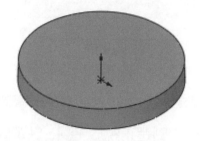

↻ 圖 6-6

 5 點選圓角 ，在對話框中：

(1) 圓角類型：固定半徑；半徑：2mm。

(2) 圓角邊線：如圖 6-7 所示之邊線。

確定後完成。

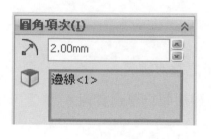

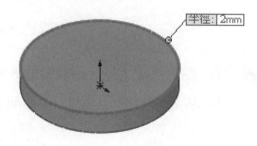

↻ 圖 6-7

 6 點選薄殼 ，厚度：1.5mm，移除面：點選模型底面，確定後完成(如圖 6-8 所示)。

CHAPTER 6

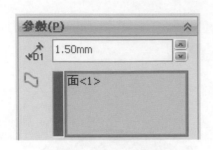

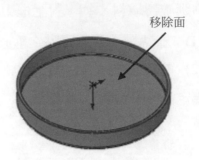

移除面

⟳ 圖 6-8

STEP 7 點選**前基準面**，進入草圖繪製 。

STEP 8 (1) 點選正視於 ，點選圓 ，繪製一圓形，圓心點與原點垂直放置
(如圖 6-9 所示)。

(2) 點選標註尺寸 ，標註之尺寸如圖 6-9 所示。

圓心點與原點
垂直放置

Ø15

20

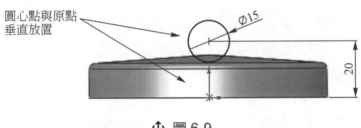

⟳ 圖 6-9

STEP 9 (1) 點選直線 ，繪製如圖 6-10 所示之垂直線。

(2) 點選參考圖元 ，將模型右邊斜線複製為草圖實線。

模型右邊斜線複製為
草圖實線

Ø15

20

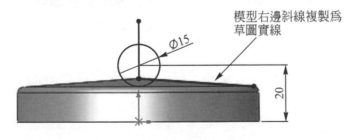

⟳ 圖 6-10

10 點選修剪圖元 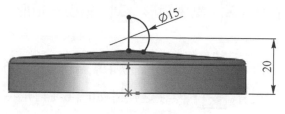功能，修剪成如圖 6-11 所示之草圖外形。

⊕ 圖 6-11

 11 點選旋轉填料 ，對話框中：

(1) 旋轉軸：通過原點之垂直線。

(2) 單一方向；360 度。

確定後完成(如圖 6-12 所示)。

⊕ 圖 6-12

 12 點選圓角 ，在對話框中：

(1) 圓角類型：固定半徑；半徑：1mm。

(2) 圓角邊線：如圖 6-13 所示之邊線。

確定後完成。

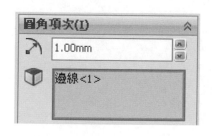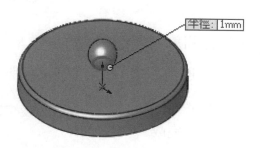

⊕ 圖 6-13

CHAPTER 6

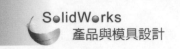
 13 　點選**前基準面**，進入草圖繪製 。

STEP 14 　(1)　點選正視於 　，點選矩形 　，繪製一矩形，矩形左下角與原點重合。

　　　(2)　點選草圖圓角 　，矩形右上角導圓角 1.5。

　　　(3)　點選標註尺寸 　，標註之尺寸如圖 6-14 所示。

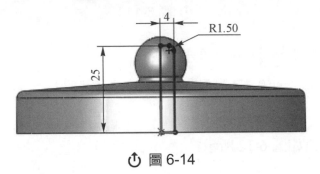

⟳ 圖 6-14

STEP 15 　點選旋轉除料 　，對話框中：

　　　(1)　旋轉軸：通過原點之垂直線。

　　　(2)　單一方向；360 度。

　　　確定後完成(如圖 6-15 所示)。

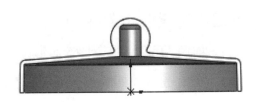

⟳ 圖 6-15

STEP 16 　點選圓角 　，在對話框中：

　　　(1)　圓角類型：固定半徑；半徑：2mm。

　　　(2)　圓角邊線：如圖 6-16 所示之邊線。

　　　確定後完成。

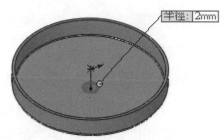

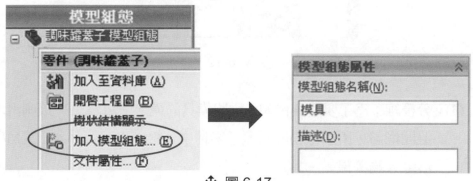

🔘 圖 6-16

STEP 17 點選組態管理員 ，右鍵點選零件名稱，選擇**加入模型組態**，在跳出的對話框中，模型組態名稱輸入：模具，確定後產生模具組態(如圖 6-17 所示)。

🔘 圖 6-17

STEP 18 點選特徵管理員 ，回到特徵樹顯示狀態，點選縮放 ，在縮放的對話框中：

(1) 相對點：原點。

(2) 縮放率：1.005。

確定後完成(如圖 6-18 所示)，**儲存檔案：蓋子**。

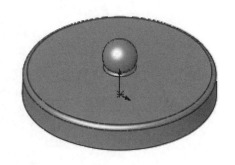

🔘 圖 6-18

CHAPTER 6

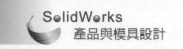
STEP 19　產品外形已設計完成，接下來進行模具設計，首先檢視產品的外形：

(1) **靠破孔**：無。

(2) **倒勾**：若以如圖 6-19 所示方向爲開模方向，圓形凸出物與主體相接部分爲倒勾部分，無法只以上下模方式製作，倒勾部分須製作滑塊，以避開倒勾部分，使之能夠順利脫模。

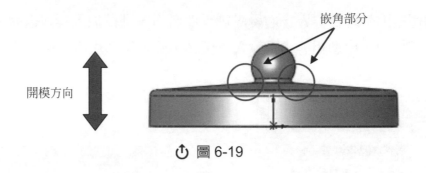

↻ 圖 6-19

(3) **分模線**：爲了要避開倒勾，需將模具的模穴一分爲二，以側滑塊方式避開倒勾，所以分模線爲蓋子零件中分線，以及圖 6-19 視角所視外形最大輪廓線。

STEP 20　模具結構共分爲公模、母模、側滑塊、公模模仁、傾斜銷等(如圖 6-20 所示)，母模及傾斜銷部分我們略過不提，茲介紹其他部分。

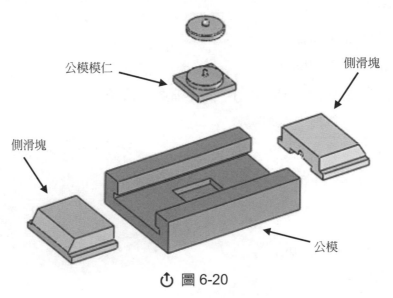

↻ 圖 6-20

21 製作公模。開啟新零件檔，點選**前基準面**，進入草圖繪製 。

 22 點選中心線 ，繪製一垂直且通過原點之中心線，點選直線 ，在中心線右邊繪製公模外形，底部線段與原點重合，右半部完成後，使用鏡射圖元 ，將右半部鏡射至中心線左半部(如圖 6-21 所示)。

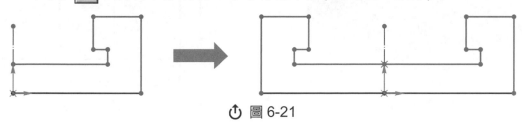

↻ 圖 6-21

23 點選標註尺寸 ，標註之尺寸如圖 6-22 所示。

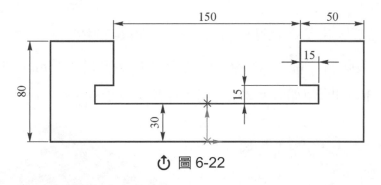

↻ 圖 6-22

24 點選伸長填料 ，伸長類型：兩側對稱，深度：350mm，確定後完成(如圖 6-23 所示)。

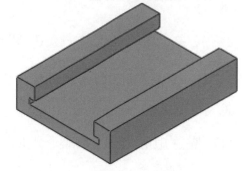

↻ 圖 6-23

CHAPTER 6

STEP 25 點選如圖 6-24 所示之面，進入草圖繪製 。

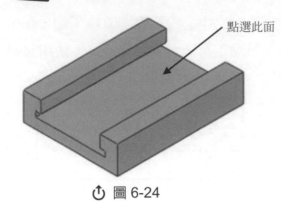

點選此面

① 圖 6-24

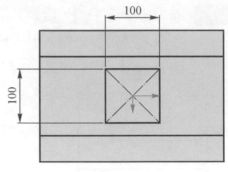

① 圖 6-25

STEP 26 (1) 點選正視於 ，點選矩形 ，繪製一矩形，矩形中心點與原點重合。

(2) 點選標註尺寸 ，標註之尺寸如圖 6-25 所示。

STEP 27 點選伸長除料 ，除料類型：給定深度，深度：15mm，確定後完成公模模仁植入凹槽(如圖 6-26 所示)，**存檔：蓋子-公模**。

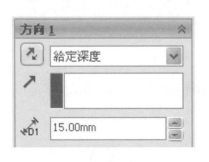

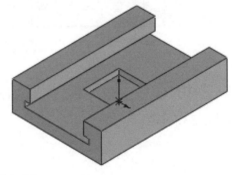

① 圖 6-26

STEP 28 製作公模模仁。開啟新零件檔，點選**上基準面**，進入草圖繪製。

STEP 29 (1) 點選矩形 ，繪製一矩形，矩形中心點與原點重合。

(2) 點選標註尺寸 ，標註之尺寸如圖 6-27 所示。

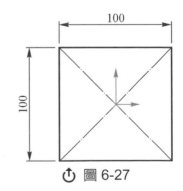

① 圖 6-27

STEP 30 　點選伸長填料 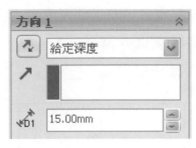，伸長類型：給定深度，深度：15mm，確定後完成(如圖 6-28 所示)。

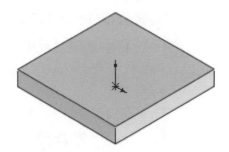

ᗚ 圖 6-28

STEP 31 　點選如圖 6-29 之平面，進入草圖繪製 。

點選此面

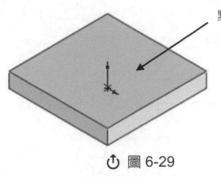

ᗚ 圖 6-29

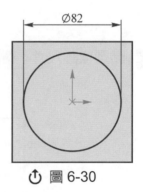

ᗚ 圖 6-30

STEP 32 　點選正視於 ，點選圓 ，繪製一圓形，圓心點與原點重合，標註尺寸：直徑 82mm(如圖 6-30 所示)。

STEP 33 　點選伸長填料 ，伸長類型：給定深度，深度：35(超過蓋子高度即可)，確定後完成，**存檔：蓋子-公模模仁**(如圖 6-31 所示)。

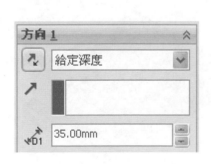

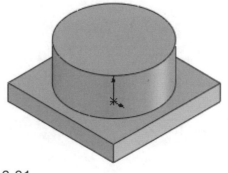

ᗚ 圖 6-31

STEP 34 製作側滑塊。開啟新零件檔,點選**前基準面**,進入草圖繪製。

STEP 35 點選中心線 ⊞ ,繪製一垂直且通過原點之中心線,點選直線 ◥ ,在中心線右邊繪製公模外形,底部線段與原點重合,右半部完成後,使用鏡射圖元 ⚠ ,將右半部鏡射至中心線左半部(如圖 6-32 所示)。

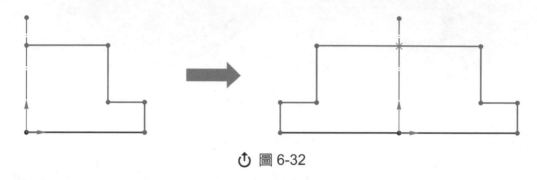

⏻ 圖 6-32

STEP 36 點選標註尺寸 🖉 ,標註之尺寸如圖 6-33。

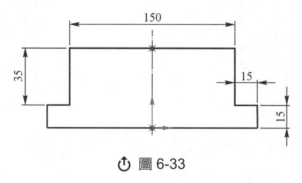

⏻ 圖 6-33

STEP 37 點選伸長填料 🗔 ,伸長類型:給定深度,深度:120mm,確定後完成(如圖 6-34 所示)。

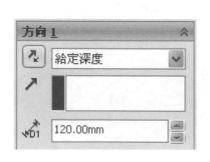
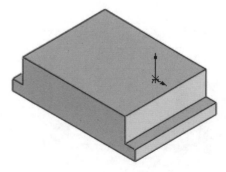

⏻ 圖 6-34

STEP 38 點選**右基準面**，進入草圖繪製，點選正視於 ⬍，點選直線 ◥，繪製一斜線，斜線二端點與模型上邊線與左邊線"重合"，標註之尺寸如圖 6-35 所示。

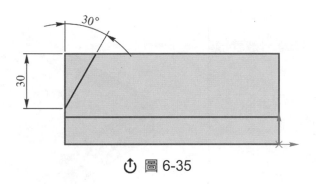

↻ 圖 6-35

STEP 39 點選伸長除料 ▣，除料時需注意除料方向箭頭，確定後完成(如圖 6-36 所示)。**存檔：蓋子-側滑塊**。

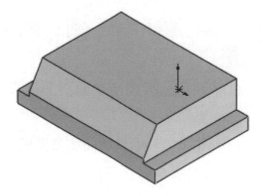

↻ 圖 6-36

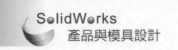
STEP 40　開啓新組合件，將公模零件放置於組合件中，將組合件存檔：**調味罐蓋子模具組合**(如圖 6-37 所示)。

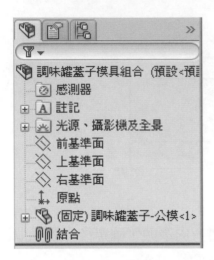

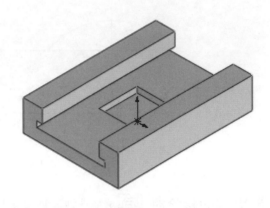

↻ 圖 6-37

STEP 41　點選插入零組件功能 ，將蓋子-公模模仁放置於組合件中，點選結合　：

(1) 點選公模前基準面與公模模仁前基準面，設定"重合／共線／共點"。

(2) 點選公模右基準面與公模模仁右基準面，設定"重合／共線／共點"(如圖 6-38 所示)。

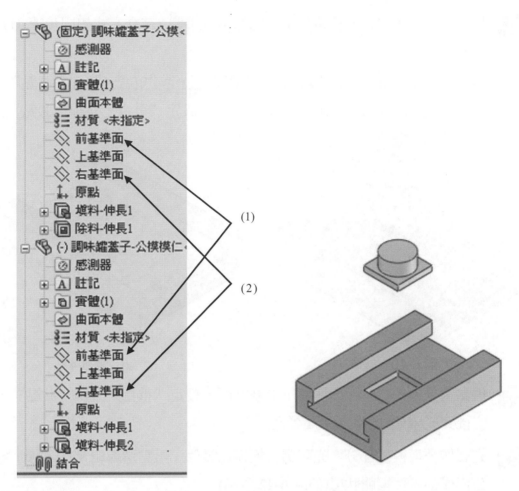

↻ 圖 6-38

STEP 42　再點選公模凹槽底面與公模模仁底座之底面，設定"重合共線共點"，確定後完成(如圖 6-39 所示)。

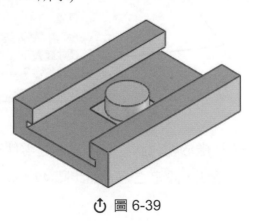

↻ 圖 6-39

CHAPTER 6

STEP 43 接下來將蓋子放置於組合件中，點選結合 🔗 (結合方式如同步驟 41) (如圖 6-40 所示)：

(1) 點選公模前基準面與蓋子前基準面，設定"重合／共線／共點"。

(2) 點選公模右基準面與蓋子右基準面，設定"重合／共線／共點"。

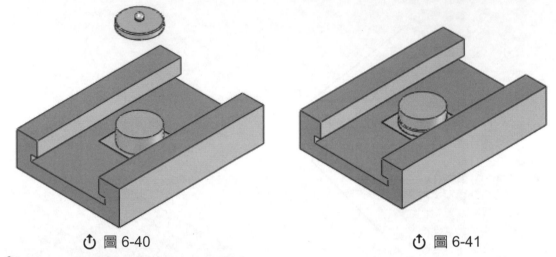

↻ 圖 6-40　　　　　　　　　　　↻ 圖 6-41

STEP 44 再點選公模模仁平台面與蓋子上基準面，設定"重合／共線／共點"，確定後完成(如圖 6-41 所示之平面)。

STEP 45 先製作公模模仁部分。先點選公模模仁零件，再點選編輯零件 🖼️，進入公模模仁零件編輯狀態(如圖 6-42 所示)。

先點選公模模仁
再點選編輯零件

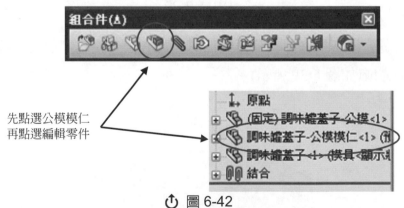

↻ 圖 6-42

STEP 46 當組合件中某一零件處於編輯狀態時，其他之零件可設定透明或不透明，此例題我們設定不透明，設定之方式如步驟 47，如無發生透明狀態時，步驟 47 可略過。

47 將其他零件設定為不透明狀態,下拉式功能表:工具>選項,對話框中"顯示/選擇"選項中將"對關聯編輯時開啟組合件透明"設定為"不透明組合件"(如圖 6-43 所示)。

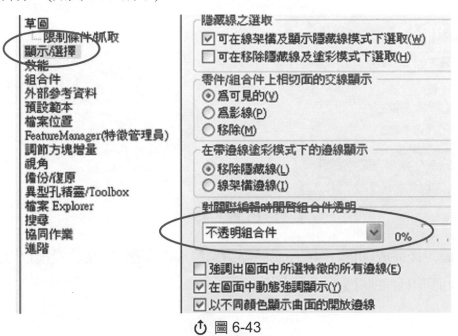

🔘 圖 6-43

 48 點選模塑 🔲,在模塑對話框中(如圖 6-44 所示):

(1) 設計零組件:點選蓋子零件。

(2) 縮放參數:設定為零。

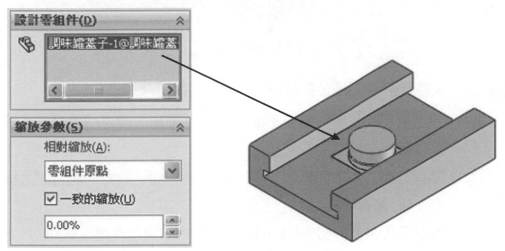

🔘 圖 6-44

CHAPTER 6

STEP 49　確定後跳出保持的本體對話框，勾選"所選本體"，要選擇本體 1 還是本體 2，需看模型中**粉紅色預覽**邊線(保留部分)，勾選本體 1 時杯體模心零件底部出現預覽邊線，這部分是我們要保留下來部分(如圖 6-45 所示)。

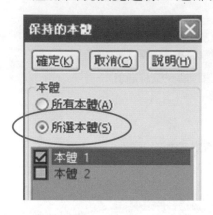
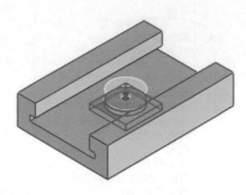

↻ 圖 6-45

STEP 50　確定後完成(如圖 6-46 所示)。點選編輯零件 ，結束公模模仁零件編輯，回到組合件狀態。

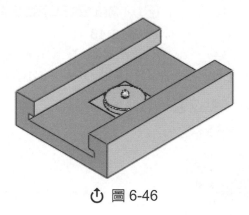

↻ 圖 6-46

STEP 51　接下來將蓋子-側滑塊放置於組合件中。點選結合 🖉：

(1) 點選公模前基準面與蓋子-側滑塊前基準面，設定"重合／共線／共點"。

(2) 點選公模右基準面與蓋子-側滑塊右基準面，設定"重合／共線／共點"(如圖 6-47 所示)。

(3) 點選公模滑塊槽面(如圖 6-48 所示之平面)與側滑塊之底面，設定"重合／共線／共點"。

確定後完成。

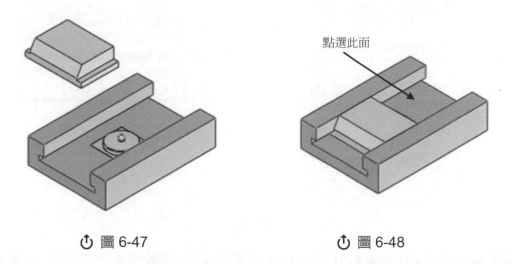

點選此面

⟳ 圖 6-47　　　　　　　　　⟳ 圖 6-48

STEP 52　接下來製作側滑塊部分。先點選側滑塊零件，再點選編輯零件 🧊 ，進入
側滑塊零件編輯狀態(如圖 6-49 所示)。

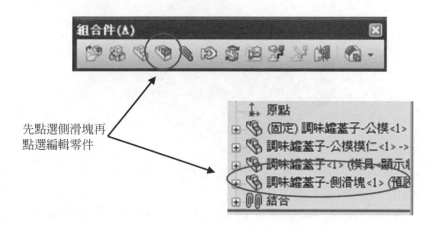

先點選側滑塊再
點選編輯零件

⟳ 圖 6-49

STEP 53　點選模塑 🔲 ，在模塑對話框中(如圖 6-50 所示)：

(1) 設計零組件選項：點選公模模仁、蓋子等零件。

(2) 縮放參數：設定為零。

CHAPTER
6

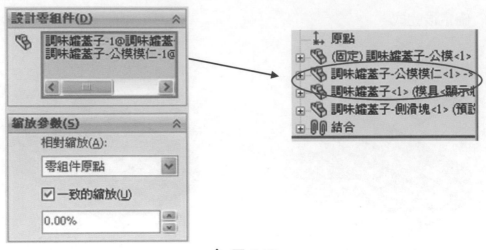

🔱 圖 6-50

STEP 54　確定後完成(如圖 6-51 所示)。點選編輯零件 🔲 ，結束側滑塊零件編輯，
回到組合件狀態。

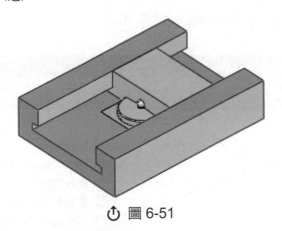

🔱 圖 6-51

STEP 55　另一邊側滑塊使用鏡射零組件功能完成。點選下拉式功能表：
插入＞鏡射零組件，在鏡射零組件對話框中：

(1) 鏡射平面：點選組合件之前基準面。

(2) 鏡射的零組件：點選側滑塊零件，點選"下一步"按鈕，切換另一對
話框(如圖 6-52 所示)。

(3) 點選"產生反手的版本"，再點選"下一步"按鈕，切換另一對話框
(如圖 6-52 所示)。

(4) 點選確定，產生一鏡射零件。

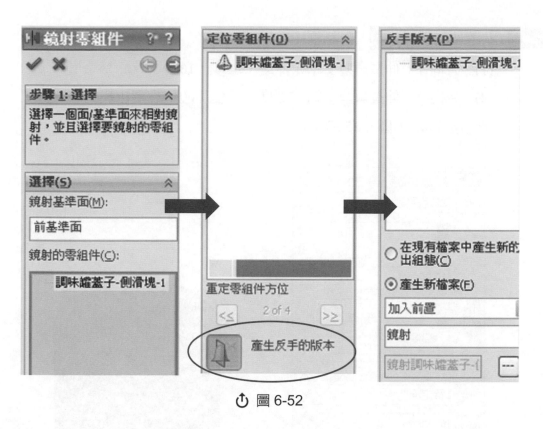

↻ 圖 6-52

STEP 56 點選"確定"按鈕後完成,並產生一側滑對稱零件(如圖 6-53 所示)。

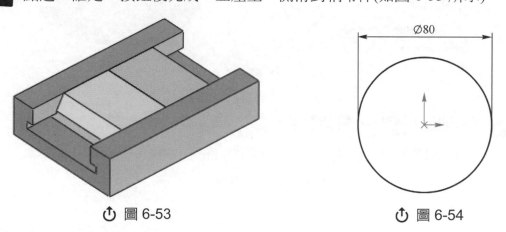

↻ 圖 6-53　　　　　　　↻ 圖 6-54

STEP 57 接下來製作瓶子部分。

STEP 58 開啟新零件檔,點選上基準面,進入草圖繪製 ✎ 。

STEP 59 點選圓 ⊙ ,繪製一封閉圓,圓心點與原點重合,點選標註尺寸 ✎ ,標註之尺寸如圖 6-54 所示。

STEP 60 　點選伸長填料 ，對話框中：

(1) 方向 1：伸長類型：給定深度；深度：10。

(2) 方向 2：伸長類型：給定深度；深度：60；設定拔模角：1 度。

確定後完成(如圖 6-55 所示)。

⏻ 圖 6-55

STEP 61 　點選圓角 ，在對話框中：

(1) 圓角類型：固定半徑；半徑：3mm。

(2) 圓角邊線：如圖 6-56 所示之邊線。

確定後完成。

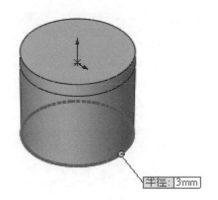

⏻ 圖 6-56

 62　點選**前基準面**，進入草圖繪製 。

 63　(1)　點選正視於 ⬆，點選矩形 ▢，繪製一矩形，矩形左邊垂直線轉換
　　　　為幾何建構線(如圖 6-57 所示)。

　　　(2)　草圖圓角 ⬚，矩形右上角及右上導圓角 5mm。

　　　(3)　點選標註尺寸 ◇，標註之尺寸如圖 6-57 所示。

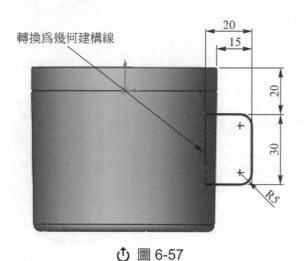

⏻ 圖 6-57

 64　點選伸長填料 ⬚，對話框中：

　　(1)　伸長類型：兩側對稱；深度：15mm。

　　(2)　薄件特徵：類型：單一方向；厚度：1.5mm。

確定後完成(如圖 6-58 所示)。

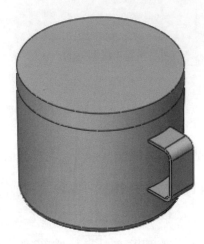

↻ 圖 6-58

STEP 65　點選薄殼 ，厚度：1.5mm，移除面：點選模型頂面，確定後完成(如圖 6-59 所示)。

移除面

↻ 圖 6-59

STEP 66　點選**前基準面**，進入草圖繪製 。

STEP 67　(1) 點選正視於 ，點選圓 ，繪製一圓形，圓心點與模型邊線設定
　　　　　"貫穿"之限制條件(如圖 6-60 所示)。

(2) 點選標註尺寸 ，標註之尺寸如圖 6-60 所示。

(3) 點選中心線 ，繪製一垂直通過原點之中心線。

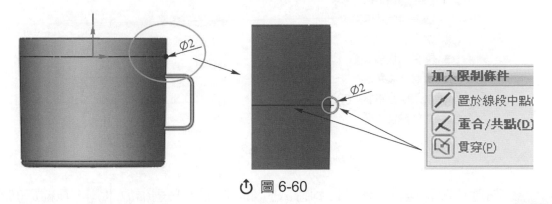

⟳ 圖 6-60

STEP 68 點選旋轉填料 ，對話框中：

(1) 旋轉軸：點選通過原點之中心線。

(2) 單一方向；360 度。

確定後完成(如圖 6-61 所示)。

⟳ 圖 6-61

STEP 69 點選組態管理員 ，**右鍵**點選零件名稱，選擇**加入模型組態**，在跳出的對話框中，模型組態名稱輸入：模具，確定後產生模具組態(如圖 6-62 所示)。

CHAPTER
6

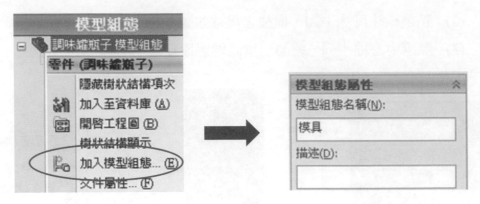

⏻ 圖 6-62

STEP 70　點選特徵管理員 ⬛，回到特徵樹顯示狀態，點選縮放 ⬛，在縮放的對話框中：

(1) 相對點：原點。

(2) 縮放率：1.005。

確定後完成(如圖 6-63 所示)，儲存檔案：瓶子。

⏻ 圖 6-63

STEP 71　產品外形已設計完成，接下來進行模具設計，首先檢視產品的外形：

(1) **靠破孔**：無。

(2) **倒勾**：若以如圖 6-64 所示方向為開模方向，杯體與握柄連接部分為倒勾部分，無法只以上下模方式製作，倒勾部分須製作滑塊，以避開倒勾部分，使之能夠順利脫模。

開模方向

嵌角部分

⏻ 圖 6-64

(3) **分模線**：爲了要避開倒勾，需將模具的模穴一分爲二，以側滑塊方式
避開倒勾，所以分模線爲瓶子零件中分線，以及圖 6-64 視角所視外
形最大輪廓線。

STEP 72 模具結構共分爲公模、母模、側滑塊、公模模仁、傾斜銷等(如圖 6-65 所
示)，母模及傾斜銷部分我們略過不提，茲介紹其他部分。

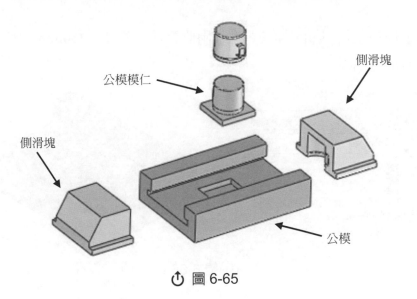

公模模仁

側滑塊

側滑塊

公模

⏻ 圖 6-65

STEP 73 製作公模。開啓新零件檔，點選**前基準面**，進入草圖繪製 🖉。

STEP 74 點選中心線 📏，繪製一垂直且通過原點之中心線，點選直線 ＼，在中
心線右邊繪製公模外形，底部線段與原點重合，右半部完成後，使用鏡射
圖元 🔔，將右半部鏡射至中心線左半部(如圖 6-66 所示)。

CHAPTER 6

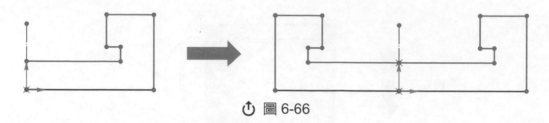

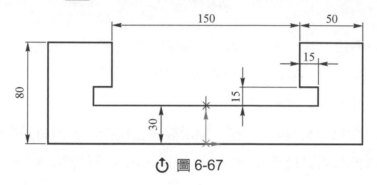

⟳ 圖 6-66

STEP 75　點選標註尺寸 ，標註之尺寸如圖 6-67 所示。

⟳ 圖 6-67

STEP 76　點選伸長填料 ，伸長類型：兩側對稱，深度：350mm，確定後完成(如圖 6-68 所示)。

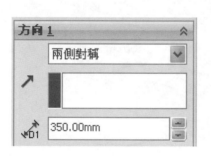

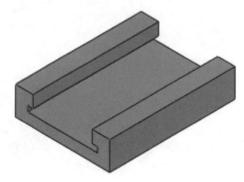

⟳ 圖 6-68

STEP 77　點選如圖 6-69 所示之面，進入草圖繪製 ⟲。

STEP 78　(1)　點選正視於 ◈，點選矩形 ▢，繪製一矩形，矩形中心點與原點重合。

　　　　(2)　點選標註尺寸 ⬦，標註之尺寸如圖 6-70 所示。

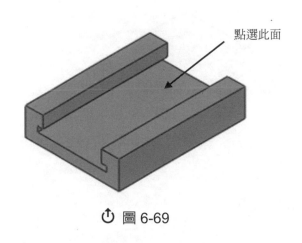

點選此面

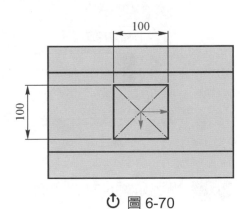

100

100

 79 點選伸長除料 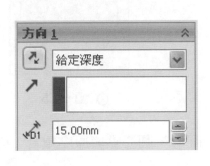（方向1面板），除料類型：給定深度，深度：15mm，確定後完成公模模仁植入凹槽(如圖 6-71 所示)，**存檔：瓶子-公模**。

⏻ 圖 6-69

⏻ 圖 6-70

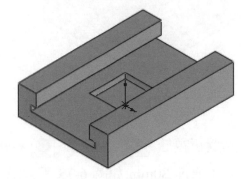

⏻ 圖 6-71

 80 製作公模模仁。開啟新零件檔，點選**上基準面**，進入草圖繪製。

81 (1) 點選矩形 ，繪製一矩形，矩形中心點與原點重合。

(2) 點選標註尺寸 ，標註之尺寸如圖 6-72 所示。

82 點選伸長填料 ，伸長類型：給定深度，深度：15mm，確定後完成(如圖 6-73 所示)。

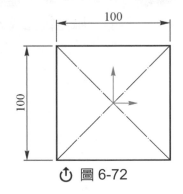

100

100

⏻ 圖 6-72

CHAPTER 6

6-31 ♠

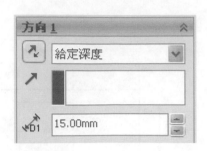

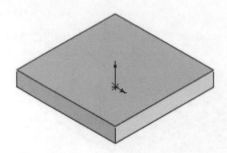

⏻ 圖 6-73

STEP 83 點選如圖 6-74 之平面，進入草圖繪製 。

點選此面

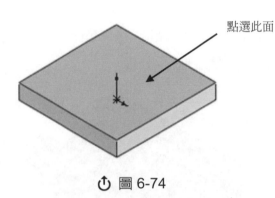

⏻ 圖 6-74

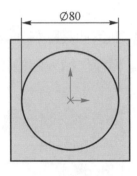

⏻ 圖 6-75

STEP 84 點選正視於 🔼，點選圓 ⊙，繪製一圓形，圓心點與原點重合，標註尺寸：直徑 80mm(如圖 6-75 所示)。

STEP 85 點選伸長填料 ，伸長類型：給定深度，深度：75mm(超過瓶子高度即可)，確定後完成，**存檔：瓶子-公模模仁**(如圖 6-76 所示)。

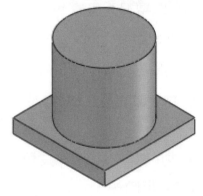

⏻ 圖 6-76

86 製作側滑塊。開啟新零件檔，點選**前基準面**，進入草圖繪製。

 87 點選中心線 ▮▮，繪製一垂直且通過原點之中心線，點選直線 ＼，在中心線右邊繪製公模外形，底部線段與原點重合，右半部完成後，使用鏡射圖元 ▲，將右半部鏡射至中心線左半部(如圖 6-77 所示)。

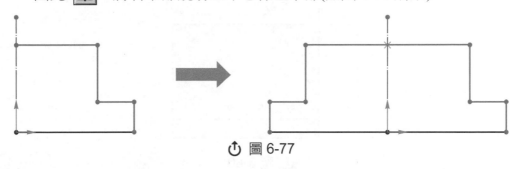

↻ 圖 6-77

 88 點選標註尺寸 ◈，標註之尺寸如圖 6-78。

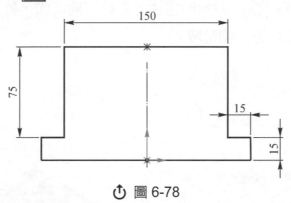

↻ 圖 6-78

 89 點選伸長填料 ▣，伸長類型：給定深度，深度：120mm，確定後完成(如圖 6-79 所示)。

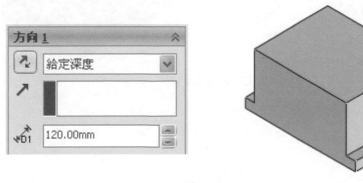

↻ 圖 6-79

CHAPTER 6

STEP 90　點選**右基準面**，進入草圖繪製，點選正視於 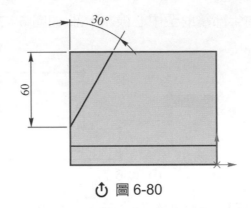，點選直線 ，繪製一斜線，斜線二端點與模型上邊線與左邊線"重合"，標註之尺寸如圖 6-80 所示。

○ 圖 6-80

STEP 91　點選伸長除料 ，除料時需注意除料方向箭頭，確定後完成(如圖 6-81 所示)。**存檔：瓶子-側滑塊。**

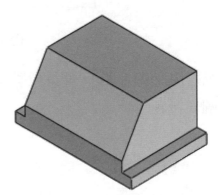

○ 圖 6-81

^{STEP} 92　開啓**新組合件**，將公模零件放置於組合件中，將**組合件**存檔：**調味罐瓶子模具組合**(如圖 6-82 所示)。

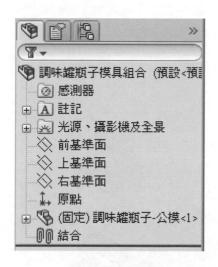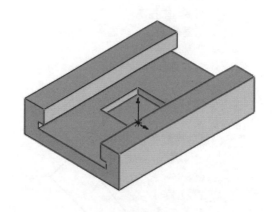

⟳ 圖 6-82

^{STEP} 93　點選插入零組件功能 🖼，將**蓋子-公模模仁**放置於組合件中，點選結合 🖉：

   (1)　點選公模前基準面與公模模仁前基準面，設定"重合／共線／共點"。

   (2)　點選公模右基準面與公模模仁右基準面，設定"重合／共線／共點" (如圖 6-83 所示)。

CHAPTER 6

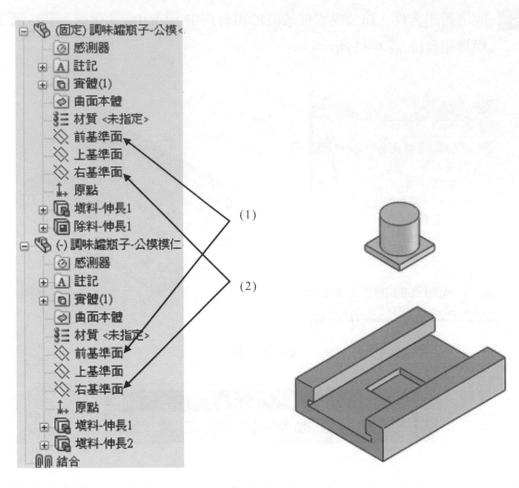

⏻ 圖 6-83

STEP 94 再點選公模凹槽底面與公模模仁底座之底面，設定"重合共線共點"，確定後完成(如圖 6-84 所示)。

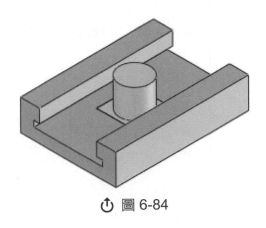

⏻ 圖 6-84

95 接下來將瓶子放置於組合件中，並將瓶子旋轉 180 度(如圖 6-85 所示)。

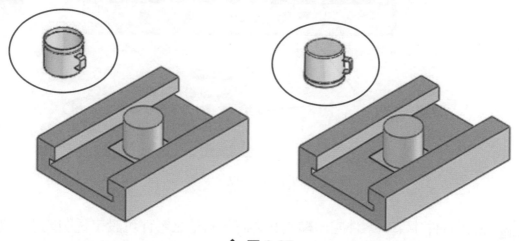

 圖 6-85

 96 接下來將杯子放置於組合件中，點選結合 ：

(1) 點選公模前基準面與杯子前基準面，設定"重合／共線／共點"

(2) 點選公模右基準面與杯子右基準面，設定"重合／共線／共點"

(3) 將公模模仁平台面與杯子杯口上平面，設定"重合／共線／共點"，
確定後完成(如圖 6-86 所示)。

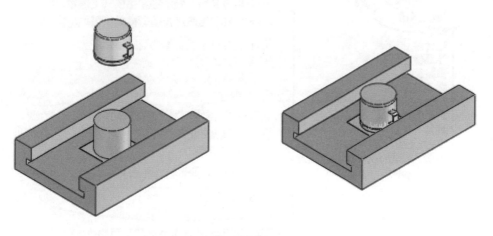

圖 6-86

 97 先製作公模模仁部分。先點選公模模仁零件，再點選編輯零件 ，進入
公模模仁零件編輯狀態(如圖 6-87 所示)。

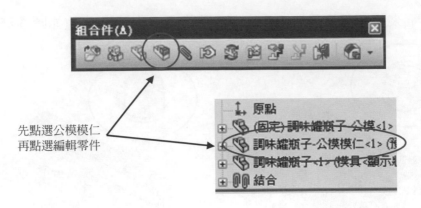

先點選公模模仁
再點選編輯零件

↻ 圖 6-87

98 當組合件中某一零件處於編輯狀態時，其他之零件可設定透明或不透明，此例題我們設定不透明，設定之方式如步驟 99，如無發生透明狀態時，步驟 99 可略過。

99 將其他零件設定為不透明狀態，下拉式功能表：工具＞選項，對話框中"顯示／選擇"選項中將"對關聯編輯時開啟組合件透明"設定為"不透明組合件"(如圖 6-88 所示)。

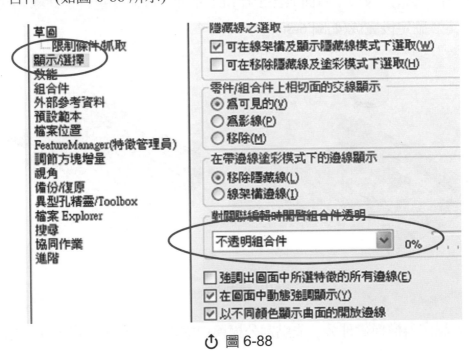

↻ 圖 6-88

100 點選模塑 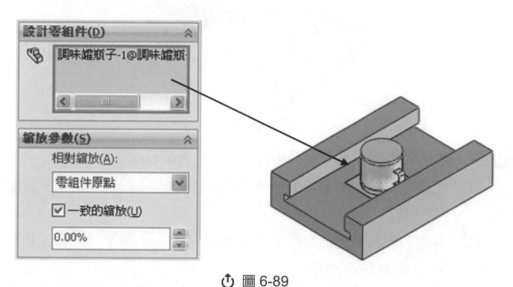，在模塑對話框中：

 (1)　設計零組件：點選瓶子零件。

 (2)　縮放參數：設定為零。

(如圖 6-89 所示)。

↻ 圖 6-89

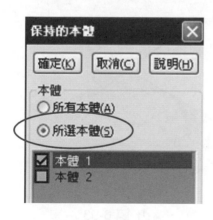 **101** 確定後跳出保持的本體對話框，勾選"所選本體"，要選擇本體 1 還是本體 2，需看模型中**粉紅色預覽**邊線(保留部分)，勾選本體 1 時杯體模心零件底部出現預覽邊線，這部分是我們要保留下來部分(如圖 6-90 所示)。

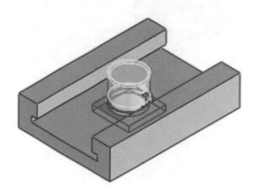

↻ 圖 6-90

STEP 102 確定後完成(如圖 6-91 所示)。點選編輯零件 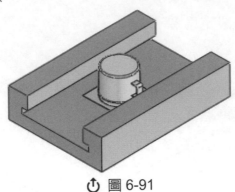，結束公模模仁零件編輯，回到組合件狀態。

⏻ 圖 6-91

STEP 103 接下來將瓶子-側滑塊放置於組合件中。點選結合 ⬚ :

(1) 點選公模前基準面與瓶子-側滑塊前基準面，設定"重合／共線／共點"。

(2) 點選公模右基準面與瓶子-側滑塊右基準面，設定"重合／共線／共點"(如圖 6-92 所示)。

(3) 點選公模滑塊槽面(如圖 6-93 所示之平面)與側滑塊之底面，設定"重合／共線／共點"。

確定後完成。

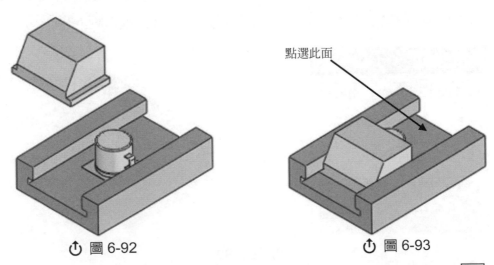

點選此面

⏻ 圖 6-92　　　　　　　　　　　　　　⏻ 圖 6-93

STEP 104 接下來製作側滑塊部分。先點選側滑塊零件，再點選編輯零件 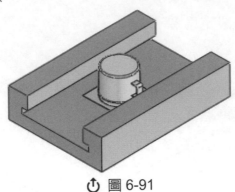，進入側滑塊零件編輯狀態(如圖 6-94 所示)。

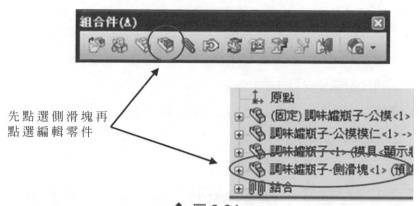

↻ 圖 6-94

STEP 105 點選模塑 ，在模塑對話框中(如圖 6-95 所示)：

    (1) 設計零組件選項：點選公模模仁、瓶子等零件。

    (2) 縮放參數：設定爲零。

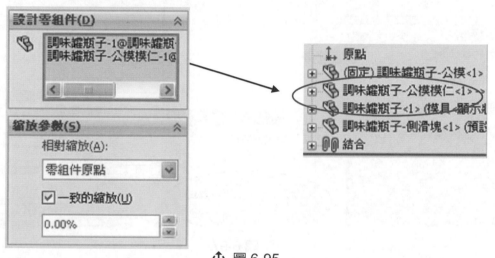

↻ 圖 6-95

STEP 106 確定後完成(如圖 6-96 所示)。點選編輯零件 ，結束側滑塊零件編輯，回到組合件狀態。

STEP 107 另一邊側滑塊使用鏡射零組件功能完成。點選下拉式功能表：
插入＞鏡射零組件，在鏡射零組件對話框中：

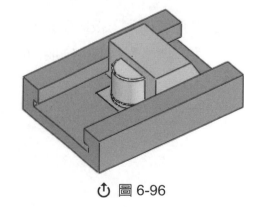

↻ 圖 6-96

CHAPTER 6

(1) 鏡射平面：點選組合件之前基準面。

(2) 鏡射的零組件：點選側滑塊零件，點選 "下一步" 按鈕，切換另一對話框(如圖 6-97 所示)。

(3) 點選 "產生反手的版本"，再點選 "下一步" 按鈕，切換另一對話框(如圖 6-97 所示)。

(4) 點選確定，產生一鏡射零件。

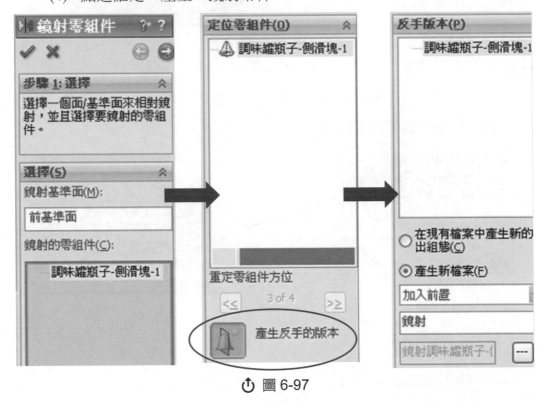

🔄 圖 6-97

STEP 108 點選 "確定" 按鈕後完成，並產生一側滑對稱零件(如圖 6-98 所示)。

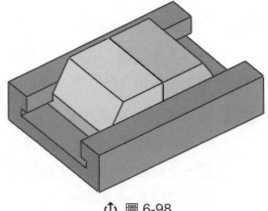

🔄 圖 6-98

例題：紙杯杯套

 開啓新零件檔，點選**上基準面**，進入草圖繪製 。

 點選圓 ⊙，繪製一圓形，圓心點與原點重合，點選標註尺寸 ◇，標註 之尺寸如圖 6-99 所示。

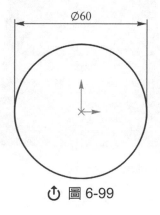

∅60

⏻ 圖 6-99

3 點選伸長填料 ，在對話框中：

(1) 伸長類型：給定深度；深度：60mm(伸長方向：正 Y)。

(2) 設定拔模角：5 度。

確定後完成(如圖 6-100 所示)。

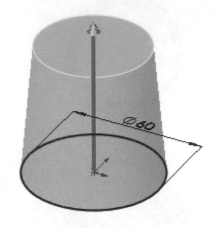

↻ 圖 6-100

4 點選**前基準面**，進入草圖繪製 。

5 點選直線 ，透過直線轉切線弧方式，繪製如圖 6-101 所示線段。

(1) 所設之限制條件及標示之尺寸如圖 6-101 所示。

(2) 透過線形轉換，將所有線段轉為"幾何建構線"。

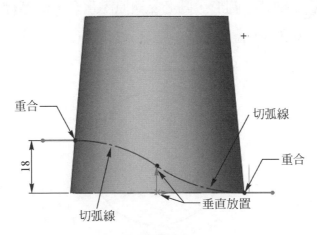

↻ 圖 6-101

6　點選偏移圖元 ，將目前之線段往上偏移 1.5mm(如圖 6-102 所示)。

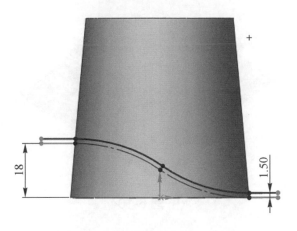

⏻ 圖 6-102

 7　點選伸長曲面 ，在對話框中：

(1)　伸長類型：兩側對稱。

(2)　深度：100mm。

確定後完成(如圖 6-103 所示)。

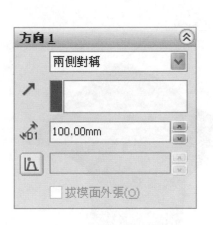

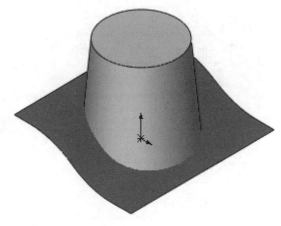

⏻ 圖 6-103

 8　點選**上基準面**，進入草圖繪製 。

 9　使用偏移圖元 ，將目前將第 1 張草圖之圓外形向外偏移 1mm(如圖 6-104 所示)。

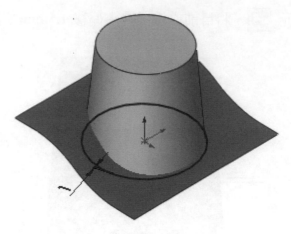

⏻ 圖 6-104

STEP 10　點選伸長填料 ，在對話框中：

(1)　伸長類型：成形至某一面。

(2)　終止參考面：設定剛完成之伸長曲面。

(3)　設定拔模角：5 度。

確定後完成(如圖 6-105 所示)。

終止參考面

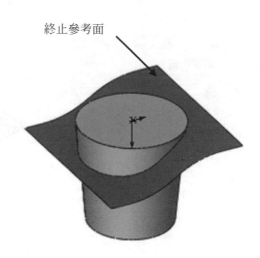

圖 6-105

STEP 11　將伸長曲面隱藏，以方便作圖。

STEP 12　點選**前基準面**，進入草圖繪製 。

13 使用參考圖元 ，將目前將第 2 張草圖之下方之幾何建構線段複製為目前之草圖線段(如圖 6-106 所示)。

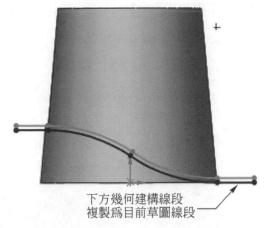

下方幾何建構線段
複製為目前草圖線段

↻ 圖 6-106

14 點選伸長除料 ，在對話框中：

(1) 伸長類型：完全貫穿。

(2) 除料方向箭頭：朝下。

確定後完成(如圖 6-107 所示)。

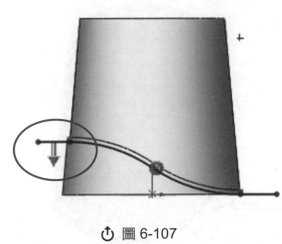

↻ 圖 6-107

繪圖平面

↻ 圖 6-108

15 點選杯底平面(如圖 6-108 所示)，進入草圖繪製 ，點選偏移圖元 ⇒，將杯底外形往內偏移 1.5mm。

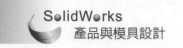
STEP 16   點選伸長除料 ⊡，在對話框中：

(1) 伸長類型：給定深度。

(2) 深度：1.5mm。

確定後完成(如圖 6-109 所示)。

↻ 圖 6-109

STEP 17   點選圓角 ⊘，在對話框中：

(1) 圓角類型：固定半徑；半徑：0.75mm。

(2) 圓角面：如圖 6-110 所示之面。

確定後完成。

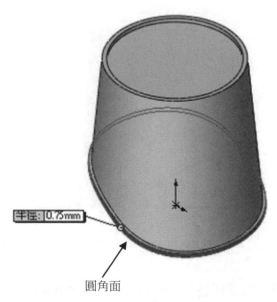

圓角面

↻ 圖 6-110

18 點選**前基準面**，進入草圖繪製 。

19

(1) 點選矩形 ⬜，繪製一矩形，矩形左邊垂直線轉換爲幾何建構線。

(2) 點選點 ✳ 功能，在矩形上方水平線及杯體右側斜線交叉點，產生一點(如圖 6-111 所示)。

(3) 點選草圖圓角 ⌐，矩形右邊導圓角 R5。

(4) 點選草標註之尺寸如圖 6-111 所示。

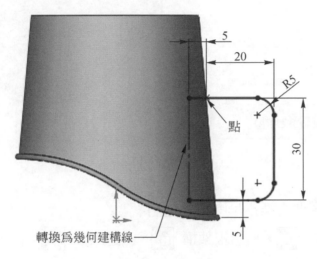

↻ 圖 6-111

20 點選伸長填料 📦，在對話框中：

(1) 伸長類型：兩側對稱；距離 10mm。

(2) 厚度 2mm，向內增加厚度。

確定後完成(如圖 6-112 所示)。

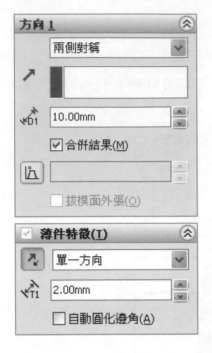

⟳ 圖 6-112

STEP 21　點選**前基準面**，進入草圖繪製 。

STEP 22　點選正視於 ，點選線架構 ，點選直線 ，繪製如圖 6-79 所示之外形，尺寸及限制條件如圖 6-113 所示。

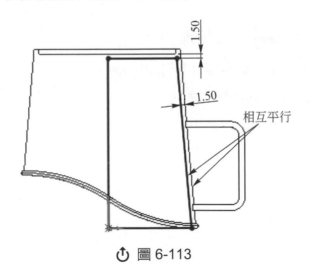

相互平行

⟳ 圖 6-113

23 點回塗彩模式，點選旋轉除料 ，對話框中：

(1) 旋轉軸：通過原點之垂直線。

(2) 單一方向；360 度。

確定後完成(如圖 6-114 所示)。

🔆 圖 6-114

24 點選組態管理員 ，**右鍵**點選零件名稱，選擇加入**模型組態**，在對話框中，模型組態名稱輸入：模具，確定後產生模具組態(如圖 6-115 所示)。

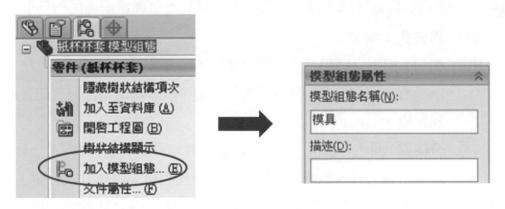

🔆 圖 6-115

CHAPTER 6

STEP 25　點選特徵管理員 ，回到特徵樹顯示狀態，點選縮放 ，在縮放的對話框中：

(1) 縮放實體：點選杯套任一表面。

(2) 相對點：原點。

(3) 縮放率：1.005。

確定後完成(如圖 6-116 所示)，**儲存檔案：紙杯杯套**。

⟳ 圖 6-116

STEP 26　產品外形已設計完成，接下來進行模具設計，首先檢視產品的外形：

(1) **靠破孔**：無。

(2) **倒勾**：同上一個例子，杯體與握柄連接部分為倒勾部分，無法只以上下模方式製作，倒勾部分需製作滑塊，以避開倒勾部分，使之能夠順利脫模。

(3) **分模線**：同上一個例子，為了要避開倒勾，需將模具的模穴一分為二，以側滑塊方式避開嵌角，杯體內部以模心植入模座方式製作。

STEP 27　模具結構共分為公模、母模、側滑塊、公模模心、母模模心、傾斜銷等(如圖 6-117 所示)，母模及傾斜銷部分我們略過不提，茲介紹其他部分。

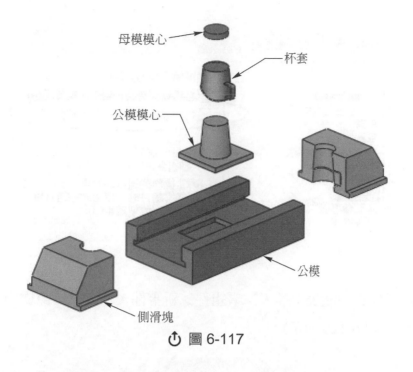

母模模心
杯套
公模模心
公模
側滑塊

🔃 圖 6-117

STEP
28　透過由上而下的設計方式製作模具。

STEP
29　開啓 "新組合件" 檔，將紙杯杯套零件放置於新組合件中(零件與組合件之原點及基準面需重合)，儲存檔案：紙杯杯套模具組合(如圖 6-118 所示)。

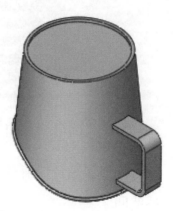

🔃 圖 6-118

STEP
30　下拉式功能表：工具＞選項，對話框中 "組合件" 選項中，取消 "將新零組件儲存至外部檔案" 選項(如圖 6-119 所示)，將在組合件中產生之新零件設定爲虛擬零件。

CHAPTER 6

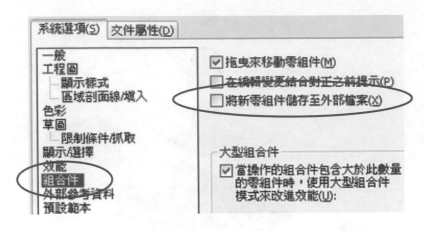

① 圖 6-119

STEP 31　點選下拉式功能表：插入＞零組件＞新零件，組合件特徵樹中產生一虛擬
零件(如圖 6-120 所示)。

① 圖 6-120

STEP 32　(1) 將游標移至組合件前基準面時，游標變為 ，點選組合件之"前
基準面"。

(2) 同時零件處於編輯狀態(特徵管理員零件為藍色)。

(3) 自動以前基準面進入草圖繪製狀態(如圖 6-121 所示)。

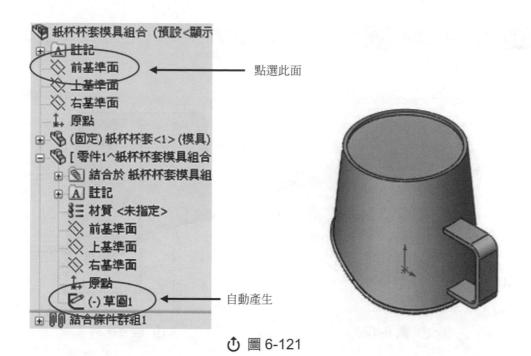

點選此面

自動產生

⏻ 圖 6-121

STEP 33　若紙杯杯套零件變爲透明狀態，可參考步驟 33 作法，將其設定爲不透明，
若無變化，則略過步驟 34。

STEP 34　將紙杯杯套零件設定爲不透明狀態，下拉式功能表：工具＞選項，對話框
中 "顯示／選擇" 選項中將 "對關聯編輯時開啓組合件透明" 設定爲 "不
透明組合件"(如圖 6-122 所示)。

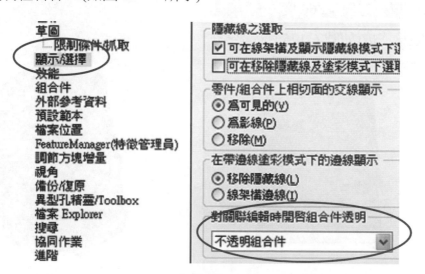

⏻ 圖 6-122

C
H
A
P
T
E
R

6

STEP 35 點選相交曲線 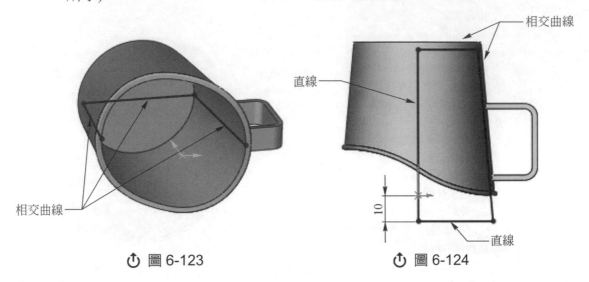，點選杯套內部底面及圓柱面，產生 3 條交線(如圖 6-123 所示)。

相交曲線

直線

相交曲線

10

直線

⏻ 圖 6-123　　　　　　　⏻ 圖 6-124

STEP 36 取消相交曲線指令功能，點選正視於 ，使用直線 及修剪圖元 功能，繪製如圖 6-124 所示之草圖外形，標註尺寸：原點與水平線距離 10mm。

STEP 37 點選旋轉填料 ，對話框中：

(1) 旋轉軸：通過原點之垂直線。

(2) 單一方向；360 度。

確定後完成(如圖 6-125 所示)。

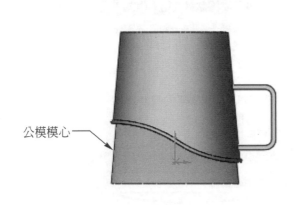

公模模心

⏻ 圖 6-125

此面

⏻ 圖 6-126

38　點選公模模心底部平面(如圖 6-126 所示)，進入草圖繪製。

 39　點選正視於 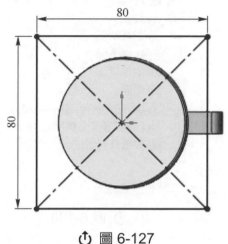，繪製一矩形，矩形中心點與原點重合，標註之尺寸如圖
6-127 所示。

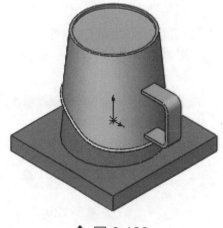

⏻ 圖 6-127　　　　　　　　　　⏻ 圖 6-128

 40　點選伸長填料 ▣，在對話框中：

(1)　伸長類型：給定深度。

(2)　距離 10mm。

確定後完成(如圖 6-128 所示)。

 41　點選編輯零組件 ▣，結束編輯，回到組合件模式，完成公模模心零件。

 42　右鍵點選完成之虛擬零件，跳出之輔助功能表選擇 "重新命名零件"(如圖
6-129 所示)。

 43　輸入新檔名：紙杯杯套公模模心(如圖 6-130 所示)。

CHAPTER 6

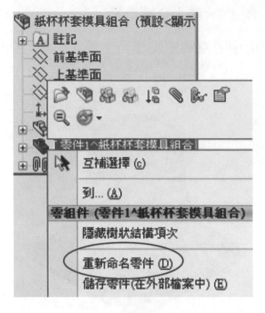

⏻ 圖 6-129　　　　　　　　　⏻ 圖 6-130

STEP 44 再點選下拉式功能表：插入＞零組件＞新零件，組合件特徵樹中產生一虛擬零件(如圖 6-131 所示)。

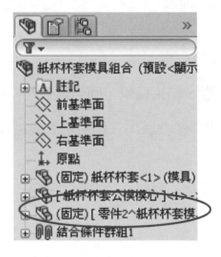

⏻ 圖 6-131

STEP 45 (1) 將游標移至組合件前基準面時，游標變為 ，點選組合件之"前基準面"。

(2)　同時零件處於編輯狀態(特徵管理員零件為藍色)。

(3)　且自動以前基準面進入草圖繪製狀態(如圖 6-132 所示)。

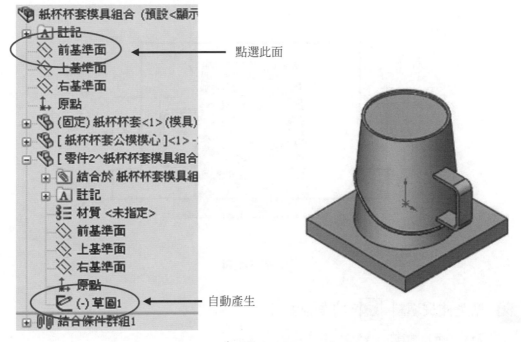

點選此面

自動產生

⏻ 圖 6-132

STEP 46　點選正視於 ⬥ ，點選中心線 ┊ ，繪製垂直通過原點之中心線，點選直線 ◥ ，繪製如圖 6-133 所示之草圖外形，標註之尺寸如圖 6-133 所示。

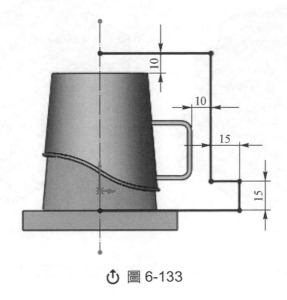

10

10

15

15

⏻ 圖 6-133

CHAPTER 6

STEP 47 點選鏡射圖元 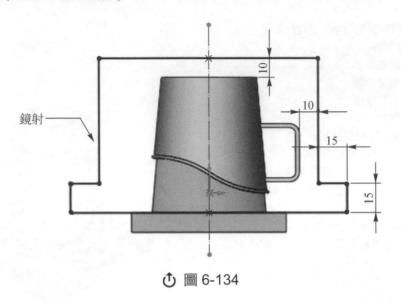，以中心線為鏡射參考，將中心線右邊全部直線鏡射至左邊(如圖 6-134 所示)。

鏡射

△ 圖 6-134

STEP 48 點選伸長填料，在對話框中：

(1) 伸長類型：給定深度。

(2) 距離 80mm。

確定後完成(如圖 6-135 所示)。

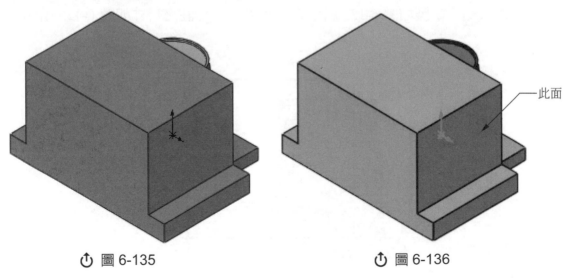

此面

△ 圖 6-135　　　　　　　　　　△ 圖 6-136

STEP 49 點選側滑塊垂直面(如圖 6-136 所示)，進入草圖繪製。

50 點選正視於 ，點選直線 ◹，繪製如圖 6-102 所示之草圖外形，標註之尺寸如圖 6-137 所示。

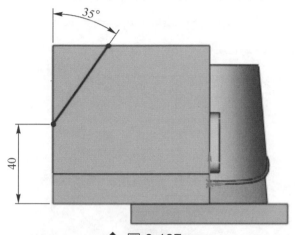

⟳ 圖 6-137

⟳ 圖 6-138

51 點選伸長除料 ▣，在對話框中：

(1) 伸長類型：完全貫穿。

(2) 除料方向箭頭向左上。

確定後完成(如圖 6-138 所示)。

52 點選模塑 ▣，在模塑對話框中：

(1) 設計零組件：點選紙杯杯套及公模模心零件。

(2) 縮放參數：設定為零。

確定後完成(如圖 6-139 所示)。

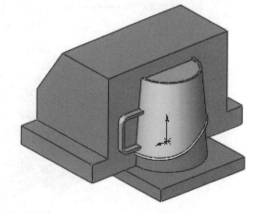

⟳ 圖 6-139

CHAPTER 6

STEP 53 點選編輯零組件 ，結束編輯，回到組合件模式，完成側滑塊零件。

STEP 54 右鍵點選完成之虛擬零件，跳出之輔助功能表選擇"重新命名零件"(如圖 6-140 所示)。

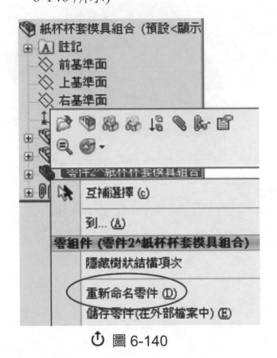

○ 圖 6-140

紙杯杯套模具組合 (預設<顯示
- A 註記
- 前基準面
- 上基準面
- 右基準面
- 原點
- (固定) 紙杯杯套<1>(模具)
- [紙杯杯套公模模心]<1> -
- [紙杯杯套側滑塊]<1> ->
- 結合條件群組1

○ 圖 6-141

STEP 55 輸入新檔名：紙杯杯套側滑塊(如圖 6-141 所示)。

STEP 56 左鍵點選側滑塊零件任一表面，跳出之輔助功能表點選"開啟零件"(如圖 6-142 所示)。

開啟零件 ➜

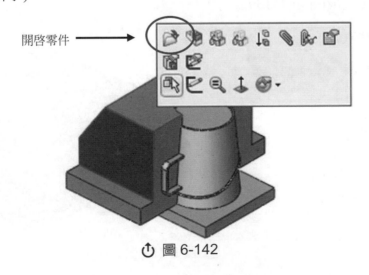

○ 圖 6-142

57 在側滑塊零件中點選模穴底部平面(如圖 6-143 所示)，點選草圖繪製 。

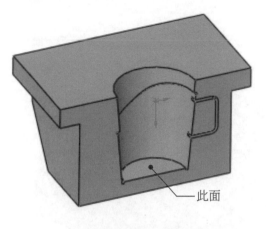

此面

⏻ 圖 6-143

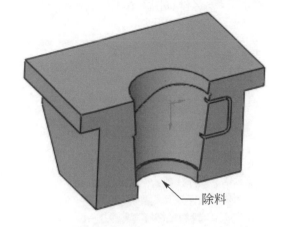

除料

⏻ 圖 6-144

 58 在底部平面選取狀態下，點選參考圖元 ▢，將底部平面外形複製爲草圖實線，點選伸長除料 ▣，除料類型：完全貫穿，確定後完成側滑塊零件(如圖 6-144 所示)。

59 將畫面切換回組合件，點選下拉式功能表：插入＞鏡射零組件，對話框中：

(1) 鏡射平面：點選側滑塊零件垂直平面。

(2) 鏡射的零組件：點選側滑塊零件，點選"產生反手的版本"。

確定後完成(如圖 6-145 所示)。

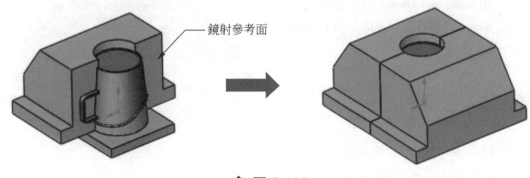

鏡射參考面

⏻ 圖 6-145

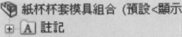

60 再點選下拉式功能表：插入＞零組件＞新零件，組合件特徵樹中產生一虛擬零件(如圖 6-146 所示)。

圖 6-146

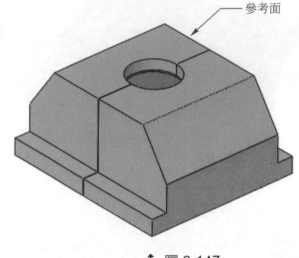

參考面

圖 6-147

61 (1) 將游標移至如圖 6-147 所示之平面時，游標變為 ，點選畫面中側滑塊零件之"上頂面"(如圖 6-147 所示)。

(2) 同時零件處於編輯狀態(特徵管理員零件為藍色)。

(3) 且自動以前基準面進入草圖繪製狀態。

62 先點選"紙杯杯套零件"之頂面(如圖 6-148 所示)，再點選參考圖元 ，將頂面之圓外形複製成草圖實線。

63 點選伸長填料 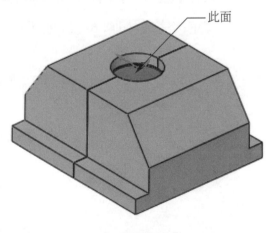，在對話框中：

(1) 伸長類型：成形至某一面。

(2) 參考面："紙杯杯套零件"之頂面。

確定後完成母模模心零件(如圖 6-149 所示)。

此面

圖 6-148

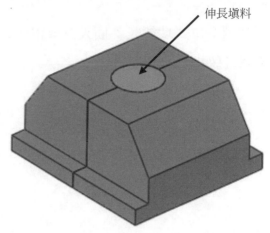

伸長填料

⏻ 圖 6-149

^{STEP} 64　點選編輯零組件 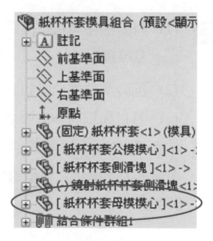，結束編輯，回到組合件模式，完成側滑塊零件。

^{STEP} 65　右鍵點選完成之虛擬零件，跳出之輔助功能表選擇 "重新命名零件"(如圖
6-150 所示)。

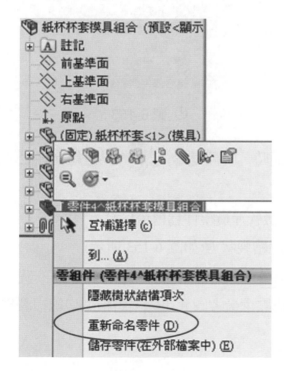

⏻ 圖 6-150　　　　　　　　　　　　　⏻ 圖 6-151

STEP 66　輸入新檔名：紙杯杯套母模模心(如圖 6-151 所示)。

STEP 67　再點選下拉式功能表：插入＞零組件＞新零件，組合件特徵樹中產生一虛擬零件(如圖 6-152 所示)。

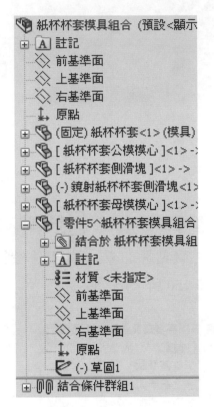

○ 圖 6-152　　　　　　　　　　○ 圖 6-153

STEP 68
(1) 將游標移至組合件前基準面時，游標變為 ，點選組合件之"前基準面"。

(2) 同時零件處於編輯狀態(特徵管理員零件為藍色)。

(3) 且自動以前基準面進入草圖繪製狀態(如圖 6-153 所示)。

STEP 69　點選正視於 ⬙，點選中心線 ⋮，繪製垂直通過原點之中心線， 先複選如圖 6-154 所示之模型邊線，再點選參考圖元 ⬚，將模型邊線複製為草圖實線。

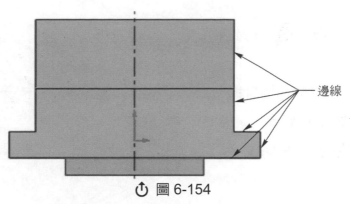

⏻ 圖 6-154

STEP 70　使用直線 ◣ 及修剪圖元 ✂，繪製如圖 6-111 所示之外形線，標註之尺寸如圖 6-155 所示。

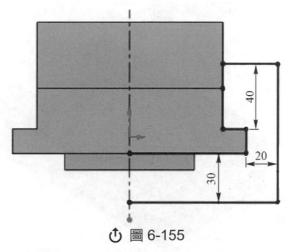

⏻ 圖 6-155

STEP 71　點選鏡射圖元 ⚠，以中心線為鏡射參考，將中心線右邊全部直線鏡射至左邊(如圖 6-156 所示)。

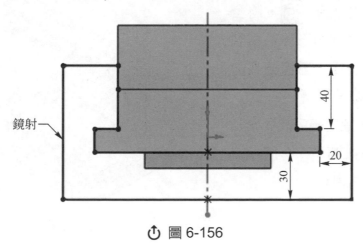

⏻ 圖 6-156

STEP 72 點選伸長填料 ，在對話框中：

(1) 伸長類型：兩側對稱。

(2) 距離：300mm。

確定後完成(如圖 6-157 所示)。

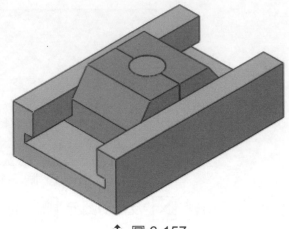

⏻ 圖 6-157

STEP 73 將側滑塊零件隱藏，點選公模滑槽底部平面(如圖 6-158 所示)，進入草圖繪製 。

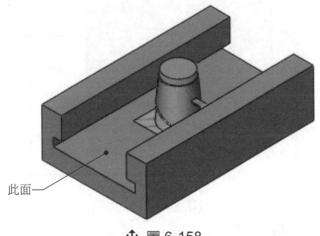

此面

⏻ 圖 6-158

STEP 74 使用參考圖元 ，將公模模心底部矩形外形複製為草圖實線，點選伸長除料 ，除料深度：10mm，確定後完成杯套公模零件(如圖 6-159 所示之公模零件圖)。

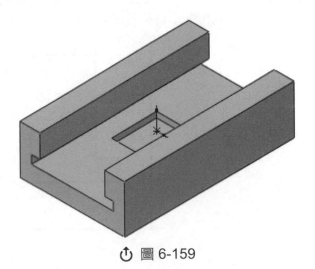

⏻ 圖 6-159

6-1-2　倒勾部分分割方式

　　只將成形品倒勾部分自模穴中分割出來，加工成滑動嵌件，並在公模或母模部分加工滑動導引槽，讓滑動滑塊能在導引槽的導引下，前進及後退。

1. 閉模：閉模時，傾斜銷帶動滑塊移動至適當位置，並藉由鎖定塊加以固定，以防止因射出壓力而使滑塊移動(如圖 6-160 所示)。

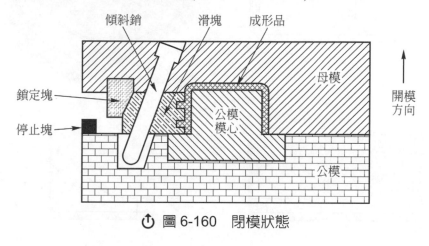

◑ 圖 6-160　閉模狀態

2. 開模：開模時，傾斜銷帶動滑塊移動，自嵌角部分退開，再由頂出裝置，將成形品自公模處頂出(如圖 6-161 所示)。

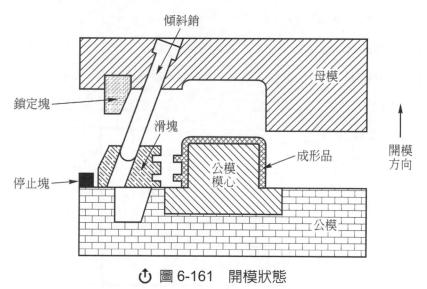

◑ 圖 6-161　開模狀態

 例題：置物架

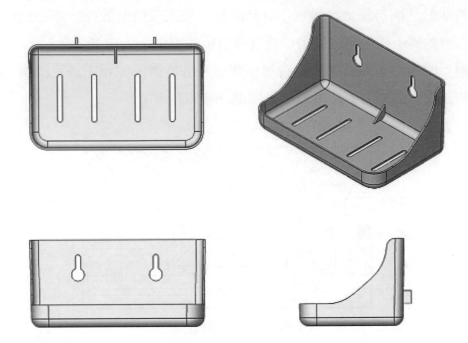

 開啓新零件檔，點選**右基準面**，進入草圖繪製 。

(1) 點選直線 ，繪製如圖 6-162 所示之外形，須注意左右兩邊線非垂直，有 1 度傾斜角度。

(2) 右邊兩邊線設定"平行"之幾何限制。

(3) 點選標註尺寸 ，標註之尺寸如圖 6-162 所示。

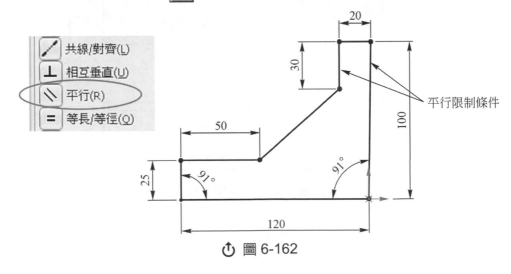

⤴ 圖 6-162

3 點選伸長填料 ，伸長類型：兩側對稱，深度：200mm，確定後完成(如圖 6-163 所示)。

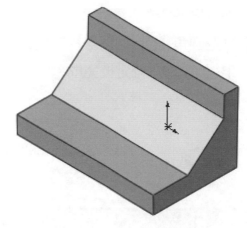

⏻ 圖 6-163

4 點選拔模 ，在拔模對話框中：

(1) 拔模類型：中立面。

(2) 拔模角度：1 度。

(3) 中立面選項：點選模型底部平面(如圖 6-164 所示之面)。

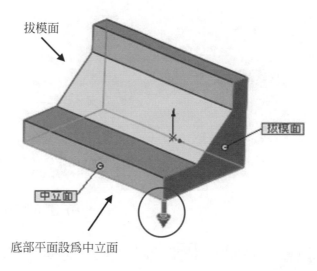

拔模面

拔模面

中立面

底部平面設為中立面

⏻ 圖 6-164

(4) 拔模面選項：點選與中立面相接之左右兩個垂直面(如圖 6-164 之面)。

(5) 灰色箭頭向下。

確定後完成。

 5 點選圓角 ，圓角邊線點選模型兩條水平邊線(如圖 6-165 之邊線)，圓角半徑：R50，確定後完成。

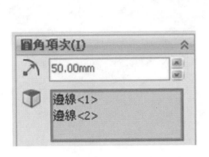

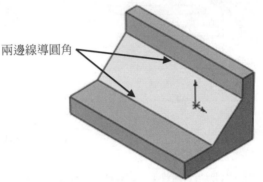

兩邊線導圓角

⟳ 圖 6-165

6 點選圓角 ，圓角邊線點選模型兩條垂直角落邊線(如圖 6-166 之邊線)，圓角半徑：R20，確定後完成。

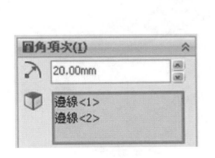

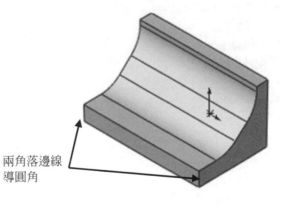

兩角落邊線
導圓角

⟳ 圖 6-166

7 點選圓角 ，圓角邊線點選模型底部邊線(如圖 6-167 之邊線)，圓角半徑：R10，確定後完成。

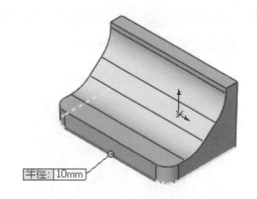

↻ 圖 6-167

STEP 8　點選圓角 ，圓角邊線點選模型右邊垂直邊線(如圖 6-168 之邊線)，圓角半徑：R10，確定後完成。

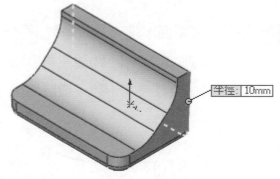

↻ 圖 6-168

STEP 9　點選圓角 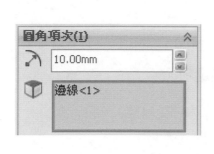，圓角邊線點選模型上方邊線(如圖 6-169 之邊線)，圓角半徑：R10，確定後完成。

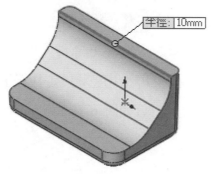

↻ 圖 6-169

CHAPTER 6

STEP 10　點選薄殼 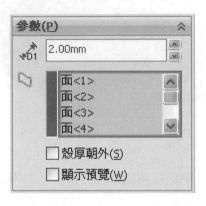，薄殼厚度：2mm，移除面：點選模型上方多個平面及弧面，確定後完成(如圖 6-170 所示)。

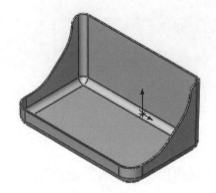

↻ 圖 6-170

STEP 11　點選**右基準面**，進入草圖繪製 ，點選正視於 。

(1)　點選直線 ，繪製三角形(如圖 6-171 所示)。

(2)　點選標註尺寸 ，標註之尺寸如圖 6-171 所示。

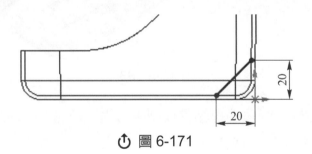

↻ 圖 6-171

STEP 12　點選肋材 ，對話框中：

(1)　厚度：2mm；伸長方向：平行於草圖。

(2)　拔模角：1 度；設定拔模面外張選項。

確定後完成(如圖 6-172 所示)。

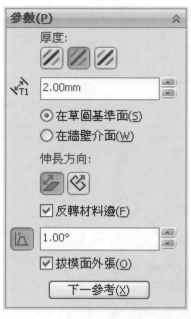

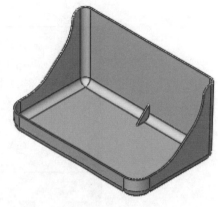

⏻ 圖 6-172

STEP 13　點選等角視 ，點選基準面 ⬦，對話框中：

(1)　第一參考：點選前基準面。

(2)　偏移距離：10mm；方向為負 Z 方向。

確定後產生一平面(如圖 6-173 所示)。

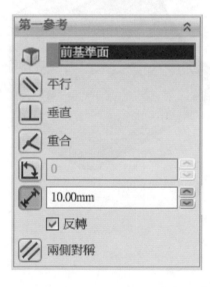

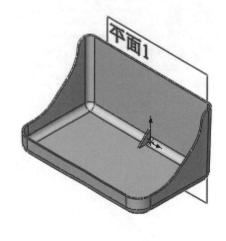

⏻ 圖 6-173

STEP **14** 點選**平面 1**，進入草圖繪製 ，點選正視於 ，繪製如圖 6-174 所示之外形。

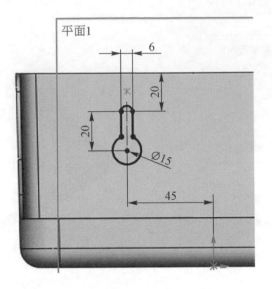

↻ 圖 6-174

STEP **15** 點選伸長除料 ，伸長類型：完全貫穿，確定後完成(如圖 6-175 所示)。

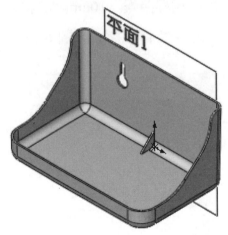

↻ 圖 6-175

16 再點選**平面 1**，進入草圖繪製 ，點選正視於 ，在螺栓孔下方繪製如圖 6-176 所示之外形。

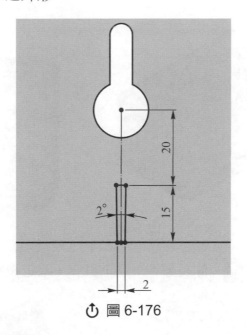

↻ 圖 6-176

17 點選伸長填料 ，在對話框中：

(1) 伸長類型：成形至某一面。

(2) 參考面："模型背後垂直平面"。

確定後完成(如圖 6-177 所示)。

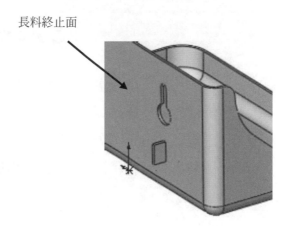

長料終止面

↻ 圖 6-177

STEP 18　點選如圖 6-178 所示之平面，進入草圖繪製，點選直狹槽 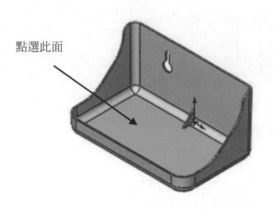，繪製如圖 6-178 所示之外形。

點選此面

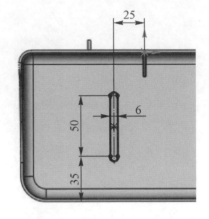

↻ 圖 6-178

STEP 19　點選伸長除料 ，伸長類型：完全貫穿，確定後完成(如圖 6-179 所示)。

↻ 圖 6-179

STEP 20　點選直線複製排列 ，對話框中：

(1)　排列方向：點選模型邊線(如圖 6-180 所示之邊線)。

(2)　距離：40mm；數量：2。

(3)　複製排列特徵：剛完成之直狹槽除料特徵。

確定後完成。

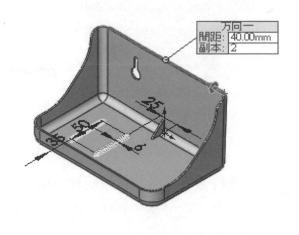

🔄 圖 6-180

STEP 21 點選鏡射 ，對話框中：

　(1)　鏡射參考面：點選右基準面。

　(2)　鏡射特徵：螺栓孔、直狹槽之除料特徵及步驟 17 之長料特徵。

確定後完成(如圖 6-181 所示)。

🔄 圖 6-181

STEP 22 點選組態管理員 ，**右鍵**點選零件名稱，選擇**加入模型組態**，在跳出的對話框中，模型組態名稱輸入：模具，確定後產生模具組態(如圖 6-182 所示)。

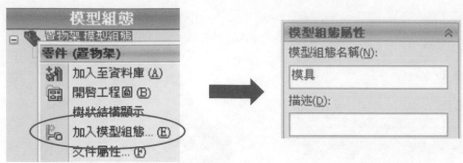

STEP 23 點選特徵管理員 🖐，回到特徵樹顯示狀態，點選縮放 🎲，在縮放的對話框中，相對點：原點，縮放率：1.005，確定後完成(如圖 6-183 所示)。**儲存檔案：置物架。**

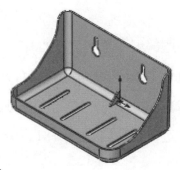

↻ 圖 6-183

STEP 24 產品外形已設計完成，接下來進行模具設計，首先檢視產品的外形：

(1) **分模線**：外殼底部周圍邊線(模型外表面)。

(2) **靠破孔**：漏水孔、螺栓孔等孔位，以母模留柱與公模面貼合。

(3) **倒勾**：若以 Z 方向為開模方向，螺栓孔及支撐柱部分為倒勾部分(如圖 6-184 所示)。

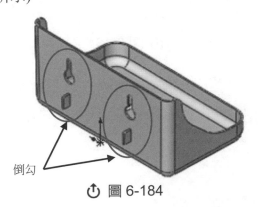

倒勾

↻ 圖 6-184

STEP 25　設定產品的分模線。點選分模線 ，在分模線的對話框中，起模方向：
點選上基準面(如圖 6-185 所示)。

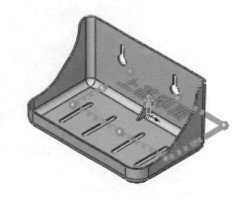

⏻ 圖 6-185

STEP 26　接下來再按 "拔模分析" 按鈕，在分模線對話框中會再跳出分模線選項(如
圖 6-186 所示)，同時分模線會**自動**選取外殼外表面外部邊線(如圖 6-186 之
邊線)，確定後完成。

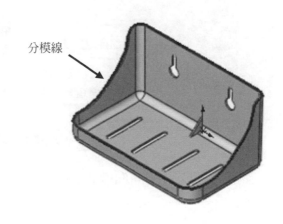

分模線

⏻ 圖 6-186

STEP 27　點選封閉曲面 ，SolidWorks 會自動選取所有破孔外表面邊線，檢視所
選取之邊線，如圖 6-187 所示。
錯誤選取部分：所有預設靠破孔邊線皆錯誤，應選取 "內表面" 之邊線。

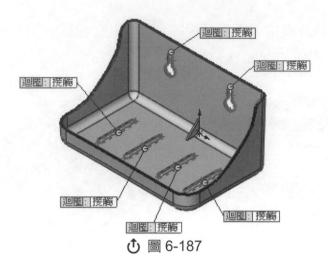

⏻ 圖 6-187

STEP
28　處理方式：

右鍵清除所有預設之邊線，重新補點選"內表面"邊線(如圖 6-188 所示之邊線)。

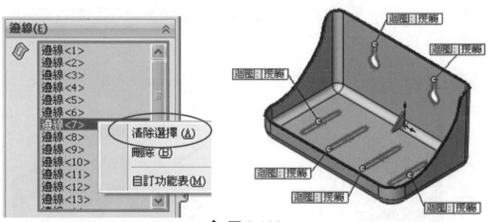

⏻ 圖 6-188

STEP
29　確定後完成封閉曲面(如圖 6-189 所示)。

STEP
30　點選分模曲面 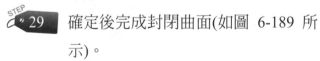，SolidWorks 自動以先前所設定之分模線為邊線，以放射曲面方式產生，在對話框中：

(1) 模具參數：垂直於起模方向。

(2) 分模曲面：100mm。

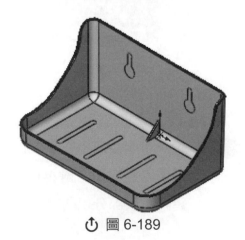

⏻ 圖 6-189

(3)　勾選 "縫織所有曲面" 選項。

確定後完成(如圖 6-190 所示)。

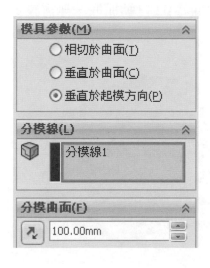
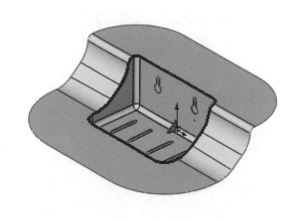

✪ 圖 6-190

STEP 31　先點選**上基準面**，再點選模具分割 ，SolidWorks **自動**以所點選之平面
進入草圖繪製，點選正視於 ，點選矩形 ，繪製一矩形，尺寸標註
如圖 6-191 所示。

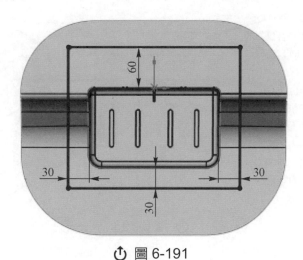

✪ 圖 6-191

STEP 32　尺寸標註完成後，結束草圖繪製，SolidWorks 自動跳出模具分割對話框，
設定模塊尺寸厚度(如圖 6-192 所示)：

(1) 方向 1：130mm。

(2) 方向 2：30mm。

(3) 其他參數選項(核心、模塑、分模曲面等)為**自動**抓取，無需設定。

確定後完成公、母模分割動作。

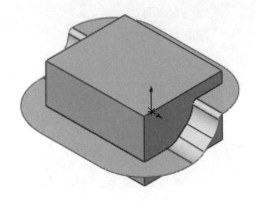

○ 圖 6-192

STEP 33 完成模具分割後，在特徵樹中，將實體資料夾中成品及母模隱藏，及所有曲面隱藏(如圖 6-193 所示)。

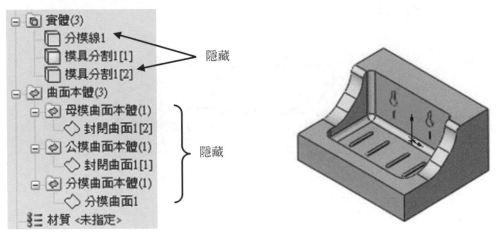

○ 圖 6-193

STEP 34 產生側滑塊主體，點選基準面 ，對話框中：

(1) 第一參考：點選如圖 6-194 所示之平面。

(2) 偏移距離：30mm；方向為正 Z 方向。

確定後產生一平面(如圖 6-194 所示)。

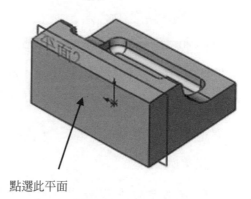

點選此平面

⏻ 圖 6-194

35 點選剛完成之平面 2，進入草圖繪製 ，繪製側滑塊草圖。

36 點選正視於 ，點選線架構 (如圖 6-195 所示)：

(1) 點選中心線 ，繪製垂直通過螺栓孔圓心點之中心線。

(2) 點選矩形 ，繪製一矩形，矩形上方邊線與模形上方邊線重合，下方與支撐塊上方邊線重合，左右與中心線設定相互對稱。

(3) 標註之尺寸如圖如圖 6-195 所示。

中心線端點與螺栓孔圓形
邊線設定同心圓限制

矩形下方邊線與支
撐塊上方邊線重合

線架構模式

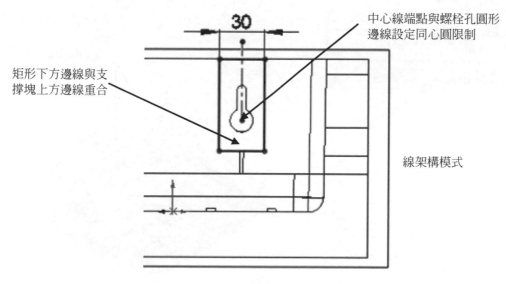

⏻ 圖 6-195

 37

(1) 點選中心線 ，繪製垂直通過原點之中心線。

(2) 點選鏡射圖元 ，將中心線右邊矩形鏡射至左邊(如圖6-196所示)。

確定後"結束草圖繪製"，完成側滑塊草圖。

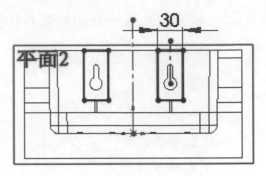

⬆ 圖 6-196

 38　先點選剛完成之側滑塊草圖，再點選側滑塊 ，在對話框中：

(1) 側滑塊草圖：自動選取先點選之草圖。

(2) 抽出方向：自動以側滑塊草圖之繪圖平面垂直方向。

(3) 側滑塊所在之公模或母模：選取公模本體。

(4) 抽出方向(單箭頭)：50；遠離抽出方向：0(如圖6-197所示)。

確定後完成。

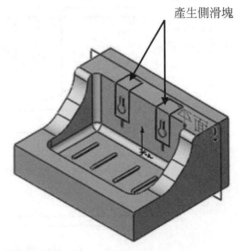

產生側滑塊

⬆ 圖 6-197

39　接下來產生側滑塊導槽。同樣點選平面 2，進入草圖繪製 ✍ ，繪製側滑
　　　塊導槽草圖。

 40　點選正視於 ⬍ ，點選線架構 ⬚ (如圖 6-198 所示)：

　　(1)　點選中心線 ⸾ ，繪製垂直通過螺栓孔圓心點之中心線。

　　(2)　點選參考圖元 ⬚ ，複製矩形之外形輪廓線。

　　(3)　點選直線 ◥ ，繪製側滑塊導槽外形草圖，左右與中心線設定相互對
　　　　稱。

　　(4)　標註之尺寸如圖如圖 6-198 所示。

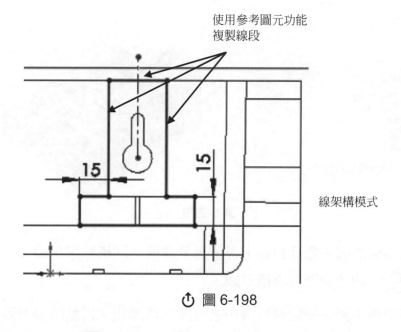

使用參考圖元功能
複製線段

線架構模式

⟳ 圖 6-198

 41　點選中心線 ⸾ ，繪製垂直通過原點之中心線，點選鏡射圖元 ⬔ ，將中
　　　心線右邊線段鏡射至左邊(如圖 6-199 所示)。

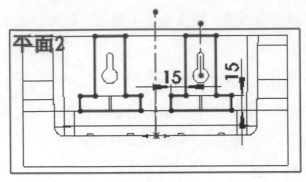

↻ 圖 6-199

STEP 42 點選伸長除料 ，對話框中：除料類型：完全貫穿，確定後完成(如圖 6-200 所示)。

 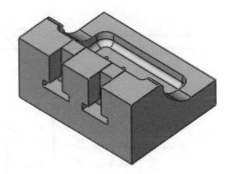

↻ 圖 6-200

STEP 43 接下來將側滑塊主體部分補上導槽部分導槽。同樣點選平面 2，進入草圖 繪製 ，繪製側滑塊導槽草圖。

STEP 44 點選特徵樹中剛完成除料特徵中之草圖：草圖 8，再點選參考圖元 ， 複製草圖 8 之外形輪廓線(如圖 6-201 所示)。

先點選草圖 8
再點選參考圖
元功能

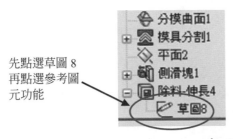 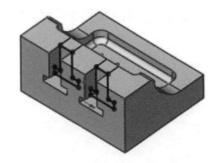

↻ 圖 6-201

45　點選伸長填料 ，對話框中：

(1)　伸長類型：給定深度，深度：30mm。

(2)　特徵加工範圍：取消"自動選擇"，點選特徵樹中側滑塊本體資料夾
　　　中所包含之本體(如圖 6-202 所示)。

確定後完成。

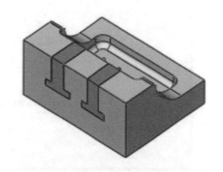

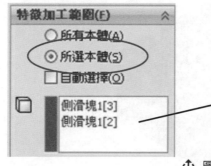

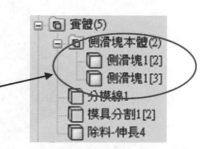

⭘ 圖 6-202

46　右鍵點選除料-伸長 4 特徵，選
擇插入至新零件(如圖 6-203 所
示)。

47　開啟為一零件檔，同時跳出存檔
對話框，存檔名稱：置物架-公
模(如圖 6-204 所示)。

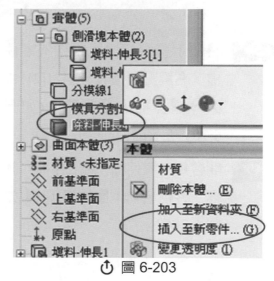

⭘ 圖 6-203

CHAPTER 6

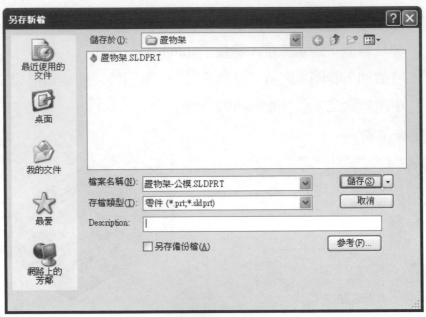

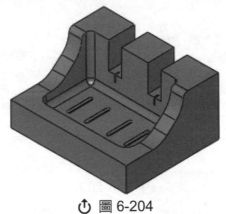

⬆ 圖 6-204

將顯示畫面切換回置物架零件檔，右鍵點選模具分割 1[2] 特徵，選擇插入至新零件(如圖 6-205 所示)。

開啟為一零件檔，跳出存檔對話框，存檔名稱：置物架-母模(如圖 6-206 所示)。

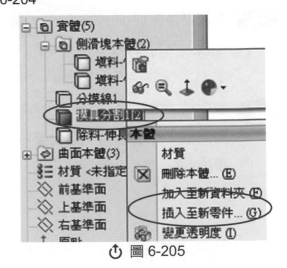

⬆ 圖 6-205

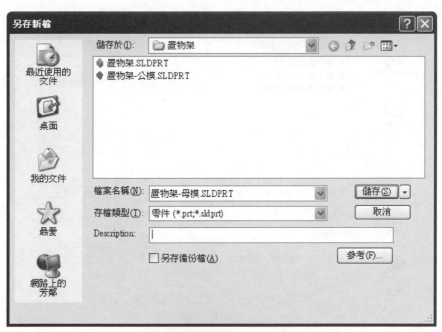

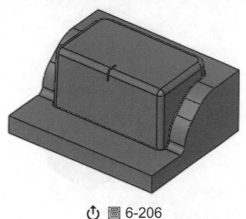

STEP 50　再將顯示畫面切換回控制盒面板零件檔，右鍵點選填料-伸長 3 特徵，選擇插入至新零件(如圖 6-207 所示)。

STEP 51　開啟為一零件檔，跳出存檔對話框，存檔名稱：置物架-側滑塊(如圖 6-208 所示)。

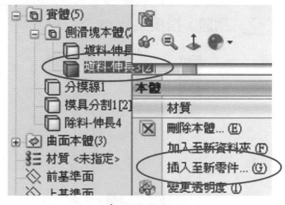

⟳ 圖 6-207

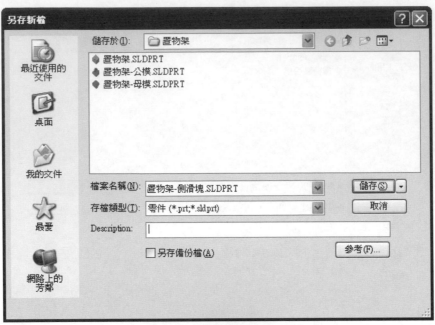

⤴ 圖 6-208

例題：搭接架

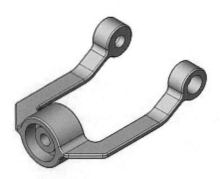

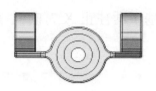 

 開啟新零件檔，點選**右基準面**，進入草圖繪製 。

 點選中心線 ，繪製一水平通過原點之中心線，點選直線 ，繪製如圖 6-209 所示之外形，將左邊垂直線與原點設定為"重合"之限制條件。

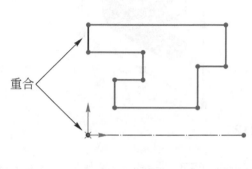

重合

⏻ 圖 6-209

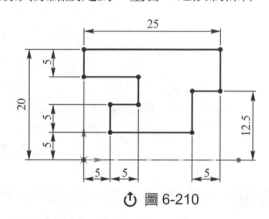

⏻ 圖 6-210

 點選標註尺寸 ，標註之尺寸如圖 6-210 所示。

 點選旋轉填料 ，對話框中：

(1)　旋轉軸：通過原點之水平中心線。

(2)　單一方向；180 度。

確定後完成(如圖 6-211 所示)。

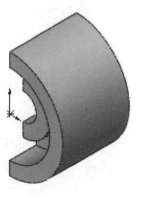

⏻ 圖 6-211

CHAPTER 6

STEP 5 點選等角視 ，點選基準面 ◇，將右基準面往正 X 方向偏移 45mm，產生平面 1(如圖 6-212 所示)。

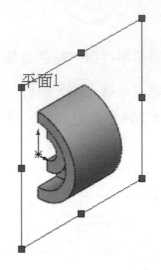

↻ 圖 6-212

STEP 6 點選平面 1，進入草圖繪製，點選正視於 ⬆，點選直線 ＼，繪製如圖 6-213 所示之草圖，點選標註尺寸 ◇，標註之尺寸如圖 6-213 所示，點選草圖圓角 ⌐，水平線與斜線導圓角 R20。

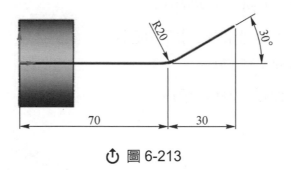

↻ 圖 6-213

STEP 7 點選伸長填料 🗃，在對話框中：

(1) 伸長類型：成形至某一面；終止面：半圓柱面。

(2) 薄件特徵：對稱中間面；厚度：4mm。

確定後完成(如圖 6-214 所示)。

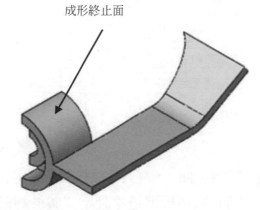

成形終止面

① 圖 6-214

STEP 8　點選上**基準面**，進入草圖繪製，點選矩形 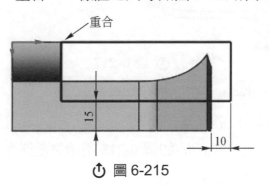，繪製一矩形，矩形左上角
點與模型角點"重合"，標註之尺寸如圖 6-215 所示。

重合

15

10

① 圖 6-215

STEP 9　點選伸長除料 ⬛，在對話框中：

(1)　方向 1：伸長類型：完全貫穿。

(2)　方向 2：伸長類型：完全貫穿。

確定後完成(如圖 6-216 所示)。

CHAPTER 6

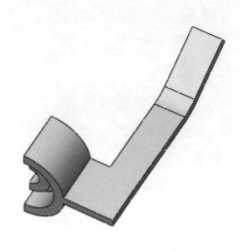

圖 6-216

 10 點選平面 1，進入草圖繪製，點選正視於 ⬦，點選圓 ⊙，繪製一圓形，圓心點與模型邊線設定 "置於線段中點" 之限制條件，標註之尺寸如圖 6-217 所示。

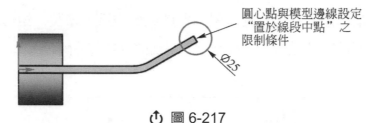

圓心點與模型邊線設定
"置於線段中點" 之
限制條件

⌀25

圖 6-217

11 點選伸長填料 📷，在對話框中：

(1) 伸長類型：成形至某一面。

(2) 終止面：內側垂直面(如圖 6-218 所示之垂直面)。

確定後完成(如圖 6-218 所示)。

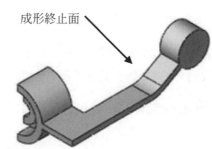

成形終止面

圖 6-218

STEP 12 點選平面 1，進入草圖繪製，點選正視於 ⬍，點選圓 ⊕，繪製一圓形，圓外形與模型邊線設定"同心圓"之限制條件，標註之尺寸如圖 6-219 所示。

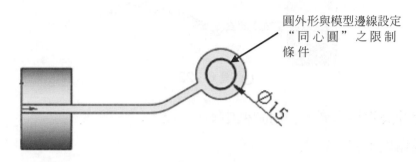

圓外形與模型邊線設定"同心圓"之限制條件

↻ 圖 6-219

STEP 13 點選伸長除料 ⬛，在對話框中：

(1) 伸長類型：給定深度。

(2) 深度：10mm。

確定後完成(如圖 6-220 所示)。

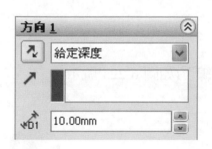
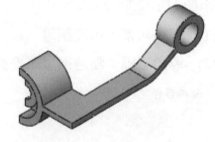

↻ 圖 6-220

STEP 14 點選如圖 6-221 所示之凹槽平面，進入草圖繪製。

此面

↻ 圖 6-221

STEP 15 點選正視於 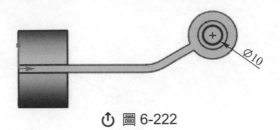，點選圓 ⊕，繪製一圓形，圓外形與模型邊線設定"同心圓"之限制條件，標註之尺寸如圖 6-222 所示。

↻ 圖 6-222

STEP 16 點選伸長除料 ▣，在對話框中：

伸長類型：完全貫穿。

確定後完成(如圖 6-223 所示)。

方向 1

| ↗ | 完全貫穿 | ▾ |

↻ 圖 6-223

STEP 17 點選導角 ▣，對話框中：

(1) 導角類型：角度距離

(2) 導角邊線：點選模型"垂直邊線"(如圖 6-224 所示)。

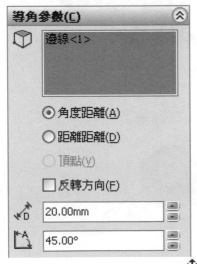

導角參數(C)

邊線<1>

⦿ 角度距離(A)
◯ 距離距離(D)
◯ 頂點(V)

☐ 反轉方向(F)

↗D 20.00mm
∠A 45.00°

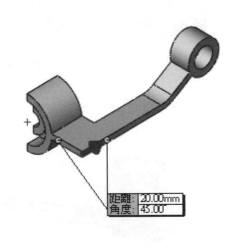

距離：20.00mm
角度：45.00°

↻ 圖 6-224

(3) 距離：20；角度：45；方向箭頭：如圖 6-224 所示。

確定後完成。

STEP 18 點選圓角 ⬡，在對話框中：

(1) 圓角類型：固定半徑；半徑：5mm。

(2) 圓角邊線：如圖 6-225 所示之邊線。

確定後完成。

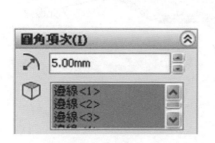 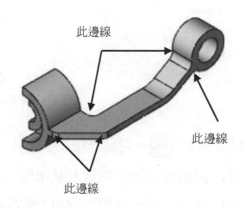

↻ 圖 6-225

STEP 19 再點選圓角 ⬡，在對話框中：

(1) 圓角類型：固定半徑；半徑：5mm。

(2) 圓角邊線：如圖 6-226 所示之邊線。

確定後完成。

 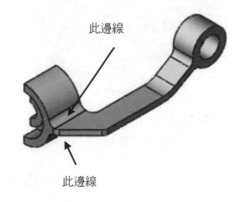

↻ 圖 6-226

CHAPTER 6

STEP 20　再點選圓角 ，在對話框中：

(1) 圓角類型：固定半徑；半徑：1mm。

(2) 圓角邊線：如圖 6-227 所示之邊線。

確定後完成。

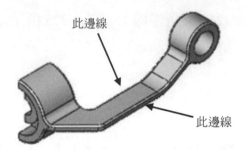

圖 6-227

STEP 21　點選鏡射 ，對話框中：

(1) 鏡射參考面：點選右基準面。

(2) 使用"鏡射本體"選項：點選特徵管理員中"實體"資料夾之"圓角 3"(或直接點選畫面中任一模型表面)。

(3) 勾選"合併實體"選項。

確定後完成(如圖 6-228 所示)。

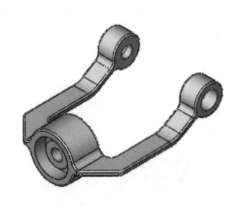

圖 6-228

STEP 22　存檔：搭接架。

STEP 23 點選組態管理員 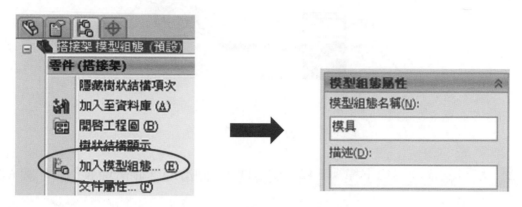，**右鍵**點選零件名稱，選擇加入**模型組態**，在對話框中，模型組態名稱輸入：模具，確定後產生模具組態(如圖 6-229 所示)。

图 6-229

STEP 24 這個例子在拆模過程中會使用到搭接架零件之草圖，所以先不做縮放 。

說明 縮放 功能只針對 3D 模型，2D 草圖是不會跟著縮放。

STEP 25 產品外形已設計完成，接下來進行模具設計，首先檢視產品的外形：

(1) **靠破孔**：三個搭接點。

(2) **倒勾**：三個搭接點(如圖 6-230 所示)，無法只以上下模方式製作，倒勾部分需製作滑塊，以避開倒勾部分，使之能夠順利脫模。

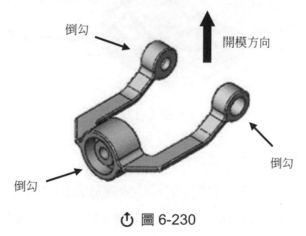

图 6-230

(3) 分模線：如圖 6-231 所示。

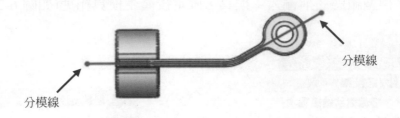

分模線

分模線

↻ 圖 6-231

STEP 26　模具結構共分爲上模、下模、側滑塊 1、側滑塊 2 側滑塊 3、等(如圖 6-232 所示)。

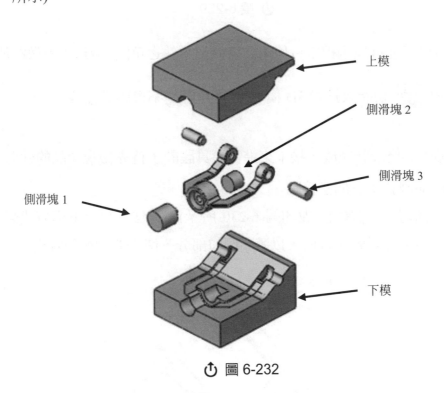

上模

側滑塊 2

側滑塊 3

側滑塊 1

下模

↻ 圖 6-232

STEP 27　透過由上而下的設計方式製作模具。

STEP 28　開啓"新組合件"檔，將搭接架零件放置於新組合件中(零件與組合件之原點及基準面需重合)，儲存檔案：搭接架模具組合(如圖 6-233 所示)。

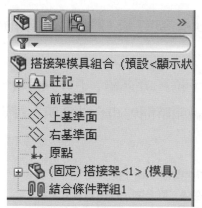

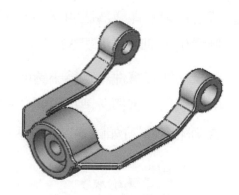

圖 6-233

STEP 29　點選下拉式功能表：插入＞零組件＞新零件，組合件特徵樹中產生一虛擬
　　　　　零件(如圖 6-234 所示)。

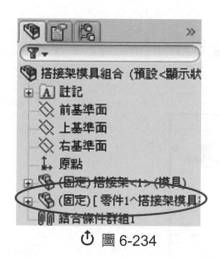

圖 6-234

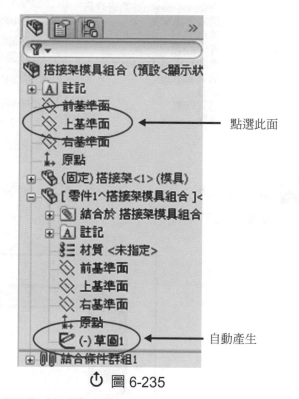

點選此面

自動產生

圖 6-235

STEP 30　(1)　將游標移至組合件前基準面時，游標變為 ，點選特徵管理員中，
　　　　　　　 組合件之"上基準面"。

　　　　　(2)　同時零件處於編輯狀態(特徵管理員零件為藍色)。

　　　　　(3)　且自動以上基準面進入草圖繪製狀態(如圖 6-235 所示)。

CHAPTER 6

STEP 31 若搭接架零件變爲透明狀態，可參考步驟 33 作法，將其設定爲不透明，若無變化，則略過步驟 32。

STEP 32 將紙杯杯套零件設定爲不透明狀態，下拉式功能表：工具＞選項，對話框中"顯示／選擇"選項中將"對關聯編輯時開啓組合件透明"設定爲"不透明組合件"(如圖 6-236 所示)。

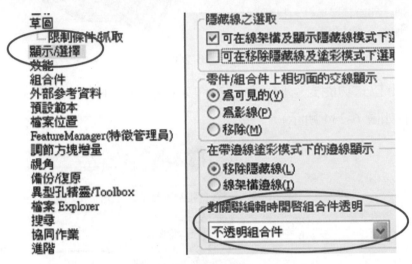

🔱 圖 6-236

STEP 33 點選正視於 📥，點選矩形 🔲，繪製如圖 6-237 所示之外形，尺寸標註如圖 6-237 所示。

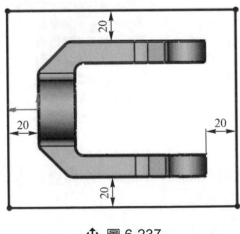

🔱 圖 6-237

34　點選伸長填料 ，在對話框中：

(1)　伸長類型：兩側對稱。

(2)　深度：80mm(需超過搭接架零件)。

確定後完成(如圖 6-238 所示)。

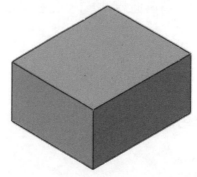

↻ 圖 6-238

 35　點選模塑 ，在模塑對話框中：

(1)　設計零組件：點選搭接架零件。

(2)　縮放參數：設定為零。

確定後完成(如圖 6-239 所示)。

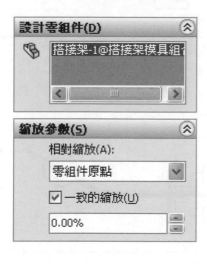

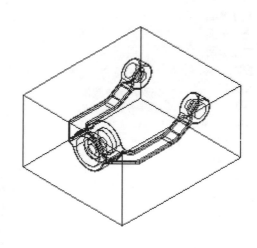

↻ 圖 6-239

 36　點選右基準面，進入草圖繪製 ，"設定分模線"。

CHAPTER 6

STEP 37 點選正視於 ![icon]，點選顯示線架構 ![icon]：

(1) 將搭接架零件特徵樹展開，左鍵點一下"草圖 2"(如圖 6-240 所示)。

(2) 再點選參考圖元 ![icon]，複製草圖 2 之線段(如圖 6-241 所示)。

(3) 使用華鼠左鍵拖曳線段端點，將線段延伸(如圖 6-242 所示)。

(4) 點選直線 ![icon]，在右邊繪製水平直線，尺寸標註如圖 6-243 所示。

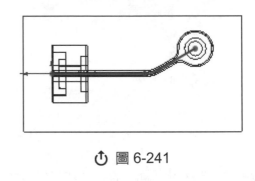

↻ 圖 6-241

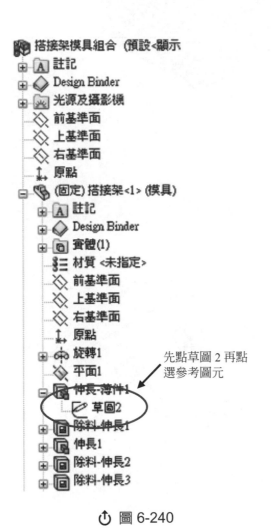

↻ 圖 6-240

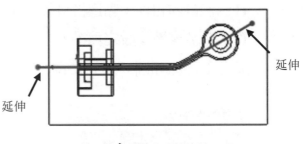

↻ 圖 6-242

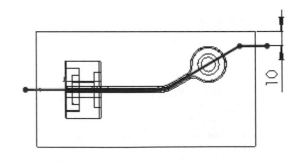

↻ 圖 6-243

38 "結束草圖繪製"，完成分模線草圖。

 39 接下來產生滑塊槽，點選右基準面，進入草圖繪製。

 40 點選正視於 ，點選顯示線架構 ：

(1) 將搭接架零件特徵樹展開，左鍵點一下"草圖 1"(如圖 6-244 所示)。

(2) 再點選參考圖元 ，複製草圖 1 之線段(如圖 6-245 所示)。

(3) 點選修剪圖元 ，修剪如圖 6-245 所示之線段。

(4) 點選直線 ，繪製如圖 6-246 所示之線段，尺寸標註如圖 6-246 所示。

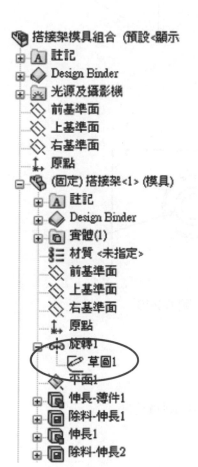

圖 6-244

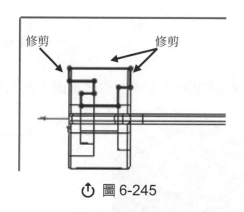

圖 6-245

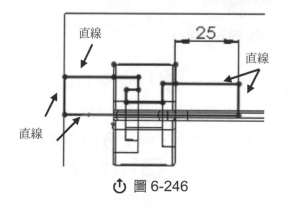

圖 6-246

STEP 41　點選旋轉除料 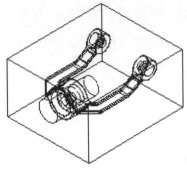，對話框中：

(1) 旋轉軸：通過原點之水平線。

(2) 角度：360 度。

確定後完成(如圖 6-247 所示)。

↺ 圖 6-247

STEP 42　點選如圖 6-248 所示之平面，進入草圖繪製。

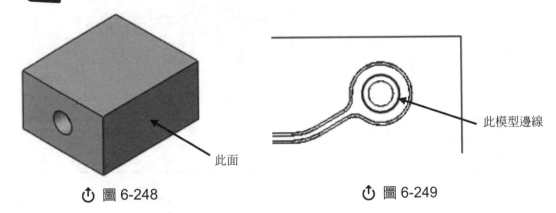

此面

此模型邊線

↺ 圖 6-248　　　　　　　　↺ 圖 6-249

STEP 43　點選正視於 ，點選顯示線架構 ：

(1) 左鍵點選如圖 6-249 所示之模型邊線。

(2) 再點選參考圖元 ，複製模型邊線為草圖實線。

STEP 44　點選伸長除料 ，在對話框中：

(1) 伸長類型：給定深度。

(2) 深度：30。

確定後完成(如圖 6-250 所示)。

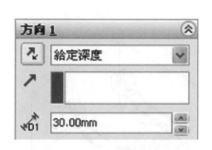
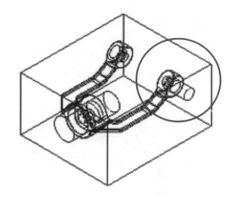

⏻ 圖 6-250

STEP 45 點選右視 ，點選剛完成除料凹槽內部平面(如圖 6-251 所示之平面)，進入草圖繪製。

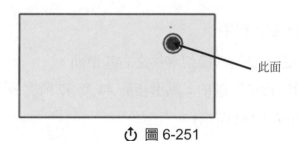

此面

⏻ 圖 6-251

STEP 46 點選顯示線架構 ：

(1) 左鍵點選如圖 6-252 所示之模型邊線。

(2) 再點選參考圖元 ，複製模型邊線為草圖實線。

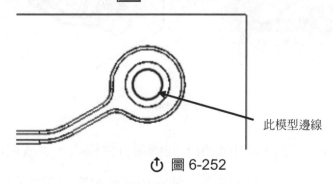

此模型邊線

⏻ 圖 6-252

STEP 47 點選伸長除料 ，在對話框中：

(1) 伸長類型：給定深度。

CHAPTER 6

(2) 深度：5。

確定後完成(如圖 6-253 所示)。

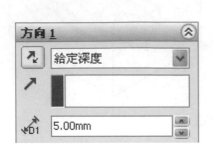
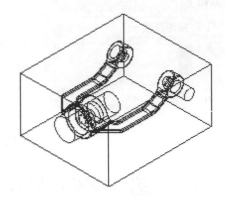

⏻ 圖 6-253

 48 點選鏡射 ，對話框中：

(1) 鏡射參考面：點選搭接架零件之右基準面。

(2) 使用 "鏡射特徵" 選項：點選步驟 44 及 47 所完成之除料特徵。

確定後完成(如圖 6-254 所示)。

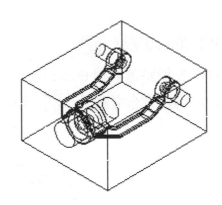

⏻ 圖 6-254

49 點選編輯零組件 ，結束編輯，回到組合件模式，完成模座零件。

50 右鍵點選完成之虛擬零件，跳出之輔助功能表選擇 "重新命名零件"(如圖 6-255 所示)。

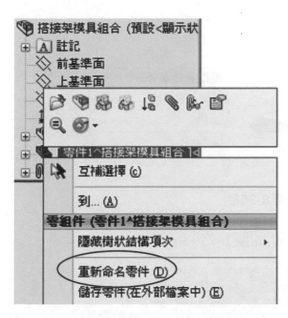

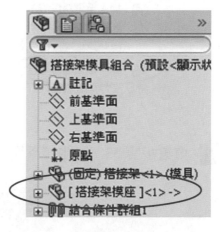

⏻ 圖 6-255　　　　　　　　　　　⏻ 圖 6-256

STEP 51　輸入新檔名：搭接架模座(如圖 6-256 所示)。

STEP 52　左鍵點選模座零件任一表面，跳出之輔助功能表點選 "開啟零件" (如圖
6-257 所示)。

開啟零件

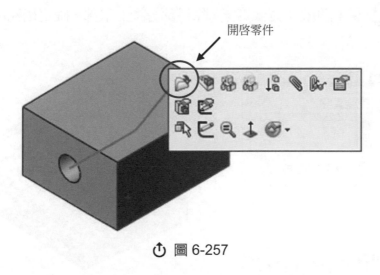

⏻ 圖 6-257

STEP 53　點選組態管理員 🗃 ，**右鍵**點選零件名稱，選擇**加入模型組態**，在對話框
中，模型組態名稱輸入：上模，確定後產生模具組態(如圖 6-258 所示)。

CHAPTER 6

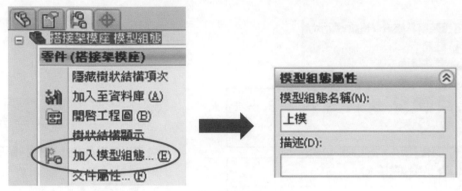

⏻ 圖 6-258

STEP 54　重覆步驟 53，產生"下模"組態(如圖 6-259 所示)。

⏻ 圖 6-259

STEP 55　將組態設定在"下模"，點選步驟 37 所繪製之分模線草圖，再點選伸長除
料 [圖]，除料類型：完全貫穿，除料部分：上半部，確定後完成(如圖 6-260
所示)。

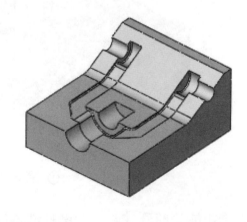

⏻ 圖 6-260

STEP 56　將組態設定在 "上模" ，點選剛完成除料之分模線草圖，再點選伸長除料 📳 ，除料類型：完全貫穿，除料部分：下半部，確定後完成(如圖 6-261 所示)。

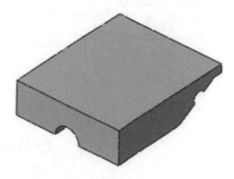

↺ 圖 6-261

STEP 57　將畫面切回 "模具組合件" ，右鍵點選畫面零件表面，跳出之輔助功能表 選擇 "零組件屬性" 或 "組態零組件" 皆可(如圖 6-262 所示)。

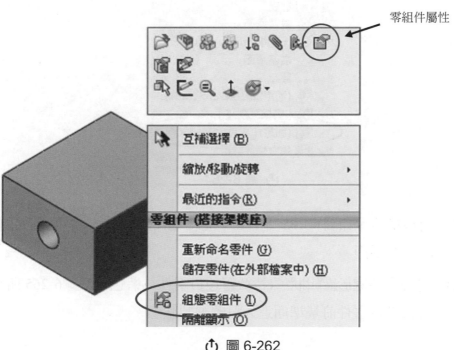

↺ 圖 6-262

STEP 58　跳出屬性對話框，將組態設定爲"下模"，確定後完成(如圖 6-263 所示)。

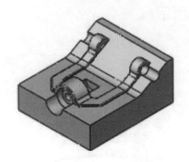

↻ 圖 6-263

STEP 59　接下來產生滑塊零件，點選下拉式功能表：插入＞零組件＞新零件，組合件特徵樹中產生一虛擬零件(如圖 6-264 所示)。

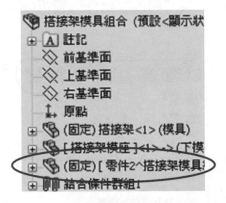

↻ 圖 6-264

STEP 60　(1) 將游標移至如圖 6-265 所示之平面時，游標變爲 ，點選如圖 6-265 所示之平面。

(2) 同時零件處於編輯狀態(特徵管理員零件爲藍色)(如圖 6-265 所示)。

(3) 且自動以零件前基準面進入草圖繪製狀態。

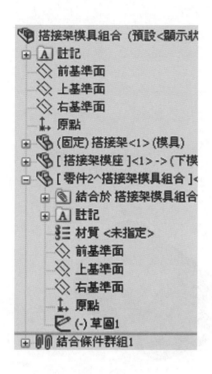

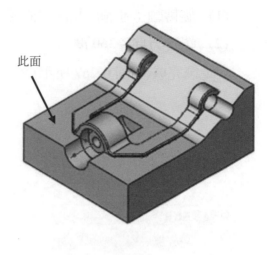

此面

↻ 圖 6-265

STEP 61　點選正視於 ![icon]，點選顯示線架構 ![icon]，點選直線 ![icon]，繪製如圖 6-266
　　所示之外形。

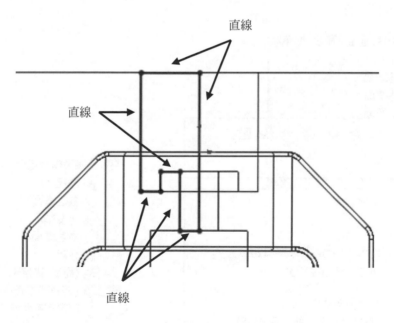

直線

直線

直線

↻ 圖 6-266

 62　　點選旋轉填料 🔄，對話框中：

(1)　旋轉軸：通過原點之垂直線。

(2)　單一方向；360 度。

確定後完成(如圖 6-267 所示)。

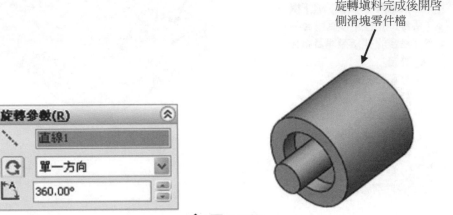

旋轉填料完成後開啓
側滑塊零件檔

旋轉參數(R)

直線1

單一方向

360.00°

↻ 圖 6-267

63　　點選編輯零組件 🔲，結束編輯，回到組合件模式，完成搭接架-側滑塊 1。

64　　右鍵點選完成之虛擬零件，跳出之輔助功能表選擇 "重新命名零件"(如圖
6-268 所示)。

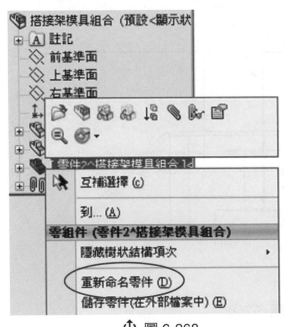

↻ 圖 6-268

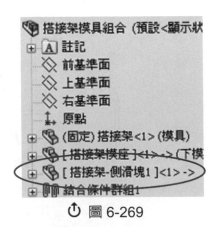

↻ 圖 6-269

65 輸入新檔名：搭接架-側滑塊 1(如圖 6-269 所示)。

 66 接下來再產生其他滑塊零件，點選下拉式功能表：插入＞零組件＞新零件，
組合件特徵樹中產生一虛擬零件(如圖 6-270 所示)。

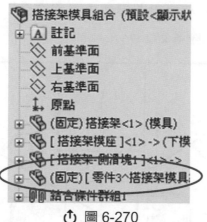

↻ 圖 6-270

 67 (1) 將游標移至如圖 6-271 所示之平面時，游標變為 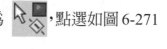，點選如圖 6-271
所示之平面。

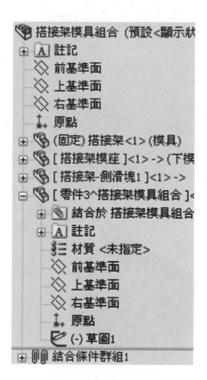

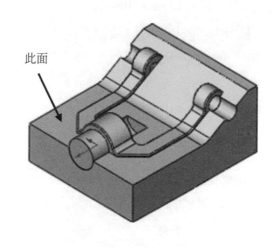

此面

↻ 圖 6-271

CHAPTER
6

(2) 同時零件處於編輯狀態(特徵管理員零件為藍色)(如圖 6-271 所示)。

(3) 且自動以零件前基準面進入草圖繪製狀態。

STEP 68 點選正視於 ，點選顯示線架構 ，點選矩形 ，繪製如圖 6-272 所示之外形，矩形左上角與模型角落"重合"，右邊垂直線與原點"重合"，尺寸標註如圖 6-272 所示。

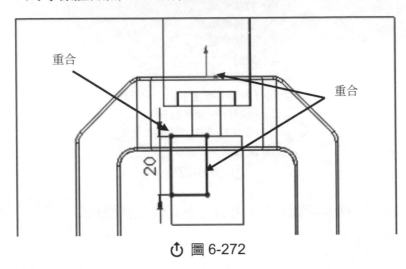

重合

重合

20

🔄 圖 6-272

STEP 69 點選旋轉填料 ，對話框中：

(1) 旋轉軸：通過原點之垂直線。

(2) 單一方向；360 度。

確定後完成(如圖 6-273 所示)。

旋轉填料完成後開啓
側滑塊零件檔

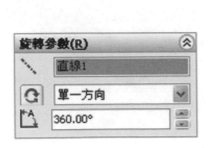

旋轉參數(R)

直線1

單一方向

360.00°

🔄 圖 6-273

STEP **70**　點選編輯零組件 ，結束編輯，回到組合件模式，完成搭接架-側滑塊 2。

STEP **71**　右鍵點選完成之虛擬零件，跳出之輔助功能表選擇 "重新命名零件" (如圖 6-274 所示)。

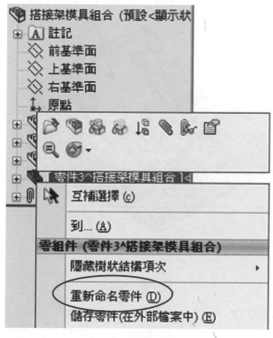

⏻ 圖 6-274

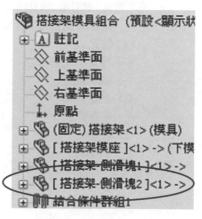

⏻ 圖 6-275

STEP **72**　輸入新檔名：搭接架-側滑塊 2(如圖 6-275 所示)。

STEP **73**　接下來再產生其他滑塊零件，點選下拉式功能表：插入＞零組件＞新零件，組合件特徵樹中產生一虛擬零件(如圖 6-276 所示)。

STEP **74**　(1)　將游標移至如圖 6-277 所示之平面時，游標變為 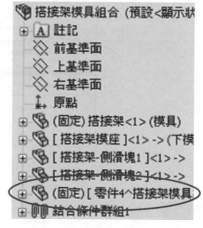，點選如圖 6-258 所示之平面。

(2)　同時零件處於編輯狀態(特徵管理員零件為藍色)(如圖 6-277 所示)。

⏻ 圖 6-276

CHAPTER 6

(3) 且自動以零件前基準面進入草圖繪製狀態。

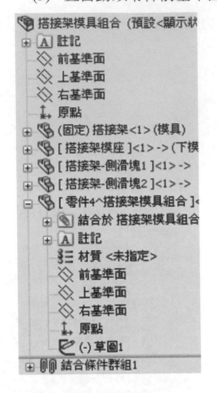

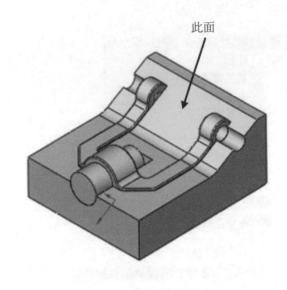

此面

 圖 6-277

STEP 75 點選正視於 ⬦，點選顯示線架構 田，點選直線 ＼，繪製如圖 6-278 所示之外形。

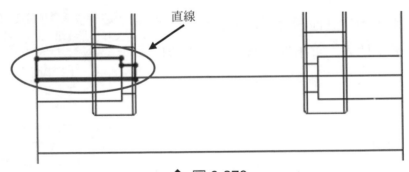

直線

⟳ 圖 6-278

STEP 76 點選旋轉填料 ⟳，對話框中：

(1) 旋轉軸：中間水平線。

(2) 單一方向；360 度。

確定後完成(如圖 6-279 所示)。

旋轉填料完成後開啓
側滑塊零件檔

⏻ 圖 6-279

 77　點選編輯零組件 🔲，結束編輯，回到組合件模式，完成搭接架-側滑塊 3。

 78　右鍵點選完成之虛擬零件，跳出之輔助功能表選擇 "重新命名零件"(如圖 6-280 所示)。

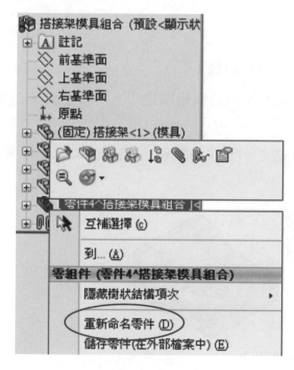

⏻ 圖 6-280

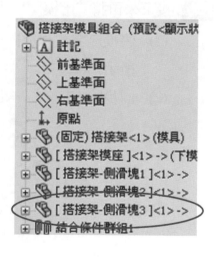

⏻ 圖 6-281

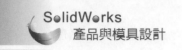
 79 輸入新檔名：搭接架-側滑塊 3(如圖 6-281 所示)。

 80 點選下拉式功能表：插入＞鏡射零組件，對話框中：

(1) 鏡射平面：右基準面。

(2) 鏡射的零件：剛完成之側滑塊 3 零件。

確定後完成(如圖 6-282 所示)。

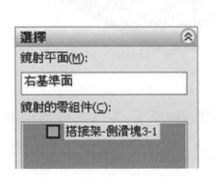

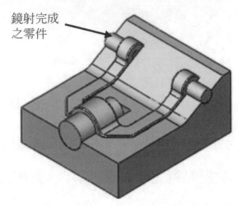

⟳ 圖 6-282

 81 4 個側滑塊零件完成。

 82 接下來再將"上模"零件放置於組合件組裝：

(1) 將模座零件再放置一次於組合件中(目前組態是"下模"如圖 6-283
所示)。

(2) 同步驟 57 方式將組態切換成"上模"(如圖 6-284 所示)。

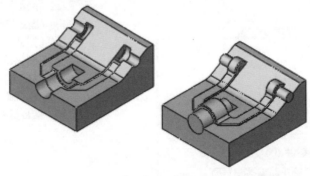

⟳ 圖 6-283

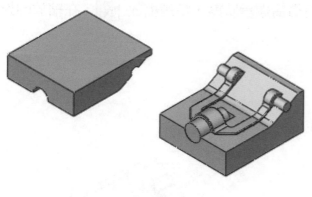

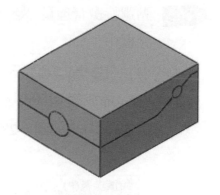

⏻ 圖 6-284

⏻ 圖 6-285

STEP 83 點選結合 ：

(1) 點選上模零件前基準面及下模零件前基準面，設定：重合／共線／共點。

(2) 點選上模零件上基準面及下模零件上基準面，設定：重合／共線／共點。

(3) 點選上模零件右基準面及下模零件右基準面，設定：重合／共線／共點，確定後完成(如圖 6-285 所示)。

STEP 84 整個模具都組裝完成後，接下來才處理 "縮水量" 問題。

STEP 85 開啟下模零件檔(如圖 6-286 所示)，再增加一組態：下模縮放(如圖 6-267 所示)。

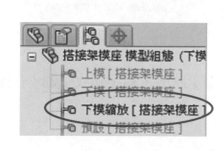

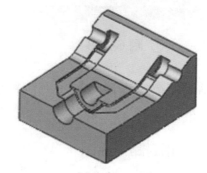

⏻ 圖 6-286

CHAPTER 6

STEP 86　點選特徵管理員 ，回到特徵樹顯示狀態，點選縮放 ，在縮放的對話框中：

(1)　相對點：原點。

(2)　縮放率：1.005。

確定後完成(如圖 6-287 所示)。

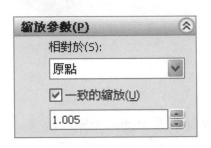
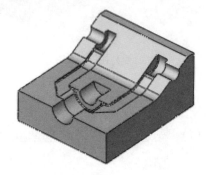

↺ 圖 6-287

STEP 87　點選組態管理員 ，先將組態切換爲"上模"(如圖 6-288 所示)，再增加一組態：上模縮放(如圖 6-289 所示)。

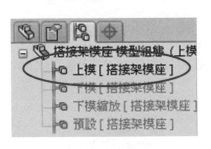
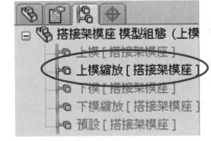

↺ 圖 6-288　　　　　　　　　↺ 圖 6-289

STEP 88　點選特徵管理員 ，回到特徵樹顯示狀態，點選縮放 ，在縮放的對話框中：

(1)　相對點：原點。

(2)　縮放率：1.005。

確定後完成(如圖 6-290 所示)。

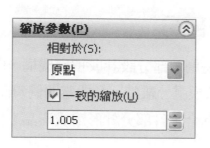
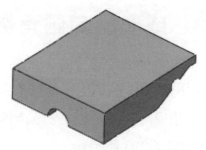

⏻ 圖 6-290

STEP 89　接下來開啓 "側滑塊 1" 零件檔(如圖 6-291 所示)，增加一組態：縮放(如圖 6-291 所示)。

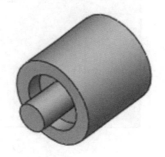

⏻ 圖 6-291

STEP 90　點選特徵管理員 ，回到特徵樹顯示狀態，點選縮放 ，在縮放的對話框中：

(1) 相對點：原點。

(2) 縮放率：1.005。

確定後完成(如圖 6-292 所示)。

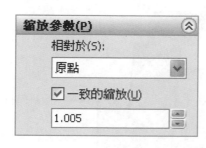
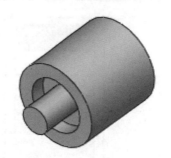

⏻ 圖 6-292

STEP 91　其他側滑塊零件皆同樣方式完成縮放部分。

CHAPTER 6

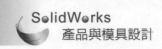

 6-2 成形品內側有倒勾部分

成形品內側有倒勾部分時，大部分是將倒勾部分設計成頂出機構，開模時，配合其他頂出銷將成品頂出，使成形品自公模處分離時，又能避開倒勾部分。

1. 閉模：閉模時，傾銷模心與公模緊密貼合，且部分外形為成形品之倒勾部分形狀(如圖 6-293 所示)。

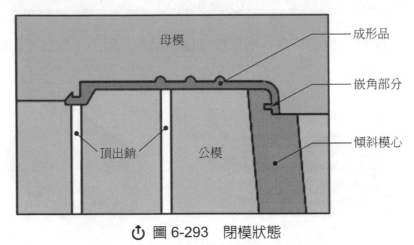

⏻ 圖 6-293　閉模狀態

2. 開模：開模時，傾銷模心配合頂出銷將成形品頂出，由於傾斜模心傾斜一角度，頂出時以滑動方式脫離成形品倒勾部分(如圖 6-294 所示)。

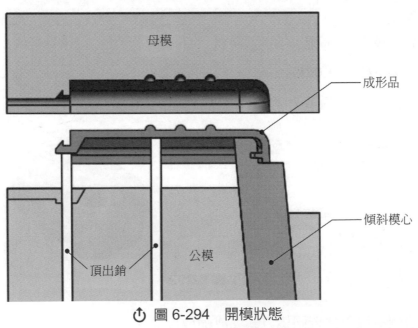

⏻ 圖 6-294　開模狀態

例題：電池蓋

 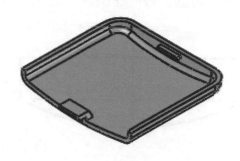

 開啟新零件檔，點選**前基準面**，進入草圖繪製 。

STEP 2　(1)　點選中心線 ![] ，繪製一垂直且通過原點之中心線，點選形 ![] ，在原點下方繪製一矩形。

(2)　矩形一水平邊線與原點設定"重合共點"幾何限制，矩形左右垂直線及中心線設定"相互對稱"幾何限制(如圖 6-295 所示)。

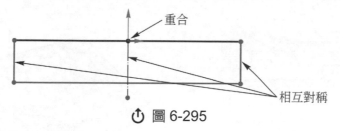

重合

相互對稱

⤴ 圖 6-295

 點選三點定弧 ![] ，在矩形下方繪製一弧形(如圖 6-296 所示)。

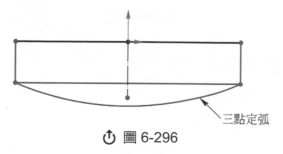

三點定弧

⤴ 圖 6-296

CHAPTER 6

STEP 4 點選矩形中三點定弧相接之水平線(如圖 6-297 之線段)，再至特徵管理員中，勾選"幾何建構線"選項，將實線轉換為幾何建構線。

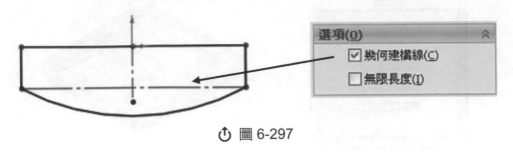

⟳ 圖 6-297

STEP 5 點選標註尺寸 ，標註之尺寸如同圖 6-298 所示。

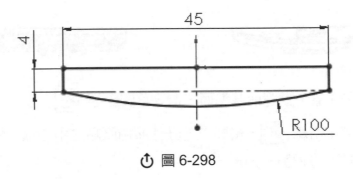

⟳ 圖 6-298

STEP 6 點選伸長填料 ，伸長類型：給定深度，深度：40mm，確定後完成(如圖 6-299 所示)。

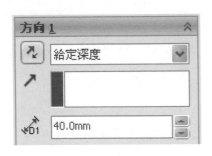
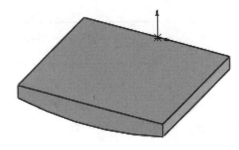

⟳ 圖 6-299

STEP 7 點選拔模 ，在拔模對話框中：

(1) 拔模類型：中立面。

(2) 拔模角度：3 度。

(3)　中立面選項：點選模型頂面(如圖 6-300 所示之面)。

(4)　拔模面選項：點選與中立面相接之三個垂直面(如圖 6-300 之面)，另一垂直面不設定拔模(如圖 6-300 之面)。

(5)　灰色箭頭向下。

確定後完成。

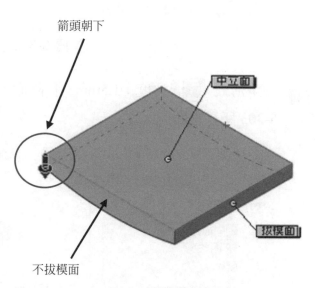

① 圖 6-300

 STEP 8　點選圓角 ，圓角邊線點選上述拔模面相接之垂直邊線(如圖 6-301 之垂直邊線)，圓角半徑：R6，確定後完成。

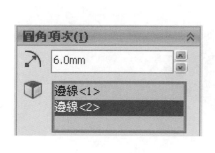

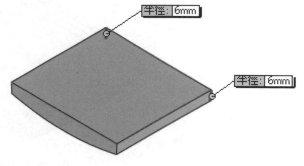

① 圖 6-301

STEP 9　再點選圓角 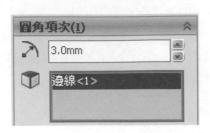，圓角邊線點選模型底面邊線(如圖 6-302 之底部邊線)，圓角半徑：R3，確定後完成。

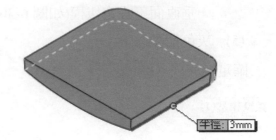

↻ 圖 6-302

STEP 10　點選薄殼 ，厚度：1.5mm，移除面：點選頂面及未拔模之垂直面(如圖 6-303 所示之面)。

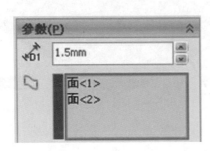

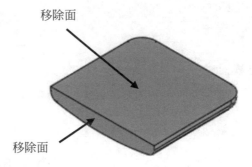

↻ 圖 6-303

STEP 11　確定後完成(如圖 6-304 所示)。

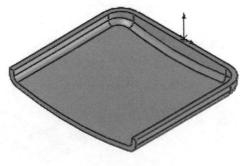

↻ 圖 6-304

12　點選右**基準面**，進入草圖繪製 。

13　點選相交曲線 🔀，點選內部弧面，產生一條交線(如圖 6-305 所示)。

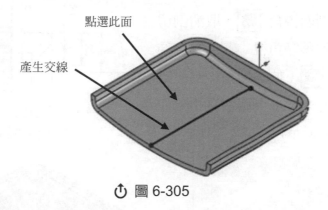

點選此面

產生交線

↻ 圖 6-305

14　爲了便於繪圖，先點選右基準面，再點選剖面視角 ▦，顯示零件的剖切
模型視角(如圖 6-306 所示)。

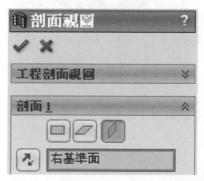

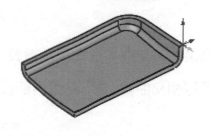

↻ 圖 6-306

15　點選正視於 ⬌，點選直線 ╲，在模型左邊繪製一卡鑽造型，點選修剪
圖元 ✂，將相交曲線後端線段刪除(如圖 6-307 所示)。

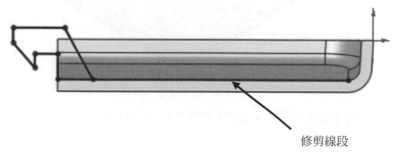

修剪線段

↻ 圖 6-307

CHAPTER

6

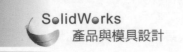

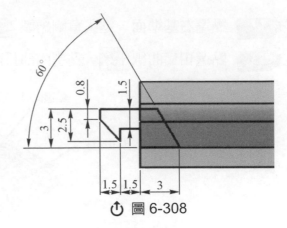

↻ 圖 6-308

STEP 16 點選標註尺寸 ，標註之尺寸圖 6-308 所示。

STEP 17 再點選剖面視角 ，取消剖切視圖，點選等角視 ，點選伸長填料 ，伸長類型：兩側對稱，深度：8mm，確定後完成(如圖 6-309 所示)。

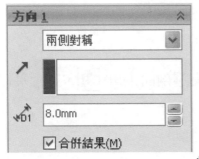

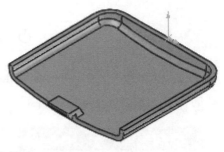

↻ 圖 6-309

STEP 18 點選**右基準面**，進入草圖繪製 。

STEP 19 點選相交曲線 ，點選內部後斜面(如圖 6-310 所示之面)，產生一條交線。

產生交線

點選此面

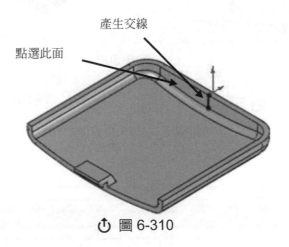

↻ 圖 6-310

STEP 20 同樣地，為了便於繪圖，重複步驟 14 的動作。

STEP **21**　點選正視於 ，點選直線 ◥，在模型右邊繪製一卡鋒造型(如圖 6-311 所示之線段)。

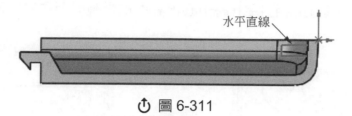

水平直線

⟳ 圖 6-311

STEP **22**　點選修剪圖元 ◈，修剪多餘線段，點選標註尺寸 ✚，標註之尺寸如圖 6-312 所示。

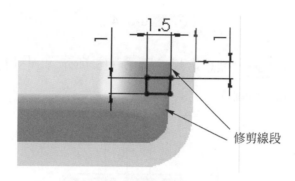

1.5

修剪線段

⟳ 圖 6-312

STEP **23**　再點選剖面視角 ▦，取消剖切視圖，點選等角視 ▣，點選伸長填料 ▣，伸長類型：兩側對稱，深度：8mm，確定後完成(如圖 6-313 所示)。

方向 **1**　　　　　　　　≫

兩側對稱　　　　　　　▾

D1　8.0mm

☑ 合併結果(M)

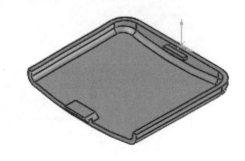

⟳ 圖 6-313

STEP **24**　點選**上基準面**，進入草圖繪製 ✑。

25 (1) 點選中心線 ▐▌，繪製一垂直且通過原點之中心線，點選線 ◥，在中心線右邊繪製一水平直線，一端點與中心線重合。

(2) 點選鏡射圖元 ⚠，將中心線右邊線段鏡射至左邊(如圖 6-314 所示)。

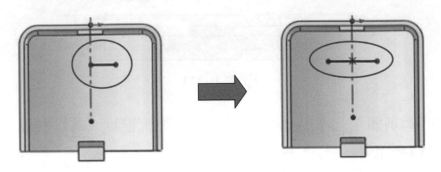

↻ 圖 6-314

26 點選標註尺寸 ◈，標註之尺寸圖 6-315 所示，尺寸標註完成後，"結束草圖繪製" 完成草圖 4。

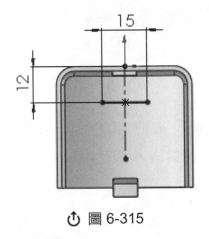

↻ 圖 6-315

27 旋轉模型，將模型底部向上，點選投影曲線 ▥，在投影曲線對話框中：

(1) 投影類型：投影草圖到面上。

(2) 投影草圖：點選草圖 4。

(3) 投影面：點選弧面(如圖 6-316 所示之面)，**注意投影方向箭頭**，如需要，勾選"反轉投影方向"選項，確定後完成。

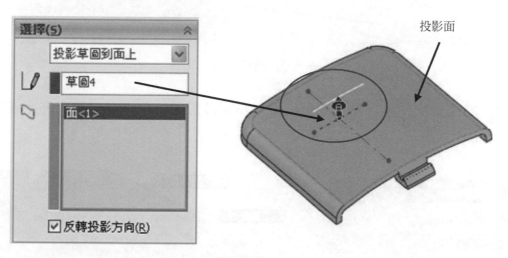

投影面

⏻ 圖 6-316

先點選剛完成之投影曲線，再點選草圖繪製 ✎，軟體"**自動**"在投影曲線之端點產生繪圖基準面(如圖 6-317 所示)。

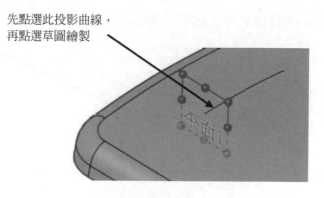

先點選此投影曲線，
再點選草圖繪製

⏻ 圖 6-317

點選圓 ⊙，繪製一圓形，標註尺寸：∅2，將圓之圓心點與投影曲線，設定"貫穿"之幾何限制(如圖 6-318 所示)，確定後結束草圖繪製。

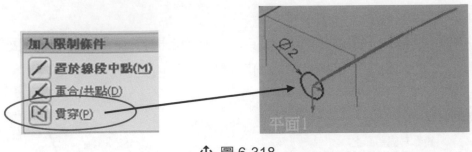

⏻ 圖 6-318

STEP 30 點選掃出 ⏚，點選圓為輪廓，點選投影曲線為路徑，確定後完成(如圖 6-319 所示)。

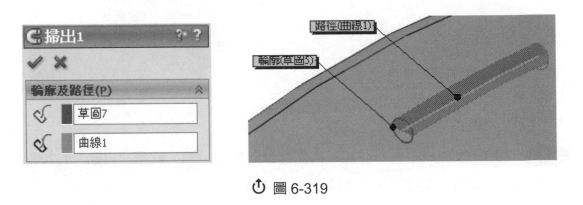

⏻ 圖 6-319

STEP 31 左鍵點選特徵管理員中，剛完成掃出特徵之輪廓草圖，選擇"顯示"(如圖 6-320 所示)。

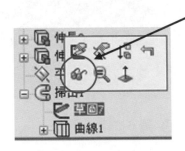

⏻ 圖 6-320

STEP 32 點選模型中，顯示"圓"草圖所在之平面(如圖 6-321 所示之面)，進入草圖繪製 ✐。

點選此面

↻ 圖 6-321

STEP 33　點選 "圓" 草圖外形線，點選參考圖元 ，複製圓外形線，點選直線
　　　，繪製一垂直且通過圓心點之直線(如圖 6-322 所示)，點選修剪圖元
　　　，修剪多餘線段(如圖 6-323 所示之半圓形)。

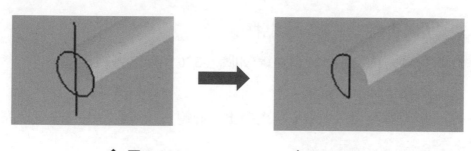

↻ 圖 6-322　　　　　　　　↻ 圖 6-323

STEP 34　點選旋轉填料 ⚙，在對話框中：

(1)　旋轉軸：點旋半圓形之垂直線段。

(2)　旋轉類型：單一方向。

(3)　角度：180 度(須注意旋轉之方向)。

確定後完成(如圖 6-324 所示)。

旋轉參數(R)

直線1

單一方向

180.0°

☑合併結果(M)

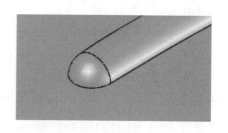

↻ 圖 6-324

CHAPTER 6

STEP 35 點選鏡射 ，鏡射參考面：點選右基準面，鏡射特徵：點選剛完成之旋轉填料特徵，確定後完成(如圖 6-325 所示)。

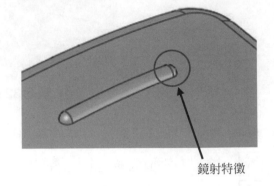

鏡射特徵

↻ 圖 6-325

STEP 36 點選直線複製排列 ，對話框中：

(1) 排列方向：點選模型邊線(如圖 6-326 所示之邊線)。

(2) 距離：6mm；數量：3。

(3) 複製排列特徵：剛完成之掃出、旋轉，及鏡射特徵等確定後完成。

↻ 圖 6-326

STEP 37 點選組態管理員 ，**右鍵**點選零件名稱，選擇加入**模型組態**，在跳出的對話框中，模型組態名稱輸入：模具，確定後產生模具組態(如圖 6-327 所示)。

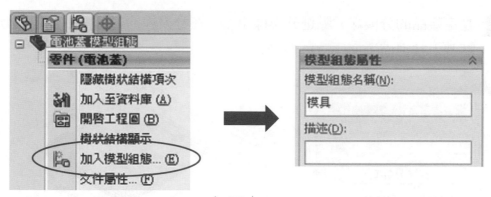

⏻ 圖 6-327

STEP 38　點選特徵管理員 ，回到特徵樹顯示狀態，點選縮放 ，在縮放的對
話框中，相對點：原點，縮放率：1.005，確定後完成(如圖 6-328 所示)。
儲存檔案：電池蓋。

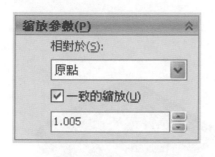

⏻ 圖 6-328

STEP 39　產品外形已設計完成，接下來進行模具設計，首先檢視產品的外形：

(1)　**靠破孔**：無。

(2)　**倒勾**：以開模方向來看，後卡鏵部分為倒勾部分，且倒勾部分位於成
　　　形品內部(如圖 6-329 所示)，所以需製作傾斜模心，以避開倒勾問題。

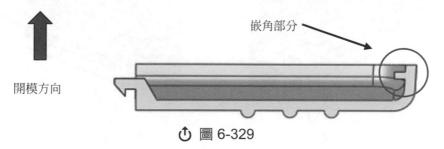

嵌角部分

開模方向

⏻ 圖 6-329

STEP 40　設定產品的分模線。點選分模線 ⊞，在分模線的對話框中，起模方向：點選上基準面(如圖 6-330 所示)。

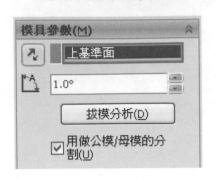

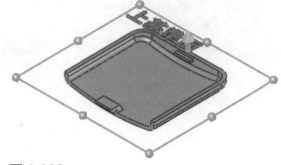

↻ 圖 6-330

STEP 41　接下來再按 "拔模分析" 按鈕，在分模線對話框中會再跳出分模線選項，同時分模線會自動選取外殼外表面邊線，檢視卡鉤部分，分模線選取是錯誤的(如圖 6-331 之邊線)。

分模線錯誤

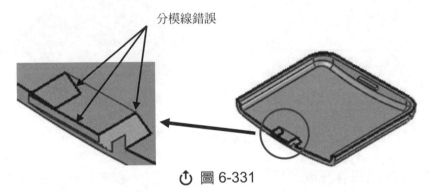

↻ 圖 6-331

STEP 42　取消錯誤選擇之邊線，重新點選正確之邊線(如圖 6-332 之邊線)，確定後結束對話框完成。

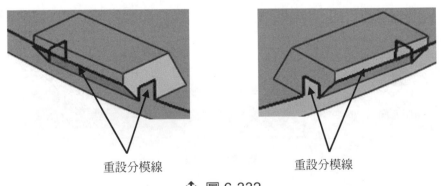

重設分模線　　　　　重設分模線

↻ 圖 6-332

43 為了便於使用規則曲面功能，所以將特徵樹中剛完成之分模線特徵及曲面本體資料夾中之曲面特徵"隱藏"(如圖 6-333 所示)。

將曲面隱藏

將分模線隱

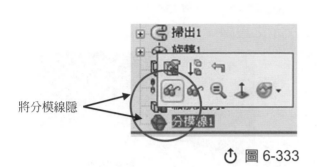
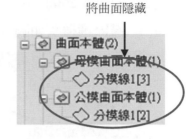

① 圖 6-333

44 由於模型之分模線較為複雜，所以**使用規則曲面功能** 🗝，產生分模曲面。點選規則曲面 🗝，在規則曲面對話框中：

(1) 類型：相切於曲面。

(2) 距離：23mm。

(3) 邊線選擇：如圖 6-334 之 4 條邊線，確定後完成。

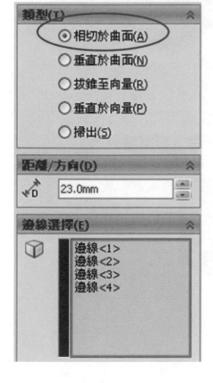

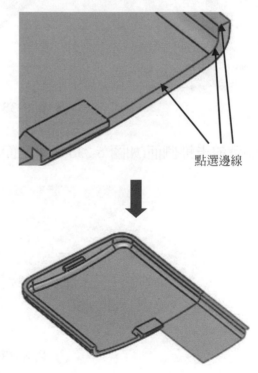

點選邊線

① 圖 6-334

CHAPTER
6

STEP 45　再點選規則曲面 📐，在規則曲面對話框中：

(1)　類型：垂直於曲面。

(2)　距離：20mm。

(3)　邊線選擇：如圖 6-335 所示之邊線。確定後完成。

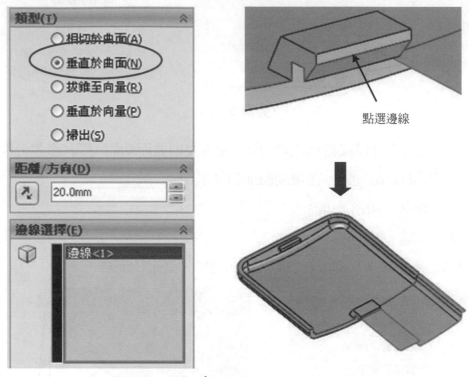

點選邊線

🔄 圖 6-335

STEP 46　點選前卡鑽側面(如圖 6-336 所示之面)，進入草圖繪製 ✏️。

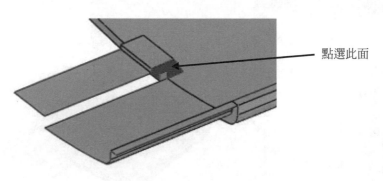

點選此面

🔄 圖 6-336

47 點選模型邊線(如圖 6-337 所示之邊線)，點選參考圖元 🗂，將所選邊線複製一份，確定後 "結束草圖繪製"，完成草圖 7。

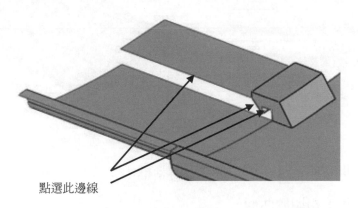

點選此邊線

⟳ 圖 6-337

 48 點選疊層拉伸曲面 🛆，對話框輪廓選項：點選剛完成之草圖 7 及曲面邊線(如圖 6-338 所示)，確定後完成。

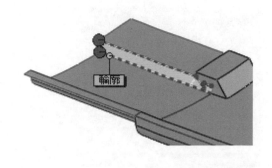

⟳ 圖 6-338

 49 點選鏡射 🖾，對話框中：

(1) 鏡射參考面：點選右基準面。

(2) 使用 "鏡射本體" 選項：點選規則曲面 1 及疊層拉伸曲面(如圖 6-339 所示)。

確定後完成。

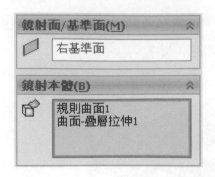

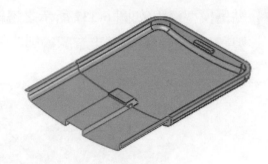

 圖 6-339

STEP 50　點選規則曲面 ，在規則曲面對話框中：

(1) 類型：相切於曲面。

(2) 距離：30mm。

(3) 邊線選擇：如圖 6-340 所示之邊線。

確定後完成(如圖 6-340 所示)。

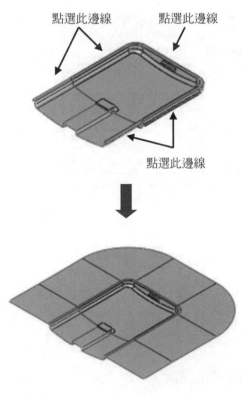

圖 6-340

STEP 51　點選縫織曲面 ，將**步驟 44 至 50** 所完成之曲面，縫織成一個曲面(如圖 6-341 所示)。

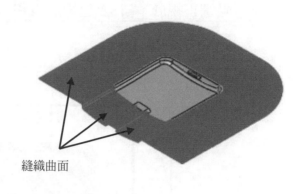

縫織曲面

↻ 圖 6-341

STEP 52　點選模具工具列上的插入模具資料夾 ，產生 "分模曲面本體資料夾" (如圖 6-342 所示)。

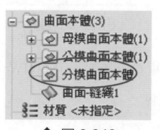

↻ 圖 6-342

STEP 53　將已產生之曲面縫織 "拖曳" 至分模曲面本體資料夾(如圖 6-343 所示)。

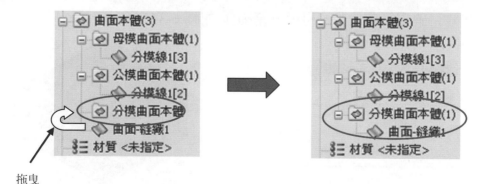

拖曳

↻ 圖 6-343

CHAPTER 6

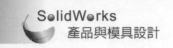
STEP 54 先點選剛完成之分模面，再點選模具分割 🔨：

(1) SolidWorks "自動" 以所點選之平面進入 "草圖繪製" 狀態。

(2) 點選正視於 🔆，點選矩形 ▣，繪製一矩形，標註之尺寸如圖 6-344 所示。

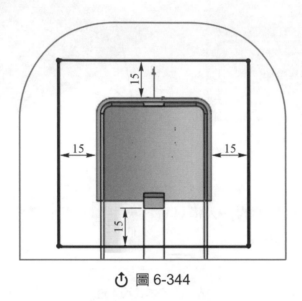

↻ 圖 6-344

STEP 55 尺寸標註完成後 "結束草圖繪製"，SolidWorks 自動跳出模具分割對話框：

(1) 設定模塊尺寸厚度：

　　　方向 1：20mm(正 Z 方向)

　　　方向 2：20mm(負 Z 方向)

(2) 其他參數選項(公模、母模、分模曲面等)為 "自動" 抓取，無需設定，確定後完成公、母模分割動作(如圖 6-345 所示)。

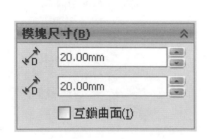

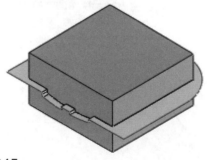

↻ 圖 6-345

56 曲面、母模及成形品隱藏(如圖 6-346 所示)。

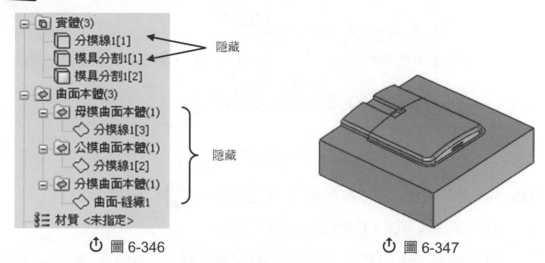

↺ 圖 6-346　　　　　　　　　↺ 圖 6-347

 57 畫面中只留下公模部分(如圖 6-347 所示)。

 58 點選右基準面，進入草圖繪製 ，繪製側滑塊草圖。

 59 鍵盤 Ctrl 按著，先點選如圖 6-348 所示之垂直面，再點選 6-348 所示之水平面，點選正視於 ，調整繪圖視角(如圖 6-349 所示)。

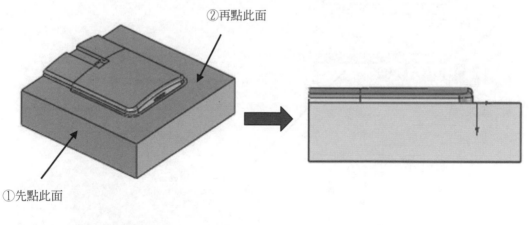

②再點此面

①先點此面

↺ 圖 6-348　　　　　　　　　↺ 圖 6-349

 60 點選直線 ，繪製如圖 6-350 所示之外形，兩斜線設定"相互平行"之限制條件，標註之尺寸如圖 6-350 所示，確定後"結束草圖繪製"，完成側滑塊草圖。

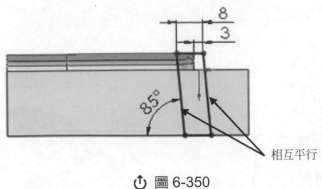

⟳ 圖 6-350

61 先點選剛完成之側滑塊草圖,再點選側滑塊 ,在對話框中:

(1) 側滑塊草圖:自動選取先點選之草圖。

(2) 抽出方向:自動以側滑塊草圖之繪圖平面垂直方向。

(3) 側滑塊所在之公模或母模:點選公模任一表面。

(4) 抽出方向:10;遠離抽出方向:10(如圖 6-351 所示)。

確定後完成。

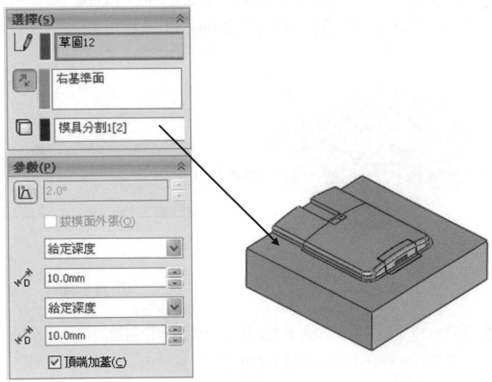

⟳ 圖 6-351

STEP 62 完成模具分割及側滑塊後，在特徵樹中，實體資料夾會有四個特徵(如圖 6-352 所示)，**右鍵**點選模具分割 1[1] 特徵，選擇**插入至新零件**(如圖 6-353 所示)。

◑ 圖 6-352

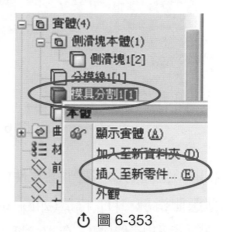

◑ 圖 6-353

STEP 63 SolidWorks 會將模具分割 1[1] 開啟為一零件檔，同時跳出存檔對話框，存檔名稱：電池蓋-母模(如圖 6-354 所示)。

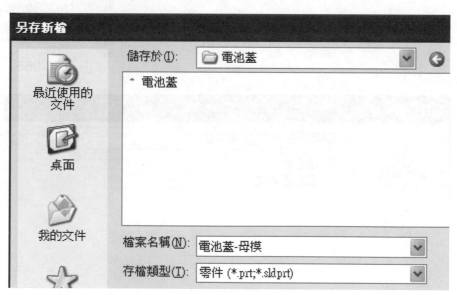

◑ 圖 6-354

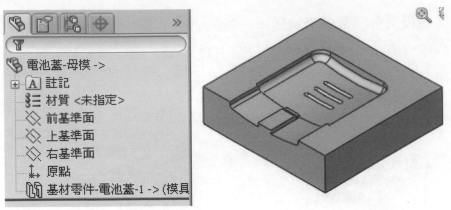

① 圖 6-354　　(續)

STEP 64　將顯示畫面切換回電池蓋零件檔,右鍵
點選側滑塊 1[1] 特徵(如圖 6-355 所
示),重複上述步驟,存檔名稱:電池蓋
-公模(如圖 6-356 所示)。

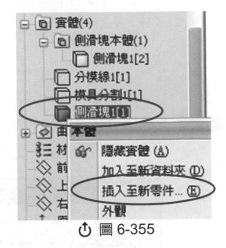

① 圖 6-355

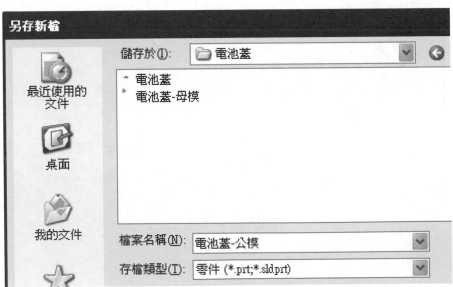

① 圖 6-356

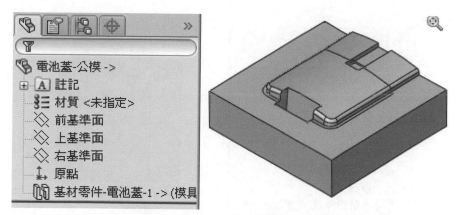

👆 圖 6-356　(續)

STEP 65 　將顯示畫面再切換回桶蓋零件檔，右鍵點選側滑塊 1[2] 特徵(如圖 6-357 所示)，重複上述步驟，存檔名稱：電池蓋-側滑塊(如圖 6-358 所示)。

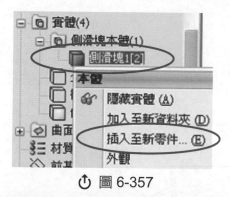

👆 圖 6-357

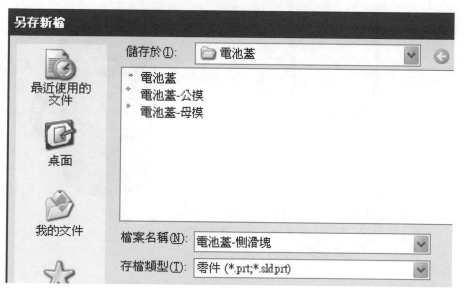

👆 圖 6-358

圖 6-358 （續）

 66 完成電池蓋公、母模製作。

 6-3 練習題

6-3-1 馬克杯

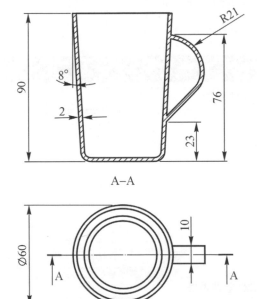 

拆模步驟

1.　開啟光碟片：\第 6 章\馬克杯(練習題)\馬克杯.sldprt。

2.　使用本章節 6-1-1、模穴分割方式。

3.　完成圖如下圖所示。

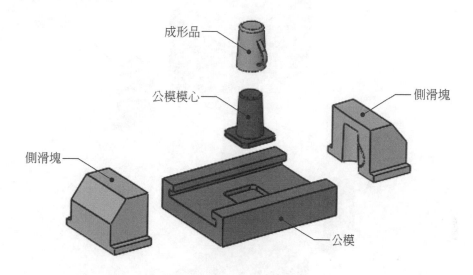

成形品

公模模心

側滑塊

側滑塊

公模

6-3-2　支架

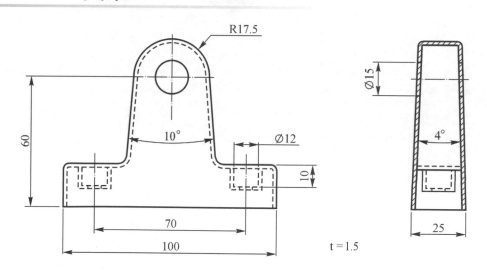

R17.5

60

10°

Ø12

10

70

100

t = 1.5

Ø15

4°

25

拆模步驟

1.　開啟光碟片：\第 6 章\支架(練習題)\支架.sldprt。

2. 使用本章節 6-1-2、模穴部分分割方式。

3. 完成圖如下圖所示。

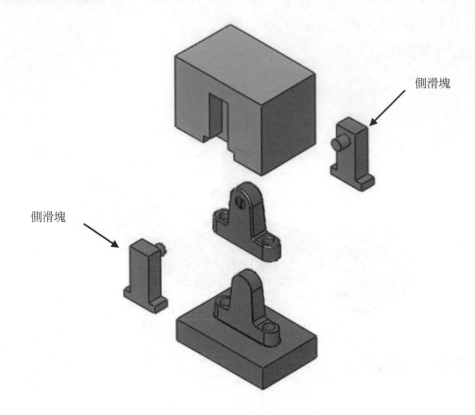

側滑塊

側滑塊

模板與模仁的處理

7-1　鑲嵌結構

7-2　綜合演練

　　7-2-1　分模線為水平線(一模二穴)

　　7-2-2　分模線為弧形線(一模二穴)

7-3　練習題：一模二穴

7-1　鑲嵌結構

　　將成形品主要形狀之模穴部分加工為一嵌件，在模板部分加工容納嵌件之凹槽，組裝模具時，將嵌件嵌入模板凹槽部分，並用螺栓加以鎖固，此種組裝結構我們稱之為鑲嵌結構(如圖 7-1 所示)。

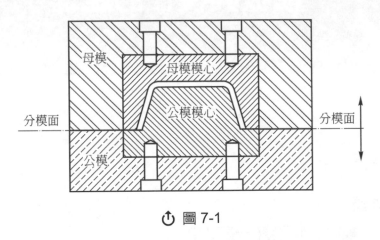

⏻ 圖 7-1

　　如圖 7-2 所示，將加工完成之公模模心放置於公模模板之凹槽內，並以螺栓加以鎖固，如此便完成公模部分，圖 7-3 為其 3D 立體圖。本書第 4 章所介紹之拆模範例皆只介紹到模心部分，至於模板部分將在本章節介紹其製作方式。

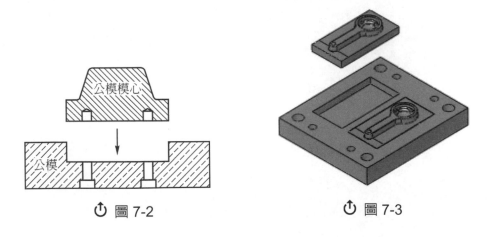

⏻ 圖 7-2　　　　　　　　　　　　　　⏻ 圖 7-3

說明 嵌件在模具上稱謂很多，例如：模心、模仁、模塊等等。

7-2　綜合演練

7-2-1　分模線為水平線(一模二穴)

STEP 1　點選開啓舊檔 ，開啓光碟片：\第 7 章\水平線\公模模板(水平).sldprt(如圖 7-4 所示)。

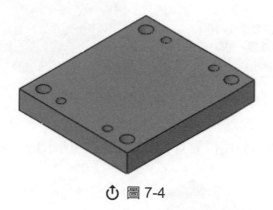

↻ 圖 7-4

STEP 2　(1)　開啓一 "新組合件" 檔，將剛完成之公模模板零件放置於組合件中 (如圖 7-5 所示)。

(2)　"將組合件存檔"：公模組合。

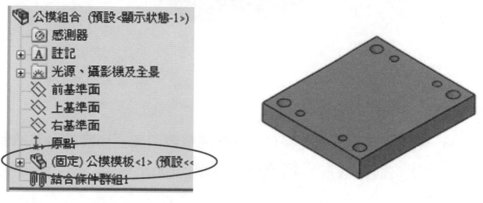

↻ 圖 7-5

STEP 3　將第 4 章例題：蛋清分離器公模仁，放置於組合件中。點選插入零組件 ，(或點選下拉式功能表：插入＞零組件＞現有的零件／組合件)，開啟光碟片：\第 4 章\蛋清分離器\蛋清分離器公模.sldprt，放置於組合件中(如圖 7-6 所示)。

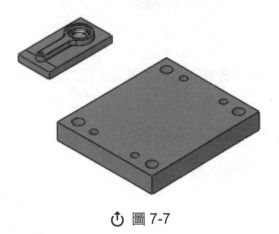

↻ 圖 7-6

STEP 4　調整蛋清分離器公模仁零件方位(如圖 7-7 所示)。

↻ 圖 7-7

STEP 5　點選結合 ，對話框中：

(1) 點選蛋清分離器公模仁零件側邊垂直面及公模零件右基準面(如圖 7-8 之面)，設定：平行相距，距離：10mm。

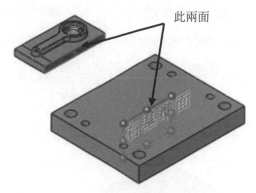

此兩面

⏻ 圖 7-8

(2) 點選蛋清分離器公模仁零件右基準面及公模零件前基準面(如圖 7-9
之面)，設定：重合／共線／共點。

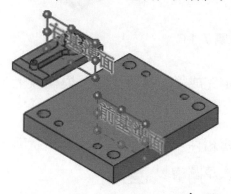

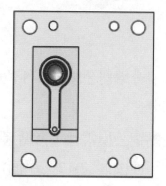

⏻ 圖 7-9

(3) 點選蛋清分離器公模仁零件上平面及公模零件上平面(如圖 7-10 所
示)，設定：重合／共線／共點，確定後完成。

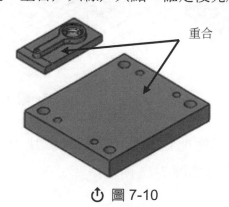

重合

⏻ 圖 7-10

STEP 6 點選下拉式功能表：插入＞鏡射零組件，對話框中：

(1) 鏡射平面：公模零件右基準面。

(2) 鏡射的零件：蛋清分離器公模仁零件。

(3) 不設定"產生反手的版本"。

確定後完成(如圖 7-11 所示)。

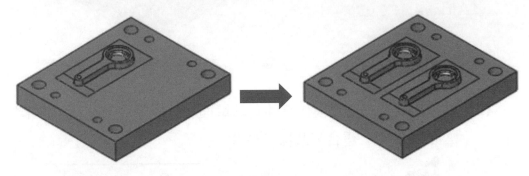

⟳ 圖 7-11

STEP 7 蛋清分離器公模仁零件位置設定完成後，接下來在公模模板上，繪製凹槽部分。

STEP 8 先點選公模零件，再點選編輯零組件 ，進入零件編輯狀態，點選模板上平面(如圖 7-12 之平面)，進入草圖繪製 。

此面

繪製矩形

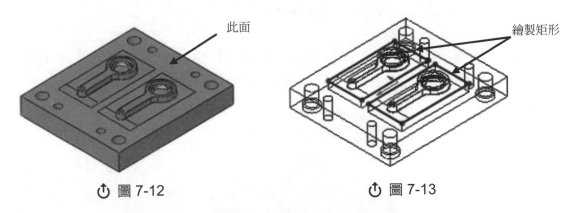

⟳ 圖 7-12　　　　　　　　　　⟳ 圖 7-13

STEP 9 點選線架構 ⊞，點選矩形 ▢，繪製二個矩形，矩形外形與蛋清分離器公模仁零件外形重合(如圖 7-13 所示)。

10 點選伸長除料 ，對話框中：

(1) 伸長類型：成形至一頂點。

(2) 頂點：點選蛋清分離器公模仁零件底部角點(如圖 7-14 所示)。

確定後完成。

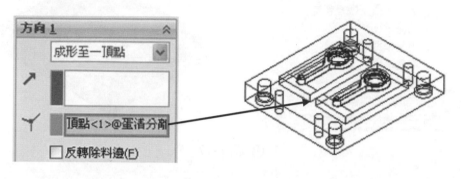

⏻ 圖 7-14

 11 點選編輯零件 ，結束公模零件編輯，回到組合件狀態。

 12 從組合件中，開啓公模零件，完成公模零件製作(如圖 7-15 所示)。

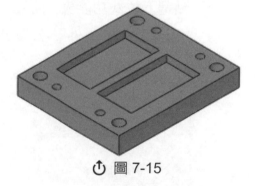

⏻ 圖 7-15

🔍 7-2-2　分模線為弧形線(一模二穴)

 1 點選開啓舊檔 ，開啓光碟片：\第 7 章\弧形線\公模模板(弧形).sldprt(如圖 7-16 所示)。

 2 (1) 開啓一"新組合件"檔，將剛完成之公模模板零件放置於組合件中(如圖 7-17 所示)。

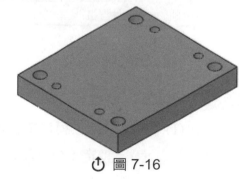

⏻ 圖 7-16

(2) "將組合件存檔"：公模組合。

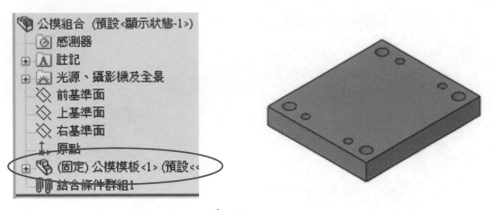

圖 7-17

STEP 3 將第 4 章例題：外罩公模仁零件放置於組合件中。點選插入零組件 ，(或點選下拉式功能表：插入＞零組件＞現有的零件／組合件)，開啟光碟片：\第 4 章\外罩 1\外罩-公模.sldprt，放置於組合件中(如圖 7-18 所示)。

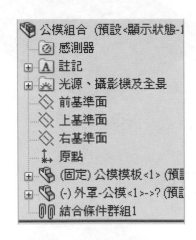

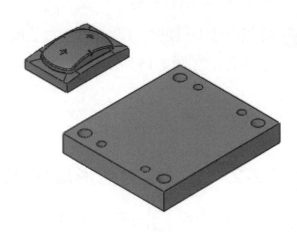

圖 7-18

STEP 4 點選結合 ，對話框中：

(1) 點選外罩公模仁零件側邊垂直面及公模零件右基準面(如圖 7-19 之面)，設定：平行相距，距離：10mm。

此兩面

⏻ 圖 7-19

(2) 點選外罩公模仁零件前基準面及公模零件前基準面(如圖 7-20 之面)，
設定：重合／共線／共點。

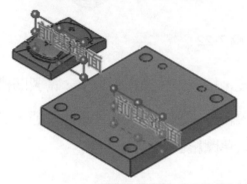

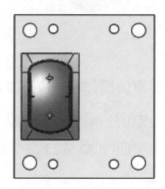

⏻ 圖 7-20

(3) 點選外罩公模仁零件底部平面及公模零件底部平面(如圖 7-21 之面)，
設定：平行相距，距離：18mm。確定後完成。

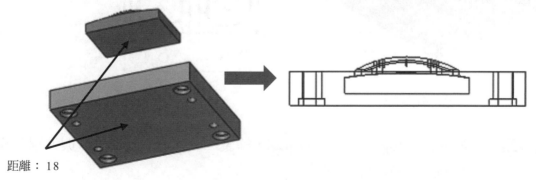

距離：18

⏻ 圖 7-21

STEP 5　點選下拉式功能表：插入＞鏡射零組件，對話框中：

(1) 鏡射平面：公模零件右基準面。

(2) 鏡射的零件：外罩公模仁零件。

(3) 不設定"產生反手的版本"。

確定後完成(如圖 7-22 所示)。

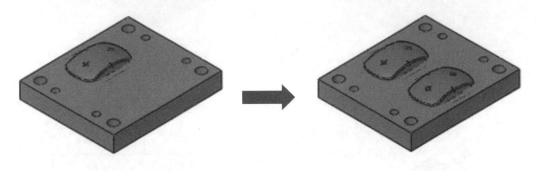

↻ 圖 7-22

STEP 6　外罩公模仁零件位置設定完成後，接下來在公模模板上，繪製凹槽部分。

STEP 7　先點選公模零件，再點選編輯零組件 ，進入零件編輯狀態，點選模板上平面(如圖 7-23 之平面)，進入草圖繪製 ✏️。

此面

繪製矩形

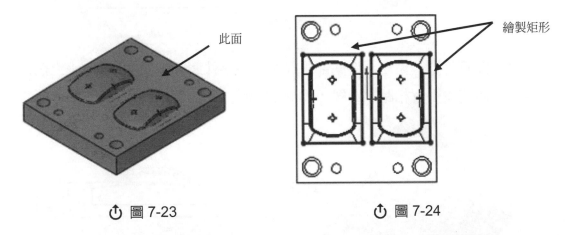

↻ 圖 7-23　　　　　　　　↻ 圖 7-24

STEP 8　點選線架構 ⊞，點選矩形 ▢，繪製二個矩形，矩形外形與外罩公模仁零件外形重合(如圖 7-24 所示)。

9 點選伸長除料 ，對話框中：

(1)　伸長類型：成形至一頂點。

(2)　頂點：點選外罩公模仁零件底部角點(如圖 7-25 所示)。

確定後完成。

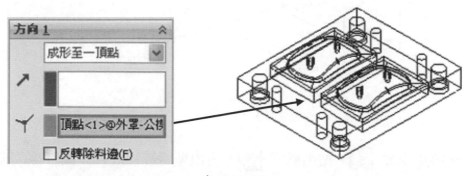

↻ 圖 7-25

10 將顯示狀態恢復成塗彩模式，檢視目前已完成之組合件(如圖 7-26 所示)，由於模仁零件分模面是弧形，公模零件需配合模仁零件，分模面也必需是弧形才行，所以需再將公模零件上平面除料成弧形狀態。

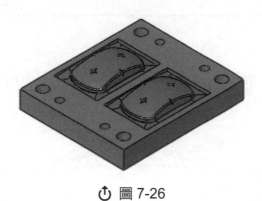

↻ 圖 7-26

11 點選公模右邊垂直面(如圖 7-27 所示)，點選草圖繪製 ，"複選公模仁零件弧形邊線"點選參考圖元 ，將模型邊線複製為草圖實線(如圖 7-27 所示)。

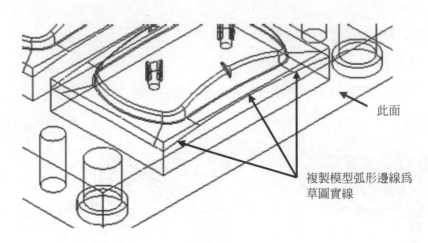

此面

複製模型弧形邊線為
草圖實線

⟳ 圖 7-27

STEP 12 點選正視於 ⬚，點選直線 ⟍，將模型邊線複製為草圖實線(如圖 7-28
所示)。

水平直線 　　　　　　　　　　　　　　　　　　水平直線

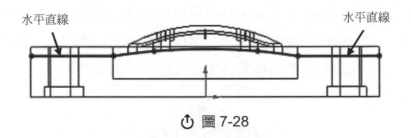

⟳ 圖 7-28

STEP 13 點選伸長除料 ▣，除料類型：完全貫穿，將草圖線上方切除確定後完成(如
圖 7-29 所示)。

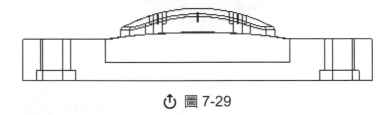

⟳ 圖 7-29

STEP 14 點選編輯零件 ▧，結束公模零件編輯，回到組合件狀態(如圖 7-30 所示)。

STEP 15 從組合件中，開啟公模零件，完成公模零件製作(如圖 7-31 所示)。

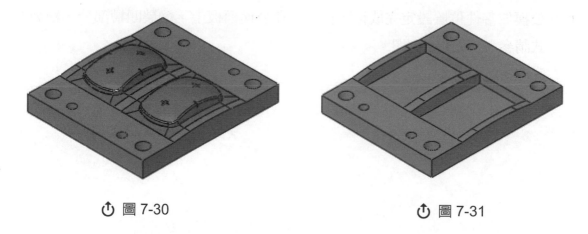

↻ 圖 7-30　　　　　　　　　　　　　　↻ 圖 7-31

7-3　練習題：一模二穴

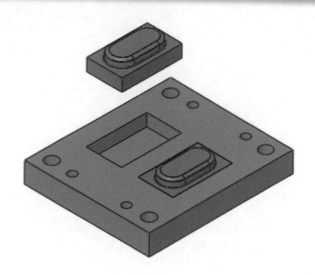

拆模步驟

1. 開啓光碟片：\第 7 章\肥皂盒(練習題)\公模模板-肥皂盒.sldprt，並將其放置於組合件中。

2. 開啓光碟片：\第 7 章\肥皂盒(練習題)\肥皂盒上蓋-公模.sldprt，放置於組合件中。

3. 模穴距離 40mm，模仁與模板組裝方式請參考 7-2-1 之例題。

4. 公模仁零件位置設定完成後,接下來在公模模板上,繪製凹槽部分,繪製方式請參考 7-2-1 之例題。

5. 完成。

國家圖書館出版品預行編目資料

SolidWorks 產品與模具設計 / 陳添鎮, 孫之遨, 郭
宏賓編著. -- 二版. -- 新北市：全華圖書,
2011.04
　　面　；　公分
ISBN 978-957-21-8064-8(平裝附光碟片)

1. SolidWorks (電腦程式) 2.電腦繪圖　3.模具 4.
電腦程式設計

312.49S678　　　　　　　　　　100005748

SolidWorks 產品與模具設計(附範例光碟)

作者 / 陳添鎮、孫之遨、郭宏賓

發行人 / 陳本源

執行編輯 / 蔣德亮

出版者 / 全華圖書股份有限公司

郵政帳號 / 0100836-1 號

印刷者 / 宏懋打字印刷股份有限公司

圖書編號 / 06026017

二版四刷 / 2018 年 11 月

定價 / 新台幣 560 元

ISBN / 978-957-21-8064-8　(平裝附光碟片)

全華圖書 / www.chwa.com.tw

全華網路書店 Open Tech / www.opentech.com.tw

若您對書籍內容、排版印刷有任何問題，歡迎來信指導 book@chwa.com.tw

臺北總公司(北區營業處)
地址：23671 新北市土城區忠義路 21 號
電話：(02) 2262-5666
傳真：(02) 6637-3695、6637-3696

中區營業處
地址：40256 臺中市南區樹義一巷 26 號
電話：(04) 2261-8485
傳真：(04) 3600-9806

南區營業處
地址：80769 高雄市三民區應安街 12 號
電話：(07) 381-1377
傳真：(07) 862-5562